"十二五"普通高等教育本科国家级规划教材

经济应用数学基础（二）

线性代数

赵树嫄 / 主编

第五版

$$Ax=b$$

$$A=\begin{pmatrix} a_{11} & a_{12} & \cdots & a_{1n} \\ a_{21} & a_{22} & \cdots & a_{2n} \\ \vdots & \vdots & & \vdots \\ a_{m1} & a_{m2} & \cdots & a_{mn} \end{pmatrix}$$

$$x=\begin{pmatrix} x_1 \\ x_2 \\ \vdots \\ x_n \end{pmatrix} \qquad b=\begin{pmatrix} b_1 \\ b_2 \\ \vdots \\ b_m \end{pmatrix}$$

中国人民大学出版社
·北京·

第五版修订说明

《经济应用数学基础(二):线性代数》自1983年第一版出版以来已三十余年,被很多高校选作教材,深受广大师生的欢迎,在此期间,随着国家经济的高速发展以及教学环境的改进,针对本教材进行了多次修订。这次修订是在中国人民大学出版社的积极协助下进行的。

《线性代数》(第五版)仍保持了原版的体系和风格,补充了一些例题、习题;某些内容做了一些修改。同时,为了适应当前广泛开展的数字化教学改革的需要,本书通过扫描书内嵌入的二维码进入APP的方式为读者提供了丰富的教学资料,包括重点和难点的视频讲解、习题解答、高校模拟试卷,等等。我们相信,将数字化手段引入数学教学改革的尝试和创新,一定会进一步促进数学教学水平的提高。

在本书的修订过程中,中国人民大学出版社经济分社社长刘晶、本书的策划编辑李丽娜、责任编辑刘冬给予了大力支持和协助,编者对他们的辛勤工作表示衷心感谢。

参加本次修订工作的有赵树嫄、胡显佑、陆启良,本次修订的不妥之处,敬请读者不吝指正。

编　者

2017年1月

第四版修订说明

根据中国人民大学出版社的要求，我们对《线性代数》(第三版)进行了再次修订。

教材《经济应用数学基础(二):线性代数》自1983年第一版出版三十多年来深受广大读者的欢迎，直至目前，仍保持着很大的年度发行量，说明本教材现在仍然适合很多读者的需要。但也有不少读者希望我们进行修订，本着对广大读者负责的态度，我们的修订工作进行得十分慎重。本次修订，我们保持了原书的风格，在内容上有少量增删，习题中的选择题根据目前考试的要求全部进行了改写。

同时,此版结合当前广泛使用的数字化手段尝试对教学方法进行改革。本书通过扫描书内嵌入的二维码进入APP的方式为读者提供了丰富的教学辅助资料,包括重点和难点知识点的视频讲解、习题解答、高校模拟试卷等。我们相信通过这种数字化手段改进教学的创新,会从教与学两方面有利于读者高效率地学习。

参加本次修订工作的有：赵树嫄、胡显佑、陆启良、褚永增等。

对第四版中的错误与不妥之处热诚欢迎广大读者批评指正。

编　者

2016年6月

第三版修订说明

第三版是对本书 1988 年修订版的再修订，这次修订，改正了原修订本中的一些错误与不妥之处。删去了原书中的第六章，有关内容融入了其他章节；其余各章均有一些增删，但基本上保持了原修订本的风格与体系。通过修订，读者使用起来会更方便，更适用。

参加本次修订的主要有赵树嫄(执笔第一、二章)和胡显佑(执笔第三、四、五章)，参加修订的还有付维潼、胡富昌、陆启良、褚永增。由赵树嫄担任主编。

书中不妥之处，敬请读者指正。

编　者

1997 年 6 月

第二版修订说明

《经济应用数学基础》是原教育部委托中国人民大学经济信息管理系数学教研室赵树嫄主持编写的高等学校财经专业试用教材，共分五册：第一册《微积分》，第二册《线性代数》，第三册《概率论与数理统计》，第四册《线性规划》，第五册《运筹学通论》。从1981年以来，由中国人民大学出版社陆续出版。

本套教材自出版发行后，被许多院校选作教材，也受到了自学财经专业课程的读者的欢迎，在一定程度上满足了当时教学的迫切需要。

目前，随着我国社会主义经济建设的发展和经济体制改革的深入，经济数学方法的研究和应用日益受到广大经济理论教学及研究人员和实际工作者的重视。很多院校加强了数量经济学方面的研究和教学工作，相继增开了一些有关的必修或选修课程。近年来，高等学校财经专业学生队伍的构成和素质也有了很大的变化。这一切都对高等学校财经专业基础数学的教学提出了更高的要求。为此，我们将对本套教材陆续进行修订。

这次修订工作是在国家教委的支持与领导下进行的，并得到北京大学、北京经济学院、北京商学院、北京财贸学院、中央财政金融学院、对外经济贸易大学等兄弟院校有关同志的大力协助，他们对本套教材的修改提出了许多宝贵的意见。在此，我们表示衷心感谢。

《线性代数》(第二版)介绍了线性经济模型中有关的线性代数基本知识。书中有些内容加了“※”号，选用本教材时可根据教学需要和学时安排略去不讲。

参加《线性代数》第一版编写与审阅的有：赵树嫄、马兴忠、胡富昌、陆启良，由赵树嫄任主编。参加第二版修改与审阅的有：赵树嫄、付维潼、胡富昌、金必先、陆启良，由赵树嫄任主编。褚永增对本书的修订做了大量工作并审核了全部习题答案。

本次修订对第一版的某些章节的体系进行了调整，补充了一些内容。在习题中增加了选择题，各章习题均分为(A)、(B)两类。(A)类为计算、证明、应用等传统题型；(B)类为选择题，每题各有4个备选答案，其中至少有一个是正确的，请读者将正确答案前的字母都填在括号内，凡多填或漏填均算答案错误。习题答案附书后。

由于我们水平有限，书中难免有不妥之处，欢迎读者批评指正。

编　者

1988年3月

第二版修订说明

目　　录

第一章　行 列 式

§1.1　二阶、三阶行列式

(一) 二阶行列式

我们用记号

$$\begin{vmatrix} a_{11} & a_{12} \\ a_{21} & a_{22} \end{vmatrix}$$

表示代数和 $a_{11}a_{22}-a_{12}a_{21}$，称为二阶行列式，即

$$\begin{vmatrix} a_{11} & a_{12} \\ a_{21} & a_{22} \end{vmatrix} = a_{11}a_{22}-a_{12}a_{21} \tag{1.1}$$

二阶行列式表示的代数和，可以用画线（见图 1—1）的方法记忆，即实线联结的两个元素的乘积减去虚线联结的两个元素的乘积.

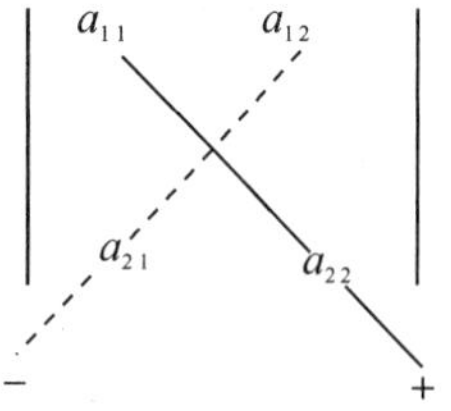

图 1—1

例 1　$\begin{vmatrix} 5 & -1 \\ 3 & 2 \end{vmatrix} = 5\times 2-(-1)\times 3 = 13$

例 2　设 $D=\begin{vmatrix} \lambda^2 & \lambda \\ 3 & 1 \end{vmatrix}$.

问：(1) 当 λ 为何值时，$D=0$?

(2) 当 λ 为何值时，$D\neq 0$?

解：$D=\begin{vmatrix} \lambda^2 & \lambda \\ 3 & 1 \end{vmatrix} = \lambda^2-3\lambda=\lambda(\lambda-3)$

(1) 当 $\lambda=0$ 或 $\lambda=3$ 时，$D=0$.

(2) 当 $\lambda\neq 0$ 且 $\lambda\neq 3$ 时，$D\neq 0$.

(二) 三阶行列式

我们用记号

$$\begin{vmatrix} a_{11} & a_{12} & a_{13} \\ a_{21} & a_{22} & a_{23} \\ a_{31} & a_{32} & a_{33} \end{vmatrix}$$

表示代数和

$$a_{11}a_{22}a_{33}+a_{12}a_{23}a_{31}+a_{13}a_{21}a_{32}-a_{11}a_{23}a_{32}\\-a_{12}a_{21}a_{33}-a_{13}a_{22}a_{31}$$

称为三阶行列式，即

$$\begin{vmatrix} a_{11} & a_{12} & a_{13} \\ a_{21} & a_{22} & a_{23} \\ a_{31} & a_{32} & a_{33} \end{vmatrix} = a_{11}a_{22}a_{33}+a_{12}a_{23}a_{31} +a_{13}a_{21}a_{32}-a_{11}a_{23}a_{32} -a_{12}a_{21}a_{33}-a_{13}a_{22}a_{31} \tag{1.2}$$

三阶行列式表示的代数和，也可以用画线（见图1—2）的方法记忆，其中各实线联结的三个元素的乘积是代数和中的正项，各虚线联结的三个元素的乘积是代数和中的负项.

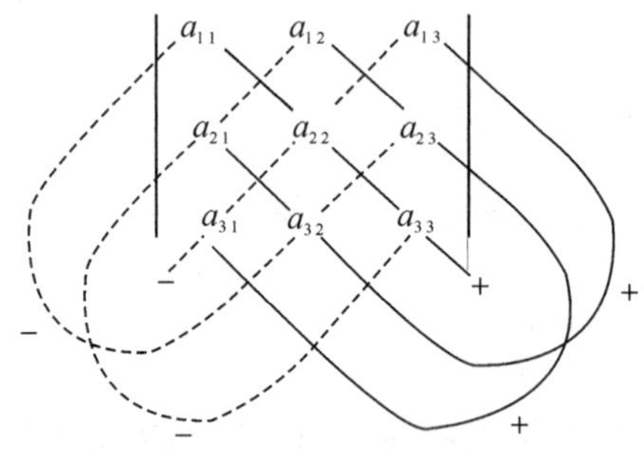

图 1—2

例 3 $\begin{vmatrix} 1 & 2 & 3 \\ 4 & 0 & 5 \\ -1 & 0 & 6 \end{vmatrix} = 1\times0\times6+2\times5\times(-1)+3\times4\times0 -1\times5\times0-2\times4\times6-3\times0\times(-1) =-10-48=-58$

例 4 $\begin{vmatrix} a & 1 & 0 \\ 1 & a & 0 \\ 4 & 1 & 1 \end{vmatrix}>0$ 的充分必要条件是什么?

解: $\begin{vmatrix} a & 1 & 0 \\ 1 & a & 0 \\ 4 & 1 & 1 \end{vmatrix}=a^2-1$

当且仅当 $a^2-1>0$，即 $|a|>1$ 时，$\begin{vmatrix} a & 1 & 0 \\ 1 & a & 0 \\ 4 & 1 & 1 \end{vmatrix}>0$. 因此可得 $\begin{vmatrix} a & 1 & 0 \\ 1 & a & 0 \\ 4 & 1 & 1 \end{vmatrix}>0$ 的充分必要条件是 $|a|>1$.

例 5 解下列行列式方程

$$\begin{vmatrix} x & 1 & 0 \\ 4 & x & x \\ -3 & 0 & 1 \end{vmatrix}=0$$

$$\begin{vmatrix} a_{11} & a_{12} & a_{13} \\ a_{21} & a_{22} & a_{23} \\ a_{31} & a_{32} & a_{33} \end{vmatrix} = a_{11}a_{22}a_{33} + a_{12}a_{23}a_{31} + a_{13}a_{21}a_{32} - a_{11}a_{23}a_{32} - a_{12}a_{21}a_{33} - a_{13}a_{22}a_{31}$$

(1) 二阶行列式表示所有不同的行、不同的列的两个元素乘积的代数和. 两个元素的乘积可以表示为

$$a_{1j_1}a_{2j_2}$$

j_1j_2 为 2 级排列，当 j_1j_2 取遍 2 级排列（12，21）时，即得到二阶行列式的所有项(不包含符号)，共为 $2! = 2$ 项.

三阶行列式表示所有位于不同的行、不同的列的 3 个元素乘积的代数和. 3 个元素的乘积可以表示为

$$a_{1j_1}a_{2j_2}a_{3j_3}$$

$j_1j_2j_3$ 为 3 级排列，当 $j_1j_2j_3$ 取遍 3 级排列时，即得到三阶行列式的所有项(不包含符号)，共为 $3! = 6$ 项.

(2) 每一项的符号是，当这一项中元素的行标按自然数顺序排列后，如果对应的列标构成的排列是偶排列则取正号，是奇排列则取负号. 如在上述二阶行列式中，当 $N(j_1j_2)$ 为偶数时取正号，为奇数时取负号；在上述三阶行列式中，当 $N(j_1j_2j_3)$ 为偶数时取正号，为奇数时取负号.

根据这个规律，给出 n 阶行列式的定义.

定义 1.2 用 n^2 个元素 a_{ij} $(i, j = 1, 2, \cdots, n)$ 组成的记号

$$\begin{vmatrix} a_{11} & a_{12} & \cdots & a_{1n} \\ a_{21} & a_{22} & \cdots & a_{2n} \\ \vdots & \vdots & & \vdots \\ a_{n1} & a_{n2} & \cdots & a_{nn} \end{vmatrix} \tag{1.3}$$

称为 n 阶行列式，其中横排称为行，纵排称为列. a_{ij} 称为第 i 行第 j 列的元素，n 阶行列式表示所有可能取自不同的行、不同的列的 n 个元素乘积的代数和，各项的符号是：当这一项中元素的行标按自然数顺序排列后，如果对应的列标构成的排列是偶排列则取正号，是奇排列则取负号. 因此，n 阶行列式所表示的代数和中的一般项可以写为

$$(-1)^{N(j_1j_2\cdots j_n)}a_{1j_1}a_{2j_2}\cdots a_{nj_n} \tag{1.4}$$

其中 $j_1j_2\cdots j_n$ 构成一个 n 级排列，当 $j_1j_2\cdots j_n$ 取遍所有 n 级排列时，则得到 n 阶行列式表示的代数和中所有的项.

n 阶行列式

$$\begin{vmatrix} a_{11} & a_{12} & \cdots & a_{1n} \\ a_{21} & a_{22} & \cdots & a_{2n} \\ \vdots & \vdots & & \vdots \\ a_{n1} & a_{n2} & \cdots & a_{nn} \end{vmatrix} = \sum_{j_1 j_2 \cdots j_n} (-1)^{N(j_1 j_2 \cdots j_n)} a_{1j_1} a_{2j_2} \cdots a_{nj_n} \tag{1.5}$$

其中,符号 $\sum\limits_{j_1 j_2 \cdots j_n} (-1)^{N(j_1 j_2 \cdots j_n)} a_{1j_1} a_{2j_2} \cdots a_{nj_n}$ 表示取遍 n 级排列$(j_1 j_2 \cdots j_n)$.

一阶行列式 $|a|$ 就是 a.

行列式(1.3)有时简记为 $|a_{ij}|$.

由定理1.2可知:n 阶行列式共有 $n!$ 项,且冠以正号的项和冠以负号的项(不算元素本身所带的负号)各占一半.

例如,四阶行列式

$$D = \begin{vmatrix} a_{11} & a_{12} & a_{13} & a_{14} \\ a_{21} & a_{22} & a_{23} & a_{24} \\ a_{31} & a_{32} & a_{33} & a_{34} \\ a_{41} & a_{42} & a_{43} & a_{44} \end{vmatrix}$$

所表示的代数和中有 $4! = 24$ 项.

例如,$a_{11}a_{22}a_{33}a_{44}$ 行标排列为 1234,元素取自不同的行;列标排列为 1234,元素取自不同的列,且逆序数 $N(1234) = 0$,即元素乘积 $a_{11}a_{22}a_{33}a_{44}$ 前面应冠以正号,所以 $a_{11}a_{22}a_{33}a_{44}$ 为 D 的一项.

再比如,$a_{14}a_{23}a_{31}a_{42}$ 行标排列为 1234,元素取自不同的行;列标排列为 4312,元素取自不同的列,且逆序数 $N(4312) = 5$,即 4312 为奇排列,所以元素乘积 $a_{14}a_{23}a_{31}a_{42}$ 前面应冠以负号,即 $-a_{14}a_{23}a_{31}a_{42}$ 为 D 的一项.

$a_{11}a_{24}a_{33}a_{44}$ 有两个元素取自第四列,所以它不是 D 的一项.

例 2 计算 n 阶行列式

$$D = \begin{vmatrix} a_{11} & 0 & 0 & \cdots & 0 \\ a_{21} & a_{22} & 0 & \cdots & 0 \\ a_{31} & a_{32} & a_{33} & \cdots & 0 \\ \vdots & \vdots & \vdots & & \vdots \\ a_{n1} & a_{n2} & a_{n3} & \cdots & a_{nn} \end{vmatrix}$$

其中 $a_{ii} \neq 0$ $(i = 1, 2, \cdots, n)$.

解: 记行列式的一般项为

$$(-1)^{N(j_1 j_2 \cdots j_n)} a_{1j_1} a_{2j_2} \cdots a_{nj_n}$$

D 中有很多项为零,现在考察有哪些项不为零. 一般项中第一个元素 a_{1j_1} 取自第一行,但第一行中只有 a_{11} 不为零,因而 $j_1 = 1$,即 D 中只有含 a_{11} 的那些项可能不为零,其他项均为零;一般项中第二个元素 a_{2j_2} 取自第二行,第二行中有 a_{21} 和 a_{22} 不为零,因第一个元素 a_{11}

已取自第一列，因此第二个元素不能再取自第一列，即不能取 a_{21}，所以第二个元素只能取 a_{22}，从而 $j_2=2$，即 D 中只有含 $a_{11}a_{22}$ 的那些项可能不为零，其他项均为零；这样推下去，可得 $j_3=3$，$j_4=4$，…，$j_n=n$. 因此，D 中只有 $a_{11}a_{22}\cdots a_{nn}$ 这一项不为零，其他项均为零. 由于 $N(1\ 2\ \cdots\ n)=0$，因此这一项应取正号，于是可得

$$D=\begin{vmatrix} a_{11} & 0 & 0 & \cdots & 0 \\ a_{21} & a_{22} & 0 & \cdots & 0 \\ a_{31} & a_{32} & a_{33} & \cdots & 0 \\ \vdots & \vdots & \vdots & & \vdots \\ a_{n1} & a_{n2} & a_{n3} & \cdots & a_{nn} \end{vmatrix}=a_{11}a_{22}a_{33}\cdots a_{nn}$$

我们称上面形式的行列式为下三角形行列式.

同理可得上三角形行列式

$$D=\begin{vmatrix} a_{11} & a_{12} & a_{13} & \cdots & a_{1n} \\ 0 & a_{22} & a_{23} & \cdots & a_{2n} \\ 0 & 0 & a_{33} & \cdots & a_{3n} \\ \vdots & \vdots & \vdots & & \vdots \\ 0 & 0 & 0 & \cdots & a_{nn} \end{vmatrix}=a_{11}a_{22}a_{33}\cdots a_{nn}$$

其中 $a_{ii}\neq 0\quad(i=1, 2, \cdots, n)$.

特殊情况：

$$D=\begin{vmatrix} a_{11} & 0 & 0 & \cdots & 0 \\ 0 & a_{22} & 0 & \cdots & 0 \\ 0 & 0 & a_{33} & \cdots & 0 \\ \vdots & \vdots & \vdots & & \vdots \\ 0 & 0 & 0 & \cdots & a_{nn} \end{vmatrix}=a_{11}a_{22}a_{33}\cdots a_{nn}$$

其中 $a_{ii}\neq 0\quad(i=1, 2, \cdots, n)$.

这种行列式称为对角行列式.

行列式中从左上角到右下角的对角线称为主对角线.

三角形行列式及对角行列式的值，均等于主对角线上元素的乘积.

类似地可以证明：

$$\begin{vmatrix} a_{11} & a_{12} & \cdots & a_{1n-1} & a_{1n} \\ a_{21} & a_{22} & \cdots & a_{2n-1} & 0 \\ \vdots & \vdots & & \vdots & \vdots \\ a_{n1} & 0 & \cdots & 0 & 0 \end{vmatrix}=\begin{vmatrix} 0 & \cdots & 0 & a_{1n} \\ 0 & \cdots & a_{2n-1} & a_{2n} \\ \vdots & & \vdots & \vdots \\ a_{n1} & \cdots & a_{nn-1} & a_{nn} \end{vmatrix}$$

$$=(-1)^{\frac{n(n-1)}{2}}a_{1n}a_{2n-1}\cdots a_{n1}$$

因为在给定行列式中，非零项只有一项，即

$$(-1)^{N(n\,n-1\,\cdots\,21)}a_{1n}a_{2n-1}\cdots a_{n1}=(-1)^{\frac{n(n-1)}{2}}a_{1n}a_{2n-1}\cdots a_{n1}$$

同理，有

$$\begin{vmatrix} 0 & \cdots & 0 & a_{1n} \\ 0 & \cdots & a_{2n-1} & 0 \\ \vdots & & \vdots & \vdots \\ a_{n1} & \cdots & 0 & 0 \end{vmatrix} = (-1)^{\frac{n(n-1)}{2}} a_{1n} a_{2n-1} \cdots a_{n1}$$

这些结论在以后行列式的计算中可直接应用.

由行列式定义不难得出：一个行列式若有一行(或一列) 中的元素皆为零，则此行列式必为零.

例 3 用行列式定义计算行列式 $\begin{vmatrix} 0 & 1 & 0 & 1 \\ 1 & 0 & 1 & 0 \\ 0 & 1 & 0 & 0 \\ 0 & 0 & 1 & 1 \end{vmatrix}$.

解: 设 $|a_{ij}| = \begin{vmatrix} 0 & 1 & 0 & 1 \\ 1 & 0 & 1 & 0 \\ 0 & 1 & 0 & 0 \\ 0 & 0 & 1 & 1 \end{vmatrix} \quad (i, j = 1, 2, 3, 4)$

考察 $|a_{ij}|$ 的非零项，第三行和第一列均只有一个非零元素，因此非零项必取 a_{21} 和 a_{32}，取 a_{21} 和 a_{32} 后，就不能取 a_{23} 和 a_{12}，如取 a_{23}则有两个元素取自第二行，如取 a_{12}则有两个元素取自第二列，不取 a_{23} 和 a_{12}，则只有取 a_{43}和 a_{14}，这样 $a_{14}a_{21}a_{32}a_{43}$是取自不同行、不同列的元素乘积，故

$$(-1)^{N(4123)} a_{14}a_{21}a_{32}a_{43} = -a_{14}a_{21}a_{32}a_{43} = -1 \cdot 1 \cdot 1 \cdot 1 = -1$$

是行列式 $|a_{ij}|$ 的一项，其他项至少含有一个零元素，故有

$$\begin{vmatrix} 0 & 1 & 0 & 1 \\ 1 & 0 & 1 & 0 \\ 0 & 1 & 0 & 0 \\ 0 & 0 & 1 & 1 \end{vmatrix} = -1$$

n 阶行列式定义中决定各项符号的规则还可由下面的结论来代替.

定理 1.3 n 阶行列式 $D = |a_{ij}|$ 的一般项可以记为

$$(-1)^{N(i_1 i_2 \cdots i_n) + N(j_1 j_2 \cdots j_n)} a_{i_1 j_1} a_{i_2 j_2} \cdots a_{i_n j_n} \tag{1.6}$$

其中 $i_1\, i_2 \cdots i_n$与 $j_1\, j_2 \cdots j_n$均为 n 级排列.

证: 由于 $i_1\, i_2 \cdots i_n$与 $j_1\, j_2 \cdots j_n$都是 n 级排列，因此，式(1.6) 中的 n 个元素是取自 D 的不同行、不同列.

如果交换式 (1.6) 中两个元素 $a_{i_s j_s}$ 与$a_{i_t j_t}$，则其行标排列由 $i_1 \cdots i_s \cdots i_t \cdots i_n$ 换为 $i_1 \cdots i_t \cdots i_s \cdots i_n$，由定理1.1可知其逆序数奇偶性改变；列标排列由$j_1 \cdots j_s \cdots j_t \cdots j_n$ 换为 $j_1 \cdots j_t \cdots j_s \cdots j_n$，其逆序数的奇偶性亦改变. 但对换后两下标排列的逆序数之和的奇偶性则不改变，即有

$$(-1)^{N(i_1 \cdots i_s \cdots i_t \cdots i_n) + N(j_1 \cdots j_s \cdots j_t \cdots j_n)}$$

$$= (-1)^{N(i_1 \cdots i_t \cdots i_s \cdots i_n)+N(j_1 \cdots j_t \cdots j_s \cdots j_n)}$$

所以交换式（1.6）中元素的位置，其符号不改变. 这样我们总可以经过有限次交换式（1.6）中元素的位置，使其行标 $i_1 i_2 \cdots i_n$ 换为自然数顺序排列，设此时列标排列变为 $k_1 k_2 \cdots k_n$，则式(1.6) 变为

$$\begin{aligned} &(-1)^{N(1\,2\,\cdots\,n)+N(k_1 k_2 \cdots k_n)} a_{1k_1} a_{2k_2} \cdots a_{nk_n} \\ =\ &(-1)^{N(k_1 k_2 \cdots k_n)} a_{1k_1} a_{2k_2} \cdots a_{nk_n} \end{aligned}$$

上式结果即为定义中 D 的一般项，也就是说，D 的一般项也可以记为式(1.6) 的形式.

例 4 若$(-1)^{N(i\,4\,3\,2\,k)+N(5\,2\,j\,1\,4)} a_{i5} a_{42} a_{3j} a_{21} a_{k4}$ 是五阶行列式 $|a_{ij}|$ 的一项，则 i，j，k 应为何值？此时该项的符号是什么？

解： 由行列式定义，每一项中的元素取自不同行、不同列，故有 $j=3$，且有 $i=1$ 时 $k=5$，或 $i=5$ 时 $k=1$.

当 $i=1$，$j=3$，$k=5$ 时，$N(14325)+N(52314)=9$，该项前应冠以负号，所以 $-a_{15}a_{42}a_{33}a_{21}a_{54}$ 为 $|a_{ij}|$ 的一项.

当 $i=5$，$j=3$，$k=1$ 时，$N(54321)+N(52314)=16$，该项前应冠以正号，所以 $a_{55}a_{42}a_{33}a_{21}a_{14}$ 也为 $|a_{ij}|$ 的一项.

§ 1.3 行列式的性质

将行列式 D 的行与列互换后得到的行列式，称为 D 的转置行列式，记为 D^{T}或 D'，即如果

$$D = \begin{vmatrix} a_{11} & a_{12} & \cdots & a_{1n} \\ a_{21} & a_{22} & \cdots & a_{2n} \\ \vdots & \vdots & & \vdots \\ a_{n1} & a_{n2} & \cdots & a_{nn} \end{vmatrix}$$

则
$$D^{\mathrm{T}} = \begin{vmatrix} a_{11} & a_{21} & \cdots & a_{n1} \\ a_{12} & a_{22} & \cdots & a_{n2} \\ \vdots & \vdots & & \vdots \\ a_{1n} & a_{2n} & \cdots & a_{nn} \end{vmatrix}$$

性质 1 将行列式转置，行列式的值不变，即 $D^{\mathrm{T}}=D$.

证： 记 D 的一般项为

$$(-1)^{N(i_1 i_2 \cdots i_n)} a_{1i_1} a_{2i_2} \cdots a_{ni_n}$$

它的元素在 D 中位于不同行、不同列，因而在 D^{T} 中位于不同列、不同行. 所以这 n 个元素的乘积在D^{T} 中应为

$$a_{i_1 1} a_{i_2 2} \cdots a_{i_n n}$$

由定理 1.3 可知，其符号也是$(-1)^{N(i_1 i_2 \cdots i_n)}$.

因此，D 与 D^T是具有相同项的行列式，所以 $D = D^T$.

由此性质可知，行列式的行具有的性质，它的列也具有.

性质 2 交换行列式的两行(列)，行列式的值变号.

证：设

$$D = \begin{vmatrix} a_{11} & a_{12} & \cdots & a_{1n} \\ \vdots & \vdots & & \vdots \\ a_{i1} & a_{i2} & \cdots & a_{in} \\ \vdots & \vdots & & \vdots \\ a_{s1} & a_{s2} & \cdots & a_{sn} \\ \vdots & \vdots & & \vdots \\ a_{n1} & a_{n2} & \cdots & a_{nn} \end{vmatrix} \begin{matrix} \\ \\ (i\text{ 行}) \\ \\ (s\text{ 行}) \\ \\ \\ \end{matrix} \qquad (i \neq s)$$

交换 D 的第 i 行与第 s 行，得到行列式

$$D_1 = \begin{vmatrix} a_{11} & a_{12} & \cdots & a_{1n} \\ \vdots & \vdots & & \vdots \\ a_{s1} & a_{s2} & \cdots & a_{sn} \\ \vdots & \vdots & & \vdots \\ a_{i1} & a_{i2} & \cdots & a_{in} \\ \vdots & \vdots & & \vdots \\ a_{n1} & a_{n2} & \cdots & a_{nn} \end{vmatrix} \begin{matrix} \\ \\ (i\text{ 行}) \\ \\ (s\text{ 行}) \\ \\ \\ \end{matrix}$$

记 D 的一般项中 n 个元素的乘积为

$$a_{1j_1} a_{2j_2} \cdots a_{nj_n}$$

它的元素在 D 中位于不同行、不同列，因而在 D_1 中也位于不同行、不同列，所以也是 D_1 的一般项的 n 个元素的乘积. 由于 D_1 是交换 D 的第 i 行与第 s 行，而各元素所在的列并没有改变，所以它在 D 中的符号为

$$(-1)^{N(1 \cdots i \cdots s \cdots n)+N(j_1 \cdots j_i \cdots j_s \cdots j_n)}$$

在 D_1 中的符号则为

$$(-1)^{N(1 \cdots s \cdots i \cdots n)+N(j_1 \cdots j_i \cdots j_s \cdots j_n)}$$

由于排列 $1 \cdots i \cdots s \cdots n$ 与排列 $1 \cdots s \cdots i \cdots n$ 的奇偶性相反，所以

$$\begin{aligned} &(-1)^{N(1 \cdots i \cdots s \cdots n)+N(j_1 \cdots j_i \cdots j_s \cdots j_n)} \\ =&-(-1)^{N(1 \cdots s \cdots i \cdots n)+N(j_1 \cdots j_i \cdots j_s \cdots j_n)} \end{aligned}$$

因而 D_1中的每一项都是 D 的相应项的相反数，所以 $D_1 = -D$.

推论 如果行列式中有两行(列)的对应元素相同，则此行列式的值为零.

因为将行列式 D 中具有相同元素的两行互换，其结果仍是 D，但由性质 2 可知其结果

应为 $-D$，因此 $D=-D$，所以 $D=0$.

由性质 1 可知，对列的情形也成立.

同样，行列式的某些性质都只对行的情形加以证明就够了.

性质 3　用数 k 乘行列式的某一行(列)，等于以数 k 乘此行列式，即如果设 $D=|a_{ij}|$，则

$$D_1=\begin{vmatrix} a_{11} & a_{12} & \cdots & a_{1n} \\ \vdots & \vdots & & \vdots \\ ka_{i1} & ka_{i2} & \cdots & ka_{in} \\ \vdots & \vdots & & \vdots \\ a_{n1} & a_{n2} & \cdots & a_{nn} \end{vmatrix}=k\begin{vmatrix} a_{11} & a_{12} & \cdots & a_{1n} \\ \vdots & \vdots & & \vdots \\ a_{i1} & a_{i2} & \cdots & a_{in} \\ \vdots & \vdots & & \vdots \\ a_{n1} & a_{n2} & \cdots & a_{nn} \end{vmatrix}=kD$$

证：因为行列式 D_1 的一般项为

$$\begin{aligned} &(-1)^{N(j_1j_2\cdots j_n)}a_{1j_1}\cdots(ka_{ij_i})\cdots a_{nj_n} \\ =&k[(-1)^{N(j_1j_2\cdots j_n)}a_{1j_1}\cdots a_{ij_i}\cdots a_{nj_n}] \end{aligned}$$

上面等号右端方括号内是 D 的一般项，所以 $D_1=kD$.

推论 1　如果行列式某行(列)的所有元素有公因子，则公因子可以提到行列式外面.

推论 2　如果行列式有两行(列)的对应元素成比例，则行列式的值等于零.

因为由推论 1 可将行列式中这两行（列）的比例系数提到行列式外面，则余下的行列式有两行（列）对应元素相同，由性质 2 的推论可知此行列式的值等于零，所以原行列式的值等于零.

性质 4　如果将行列式中的某一行（列）的每一个元素都写成两个数的和，则此行列式可以写成两个行列式的和，这两个行列式分别以这两个数为所在行(列)对应位置的元素，其他位置的元素与原行列式相同，即如果

$$D=\begin{vmatrix} a_{11} & a_{12} & \cdots & a_{1n} \\ \vdots & \vdots & & \vdots \\ b_{i1}+c_{i1} & b_{i2}+c_{i2} & \cdots & b_{in}+c_{in} \\ \vdots & \vdots & & \vdots \\ a_{n1} & a_{n2} & \cdots & a_{nn} \end{vmatrix}$$

$$D_1=\begin{vmatrix} a_{11} & a_{12} & \cdots & a_{1n} \\ \vdots & \vdots & & \vdots \\ b_{i1} & b_{i2} & \cdots & b_{in} \\ \vdots & \vdots & & \vdots \\ a_{n1} & a_{n2} & \cdots & a_{nn} \end{vmatrix},\ D_2=\begin{vmatrix} a_{11} & a_{12} & \cdots & a_{1n} \\ \vdots & \vdots & & \vdots \\ c_{i1} & c_{i2} & \cdots & c_{in} \\ \vdots & \vdots & & \vdots \\ a_{n1} & a_{n2} & \cdots & a_{nn} \end{vmatrix}$$

则 $D=D_1+D_2$.

证：因为 D 的一般项是

$$\begin{aligned} &(-1)^{N(j_1j_2\cdots j_n)}a_{1j_1}\cdots(b_{ij_i}+c_{ij_i})\cdots a_{nj_n} \\ =&(-1)^{N(j_1j_2\cdots j_n)}a_{1j_1}\cdots b_{ij_i}\cdots a_{nj_n} \end{aligned}$$

$$+(-1)^{N(j_1j_2\cdots j_n)}a_{1j_1}\cdots c_{ij_i}\cdots a_{nj_n}$$

上面等号右端第一项是 D_1 的一般项，第二项是 D_2 的一般项，所以 $D=D_1+D_2$.

推论　如果将行列式某一行（列）的每个元素都写成 m 个数（m 为大于 2 的整数）的和，则此行列式可以写成 m 个行列式的和.

性质 5　将行列式某一行（列）的所有元素同乘以数 k 后加于另一行（列）对应位置的元素上，行列式的值不变.

证：设

$$D=\begin{vmatrix} a_{11} & a_{12} & \cdots & a_{1n} \\ \vdots & \vdots & & \vdots \\ a_{i1} & a_{i2} & \cdots & a_{in} \\ \vdots & \vdots & & \vdots \\ a_{s1} & a_{s2} & \cdots & a_{sn} \\ \vdots & \vdots & & \vdots \\ a_{n1} & a_{n2} & \cdots & a_{nn} \end{vmatrix} \begin{matrix} \\ \\ (i\text{ 行}) \\ \\ (s\text{ 行}) \\ \\ \\ \end{matrix} \qquad (i\neq s)$$

以数 k 乘 D 的第 s 行各元素后加于第 i 行的对应元素上，得

$$D_1=\begin{vmatrix} a_{11} & a_{12} & \cdots & a_{1n} \\ \vdots & \vdots & & \vdots \\ a_{i1}+ka_{s1} & a_{i2}+ka_{s2} & \cdots & a_{in}+ka_{sn} \\ \vdots & \vdots & & \vdots \\ a_{s1} & a_{s2} & \cdots & a_{sn} \\ \vdots & \vdots & & \vdots \\ a_{n1} & a_{n2} & \cdots & a_{nn} \end{vmatrix} \begin{matrix} \\ \\ (i\text{ 行}) \\ \\ (s\text{ 行}) \\ \\ \\ \end{matrix}$$

由性质 4 以及性质 3 的推论 2 可得

$$D_1=\begin{vmatrix} a_{11} & a_{12} & \cdots & a_{1n} \\ \vdots & \vdots & & \vdots \\ a_{i1} & a_{i2} & \cdots & a_{in} \\ \vdots & \vdots & & \vdots \\ a_{s1} & a_{s2} & \cdots & a_{sn} \\ \vdots & \vdots & & \vdots \\ a_{n1} & a_{n2} & \cdots & a_{nn} \end{vmatrix} + \begin{vmatrix} a_{11} & a_{12} & \cdots & a_{1n} \\ \vdots & \vdots & & \vdots \\ ka_{s1} & ka_{s2} & \cdots & ka_{sn} \\ \vdots & \vdots & & \vdots \\ a_{s1} & a_{s2} & \cdots & a_{sn} \\ \vdots & \vdots & & \vdots \\ a_{n1} & a_{n2} & \cdots & a_{nn} \end{vmatrix}$$

$$=D+0=D$$

利用行列式的性质计算行列式，可以使计算简化.

例 1　计算行列式

$$D=\begin{vmatrix} 2 & -4 & 1 \\ 3 & -6 & 3 \\ -5 & 10 & 4 \end{vmatrix}$$

解：因为第一列与第二列对应元素成比例，根据性质 3 的推论 2，得

$$D=\begin{vmatrix}2 & -4 & 1\\ 3 & -6 & 3\\ -5 & 10 & 4\end{vmatrix}=0$$

例 2　证明奇数阶反对称行列式的值为零，其中，反对称行列式为下列形式的行列式：

$$\begin{vmatrix}0 & a_{12} & a_{13} & \cdots & a_{1n}\\ -a_{12} & 0 & a_{23} & \cdots & a_{2n}\\ -a_{13} & -a_{23} & 0 & \cdots & a_{3n}\\ \vdots & \vdots & \vdots & & \vdots\\ -a_{1n} & -a_{2n} & -a_{3n} & \cdots & 0\end{vmatrix}$$

其特点是元素 $a_{ij}=-a_{ji}$　($i\neq j$ 时)，$a_{ij}=0$　($i=j$ 时).

证：设 $D=\begin{vmatrix}0 & a_{12} & a_{13} & \cdots & a_{1n}\\ -a_{12} & 0 & a_{23} & \cdots & a_{2n}\\ -a_{13} & -a_{23} & 0 & \cdots & a_{3n}\\ \vdots & \vdots & \vdots & & \vdots\\ -a_{1n} & -a_{2n} & -a_{3n} & \cdots & 0\end{vmatrix}$

利用行列式性质 1 及性质 3 的推论 1，有

$$\begin{aligned}D&=\begin{vmatrix}0 & a_{12} & a_{13} & \cdots & a_{1n}\\ -a_{12} & 0 & a_{23} & \cdots & a_{2n}\\ -a_{13} & -a_{23} & 0 & \cdots & a_{3n}\\ \vdots & \vdots & \vdots & & \vdots\\ -a_{1n} & -a_{2n} & -a_{3n} & \cdots & 0\end{vmatrix}\\
&=\begin{vmatrix}0 & -a_{12} & -a_{13} & \cdots & -a_{1n}\\ a_{12} & 0 & -a_{23} & \cdots & -a_{2n}\\ a_{13} & a_{23} & 0 & \cdots & -a_{3n}\\ \vdots & \vdots & \vdots & & \vdots\\ a_{1n} & a_{2n} & a_{3n} & \cdots & 0\end{vmatrix}\\
&=(-1)^n\begin{vmatrix}0 & a_{12} & a_{13} & \cdots & a_{1n}\\ -a_{12} & 0 & a_{23} & \cdots & a_{2n}\\ -a_{13} & -a_{23} & 0 & \cdots & a_{3n}\\ \vdots & \vdots & \vdots & & \vdots\\ -a_{1n} & -a_{2n} & -a_{3n} & \cdots & 0\end{vmatrix}\\
&=(-1)^nD\end{aligned}$$

当 n 为奇数时有 $D=-D$，即 $D=0$.

例 3　设 $\begin{vmatrix}a_{11} & a_{12} & a_{13}\\ a_{21} & a_{22} & a_{23}\\ a_{31} & a_{32} & a_{33}\end{vmatrix}=1$，求 $\begin{vmatrix}6a_{11} & -2a_{12} & -10a_{13}\\ -3a_{21} & a_{22} & 5a_{23}\\ -3a_{31} & a_{32} & 5a_{33}\end{vmatrix}$.

解: $\begin{vmatrix} 6a_{11} & -2a_{12} & -10a_{13} \\ -3a_{21} & a_{22} & 5a_{23} \\ -3a_{31} & a_{32} & 5a_{33} \end{vmatrix} = -2\begin{vmatrix} -3a_{11} & a_{12} & 5a_{13} \\ -3a_{21} & a_{22} & 5a_{23} \\ -3a_{31} & a_{32} & 5a_{33} \end{vmatrix}$

$$= -2\times(-3)\times 5\begin{vmatrix} a_{11} & a_{12} & a_{13} \\ a_{21} & a_{22} & a_{23} \\ a_{31} & a_{32} & a_{33} \end{vmatrix} = -2\times(-3)\times 5\times 1$$

$$= 30$$

计算行列式时，常用行列式的性质，把它化为三角形行列式来计算. 例如，化为上三角形行列式的步骤是：设第一列第一行的元素不为0，如果第一列第一行的元素为0，先将第一行与其他行交换，使第一列第一行的元素不为0；然后把第一行分别乘以适当的数加到其他各行，使第一列除第一行元素外其他行元素全为0；再用同样的方法处理除去第一行和第一列后余下的低一阶行列式；依次做下去，直至使它成为上三角形行列式，这时主对角线上元素的乘积就是行列式的值.

例 4 计算行列式

$$D = \begin{vmatrix} 0 & -1 & -1 & 2 \\ 1 & -1 & 0 & 2 \\ -1 & 2 & -1 & 0 \\ 2 & 1 & 1 & 0 \end{vmatrix}$$

解: $D = \begin{vmatrix} 0 & -1 & -1 & 2 \\ 1 & -1 & 0 & 2 \\ -1 & 2 & -1 & 0 \\ 2 & 1 & 1 & 0 \end{vmatrix}$ （第一行与第二行交换）

$$= -\begin{vmatrix} 1 & -1 & 0 & 2 \\ 0 & -1 & -1 & 2 \\ -1 & 2 & -1 & 0 \\ 2 & 1 & 1 & 0 \end{vmatrix} \begin{matrix} \times 1 \ \times(-2) \\ \\ \\ \\ \end{matrix}$$

$$= -\begin{vmatrix} 1 & -1 & 0 & 2 \\ 0 & -1 & -1 & 2 \\ 0 & 1 & -1 & 2 \\ 0 & 3 & 1 & -4 \end{vmatrix} \begin{matrix} \\ \times 1 \ \times 3 \\ \\ \\ \end{matrix}$$

$$= -\begin{vmatrix} 1 & -1 & 0 & 2 \\ 0 & -1 & -1 & 2 \\ 0 & 0 & -2 & 4 \\ 0 & 0 & -2 & 2 \end{vmatrix} \begin{matrix} \\ \\ \times(-1) \\ \\ \end{matrix}$$

$$= -\begin{vmatrix} 1 & -1 & 0 & 2 \\ 0 & -1 & -1 & 2 \\ 0 & 0 & -2 & 4 \\ 0 & 0 & 0 & -2 \end{vmatrix}$$

$$=-1\times(-1)\times(-2)\times(-2)=4$$

例 5　计算行列式

$$\begin{vmatrix} a & b & c & d \\ a & a+b & a+b+c & a+b+c+d \\ a & 2a+b & 3a+2b+c & 4a+3b+2c+d \\ a & 3a+b & 6a+3b+c & 10a+6b+3c+d \end{vmatrix}$$

解:

$$\begin{vmatrix} a & b & c & d \\ a & a+b & a+b+c & a+b+c+d \\ a & 2a+b & 3a+2b+c & 4a+3b+2c+d \\ a & 3a+b & 6a+3b+c & 10a+6b+3c+d \end{vmatrix} \begin{matrix} \times(-1) \\ \\ \\ \\ \end{matrix}$$

$$=\begin{vmatrix} a & b & c & d \\ 0 & a & a+b & a+b+c \\ 0 & 2a & 3a+2b & 4a+3b+2c \\ 0 & 3a & 6a+3b & 10a+6b+3c \end{vmatrix} \begin{matrix} \\ \times(-2)\ \times(-3) \\ \\ \\ \end{matrix}$$

$$=\begin{vmatrix} a & b & c & d \\ 0 & a & a+b & a+b+c \\ 0 & 0 & a & 2a+b \\ 0 & 0 & 3a & 7a+3b \end{vmatrix} \begin{matrix} \\ \\ \times(-3) \\ \\ \end{matrix}$$

$$=\begin{vmatrix} a & b & c & d \\ 0 & a & a+b & a+b+c \\ 0 & 0 & a & 2a+b \\ 0 & 0 & 0 & a \end{vmatrix}=a^4$$

例 6　计算 n 阶行列式

$$\begin{vmatrix} x & a & a & \cdots & a & a \\ a & x & a & \cdots & a & a \\ a & a & x & \cdots & a & a \\ \vdots & \vdots & \vdots & & \vdots & \vdots \\ a & a & a & \cdots & x & a \\ a & a & a & \cdots & a & x \end{vmatrix}$$

解:

$$\begin{vmatrix} x & a & a & \cdots & a & a \\ a & x & a & \cdots & a & a \\ a & a & x & \cdots & a & a \\ \vdots & \vdots & \vdots & & \vdots & \vdots \\ a & a & a & \cdots & x & a \\ a & a & a & \cdots & a & x \end{vmatrix}$$

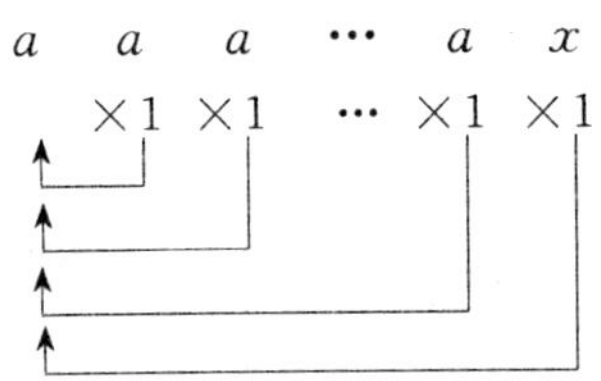

$$=\begin{vmatrix} x+(n-1)a & a & a & \cdots & a & a \\ x+(n-1)a & x & a & \cdots & a & a \\ x+(n-1)a & a & x & \cdots & a & a \\ \vdots & \vdots & \vdots & & \vdots & \vdots \\ x+(n-1)a & a & a & \cdots & x & a \\ x+(n-1)a & a & a & \cdots & a & x \end{vmatrix} \times(-1)$$

$$=\begin{vmatrix} x+(n-1)a & a & a & \cdots & a & a \\ 0 & x-a & 0 & \cdots & 0 & 0 \\ 0 & 0 & x-a & \cdots & 0 & 0 \\ \vdots & \vdots & \vdots & & \vdots & \vdots \\ 0 & 0 & 0 & \cdots & x-a & 0 \\ 0 & 0 & 0 & \cdots & 0 & x-a \end{vmatrix}$$

$$=[x+(n-1)a](x-a)^{n-1}$$

或将第一列的公因子提到行列式外，则有

$$原行列式=[x+(n-1)a]\begin{vmatrix} 1 & a & a & \cdots & a & a \\ 1 & x & a & \cdots & a & a \\ 1 & a & x & \cdots & a & a \\ \vdots & \vdots & \vdots & & \vdots & \vdots \\ 1 & a & a & \cdots & x & a \\ 1 & a & a & \cdots & a & x \end{vmatrix} \times(-1)$$

$$=[x+(n-1)a]\begin{vmatrix} 1 & a & a & \cdots & a & a \\ 0 & x-a & 0 & \cdots & 0 & 0 \\ 0 & 0 & x-a & \cdots & 0 & 0 \\ \vdots & \vdots & \vdots & & \vdots & \vdots \\ 0 & 0 & 0 & \cdots & x-a & 0 \\ 0 & 0 & 0 & \cdots & 0 & x-a \end{vmatrix}$$

$$=[x+(n-1)a](x-a)^{n-1}$$

例 7 计算行列式

$$\begin{vmatrix} 1 & a_1 & 0 & \cdots & 0 & 0 \\ -1 & 1-a_1 & a_2 & \cdots & 0 & 0 \\ 0 & -1 & 1-a_2 & \cdots & 0 & 0 \\ \vdots & \vdots & \vdots & & \vdots & \vdots \\ 0 & 0 & 0 & \cdots & 1-a_{n-1} & a_n \\ 0 & 0 & 0 & \cdots & -1 & 1-a_n \end{vmatrix}$$

解: 给定行列式是 $n+1$ 阶行列式.

将行列式的第一行加到第二行上，再将新的第二行加到第三行上……直到将新的第 n 行加到第 $n+1$ 行上，可得

$$\begin{vmatrix} 1 & a_1 & 0 & \cdots & 0 & 0 \\ -1 & 1-a_1 & a_2 & \cdots & 0 & 0 \\ 0 & -1 & 1-a_2 & \cdots & 0 & 0 \\ \vdots & \vdots & \vdots & & \vdots & \vdots \\ 0 & 0 & 0 & \cdots & 1-a_{n-1} & a_n \\ 0 & 0 & 0 & \cdots & -1 & 1-a_n \end{vmatrix} \begin{matrix} \times 1 \\ \leftarrow \\ \\ \\ \\ \\ \end{matrix}$$

$$= \begin{vmatrix} 1 & a_1 & 0 & \cdots & 0 & 0 \\ 0 & 1 & a_2 & \cdots & 0 & 0 \\ 0 & -1 & 1-a_2 & \cdots & 0 & 0 \\ \vdots & \vdots & \vdots & & \vdots & \vdots \\ 0 & 0 & 0 & \cdots & 1-a_{n-1} & a_n \\ 0 & 0 & 0 & \cdots & -1 & 1-a_n \end{vmatrix} \begin{matrix} \\ \times 1 \\ \leftarrow \\ \\ \\ \\ \end{matrix}$$

$$= \cdots = \begin{vmatrix} 1 & a_1 & 0 & \cdots & 0 & 0 \\ 0 & 1 & a_2 & \cdots & 0 & 0 \\ 0 & 0 & 1 & \cdots & 0 & 0 \\ \vdots & \vdots & \vdots & & \vdots & \vdots \\ 0 & 0 & 0 & \cdots & 1 & a_n \\ 0 & 0 & 0 & \cdots & 0 & 1 \end{vmatrix} = 1$$

例 8　解方程（其中 $a_1, a_2, \cdots, a_{n-1}$ 为互不相同的常数）

$$\begin{vmatrix} a_1 & a_2 & a_3 & \cdots & a_{n-1} & a_n \\ a_1 & a_1+a_2-x & a_3 & \cdots & a_{n-1} & a_n \\ a_1 & a_2 & a_2+a_3-x & \cdots & a_{n-1} & a_n \\ \vdots & \vdots & \vdots & & \vdots & \vdots \\ a_1 & a_2 & a_3 & \cdots & a_{n-2}+a_{n-1}-x & a_n \\ a_1 & a_2 & a_3 & \cdots & a_{n-1} & a_{n-1}+a_n-x \end{vmatrix} = 0$$

解：

$$\begin{vmatrix} a_1 & a_2 & a_3 & \cdots & a_{n-1} & a_n \\ a_1 & a_1+a_2-x & a_3 & \cdots & a_{n-1} & a_n \\ a_1 & a_2 & a_2+a_3-x & \cdots & a_{n-1} & a_n \\ \vdots & \vdots & \vdots & & \vdots & \vdots \\ a_1 & a_2 & a_3 & \cdots & a_{n-2}+a_{n-1}-x & a_n \\ a_1 & a_2 & a_3 & \cdots & a_{n-1} & a_{n-1}+a_n-x \end{vmatrix} \begin{matrix} \times(-1) \\ \leftarrow \\ \leftarrow \\ \\ \leftarrow \\ \leftarrow \end{matrix}$$

$$= \begin{vmatrix} a_1 & a_2 & a_3 & \cdots & a_{n-1} & a_n \\ 0 & a_1-x & 0 & \cdots & 0 & 0 \\ 0 & 0 & a_2-x & \cdots & 0 & 0 \\ \vdots & \vdots & \vdots & & \vdots & \vdots \\ 0 & 0 & 0 & \cdots & a_{n-2}-x & 0 \\ 0 & 0 & 0 & \cdots & 0 & a_{n-1}-x \end{vmatrix}$$

$$= a_1(a_1 - x)(a_2 - x)\cdots(a_{n-2} - x)(a_{n-1} - x)$$

即 $a_1(a_1 - x)(a_2 - x)\cdots(a_{n-2} - x)(a_{n-1} - x) = 0$，解之得 $x_1 = a_1$，$x_2 = a_2$，…，$x_{n-2} = a_{n-2}$，$x_{n-1} = a_{n-1}$ 是方程的 $n-1$ 个根.

§1.4　行列式按行(列)展开

(一) 行列式按某一行(列)展开

定义 1.3　在 n 阶行列式 $D = |a_{ij}|$ 中去掉元素 a_{ij} 所在的第 i 行和第 j 列后，余下的 $n-1$ 阶行列式称为 D 中元素 a_{ij} 的余子式，记为 M_{ij}，即

$$M_{ij} = \begin{vmatrix} a_{11} & \cdots & a_{1\,j-1} & a_{1\,j+1} & \cdots & a_{1n} \\ \vdots & & \vdots & \vdots & & \vdots \\ a_{i-1\,1} & \cdots & a_{i-1\,j-1} & a_{i-1\,j+1} & \cdots & a_{i-1\,n} \\ a_{i+1\,1} & \cdots & a_{i+1\,j-1} & a_{i+1\,j+1} & \cdots & a_{i+1\,n} \\ \vdots & & \vdots & \vdots & & \vdots \\ a_{n1} & \cdots & a_{nj-1} & a_{nj+1} & \cdots & a_{nn} \end{vmatrix} \tag{1.7}$$

a_{ij} 的余子式 M_{ij} 前添加符号 $(-1)^{i+j}$，称为 a_{ij} 的代数余子式，记为 A_{ij}，即

$$A_{ij} = (-1)^{i+j}M_{ij} \tag{1.8}$$

例如，四阶行列式

$$D = \begin{vmatrix} a_{11} & a_{12} & a_{13} & a_{14} \\ a_{21} & a_{22} & a_{23} & a_{24} \\ a_{31} & a_{32} & a_{33} & a_{34} \\ a_{41} & a_{42} & a_{43} & a_{44} \end{vmatrix}$$

中，a_{32} 的代数余子式是

$$A_{32} = (-1)^{3+2}M_{32} = -\begin{vmatrix} a_{11} & a_{13} & a_{14} \\ a_{21} & a_{23} & a_{24} \\ a_{41} & a_{43} & a_{44} \end{vmatrix}$$

a_{13} 的代数余子式是

$$A_{13} = (-1)^{1+3}M_{13} = \begin{vmatrix} a_{21} & a_{22} & a_{24} \\ a_{31} & a_{32} & a_{34} \\ a_{41} & a_{42} & a_{44} \end{vmatrix}$$

定理 1.4　n 阶行列式 $D = |a_{ij}|$ 等于它的任意一行(列)的各元素与其对应代数余子式乘积的和，即

$$D=a_{i1}A_{i1}+a_{i2}A_{i2}+\cdots+a_{in}A_{in}\quad(i=1,2,\cdots,n)$$

或
$$D=a_{1j}A_{1j}+a_{2j}A_{2j}+\cdots+a_{nj}A_{nj}\quad(j=1,2,\cdots,n)$$

证：(1) 首先讨论 D 的第一行中的元素除 $a_{11}\neq 0$ 外，其余元素均为零的特殊情形，即

$$D=\begin{vmatrix} a_{11} & 0 & \cdots & 0 \\ a_{21} & a_{22} & \cdots & a_{2n} \\ \vdots & \vdots & & \vdots \\ a_{n1} & a_{n2} & \cdots & a_{nn} \end{vmatrix}$$

因为 D 的每一项都含有第一行中的元素，但第一行中仅有 $a_{11}\neq 0$，所以 D 仅含有下面形式的项：

$$\begin{aligned}&(-1)^{N(1j_2\cdots j_n)}a_{11}a_{2j_2}\cdots a_{nj_n}\\ &\quad=a_{11}[(-1)^{N(j_2\cdots j_n)}a_{2j_2}\cdots a_{nj_n}]\end{aligned}$$

等号右端方括号内正是 M_{11} 的一般项，所以 $D=a_{11}M_{11}$，再由 $A_{11}=(-1)^{1+1}M_{11}=M_{11}$，得到 $D=a_{11}A_{11}$.

(2) 其次讨论行列式 D 中第 i 行的元素除 $a_{ij}\neq 0$ 外，其余元素均为零的情形，即

$$D=\begin{vmatrix} a_{11} & \cdots & a_{1j-1} & a_{1j} & a_{1j+1} & \cdots & a_{1n} \\ \vdots & & \vdots & \vdots & \vdots & & \vdots \\ a_{i-11} & \cdots & a_{i-1j-1} & a_{i-1j} & a_{i-1j+1} & \cdots & a_{i-1n} \\ 0 & \cdots & 0 & a_{ij} & 0 & \cdots & 0 \\ a_{i+11} & \cdots & a_{i+1j-1} & a_{i+1j} & a_{i+1j+1} & \cdots & a_{i+1n} \\ \vdots & & \vdots & \vdots & \vdots & & \vdots \\ a_{n1} & \cdots & a_{nj-1} & a_{nj} & a_{nj+1} & \cdots & a_{nn} \end{vmatrix}$$

将 D 的第 i 行依次与第 $i-1$，…，2，1 各行交换后，再将第 j 列依次与第 $j-1$，…，2，1 各列交换，共经过 $i+j-2$ 次交换 D 的行和列，得

$$\begin{aligned}D&=(-1)^{i+j-2}\begin{vmatrix} a_{ij} & 0 & \cdots & 0 & 0 & \cdots & 0 \\ a_{1j} & a_{11} & \cdots & a_{1j-1} & a_{1j+1} & \cdots & a_{1n} \\ \vdots & \vdots & & \vdots & \vdots & & \vdots \\ a_{i-1j} & a_{i-11} & \cdots & a_{i-1j-1} & a_{i-1j+1} & \cdots & a_{i-1n} \\ a_{i+1j} & a_{i+11} & \cdots & a_{i+1j-1} & a_{i+1j+1} & \cdots & a_{i+1n} \\ \vdots & \vdots & & \vdots & \vdots & & \vdots \\ a_{nj} & a_{n1} & \cdots & a_{nj-1} & a_{nj+1} & \cdots & a_{nn} \end{vmatrix}\\ &=(-1)^{i+j}a_{ij}M_{ij}=a_{ij}A_{ij}\end{aligned}$$

(3) 最后讨论一般情形：

$$D=\begin{vmatrix} a_{11} & a_{12} & \cdots & a_{1n} \\ \vdots & \vdots & & \vdots \\ a_{i1}+0+\cdots+0 & 0+a_{i2}+\cdots+0 & \cdots & 0+\cdots+0+a_{in} \\ \vdots & \vdots & & \\ a_{n1} & a_{n2} & \cdots & a_{nn} \end{vmatrix}$$

由 §1.3 性质 4 的推论及上述(2) 的结论，可得

$$D=\begin{vmatrix} a_{11} & a_{12} & \cdots & a_{1n} \\ \vdots & \vdots & & \vdots \\ a_{i1} & 0 & \cdots & 0 \\ \vdots & \vdots & & \vdots \\ a_{n1} & a_{n2} & \cdots & a_{nn} \end{vmatrix}+\begin{vmatrix} a_{11} & a_{12} & \cdots & a_{1n} \\ \vdots & \vdots & & \vdots \\ 0 & a_{i2} & \cdots & 0 \\ \vdots & \vdots & & \vdots \\ a_{n1} & a_{n2} & \cdots & a_{nn} \end{vmatrix}$$

$$+\cdots+\begin{vmatrix} a_{11} & a_{12} & \cdots & a_{1n} \\ \vdots & \vdots & & \vdots \\ 0 & 0 & \cdots & a_{in} \\ \vdots & \vdots & & \vdots \\ a_{n1} & a_{n2} & \cdots & a_{nn} \end{vmatrix}$$

$$=a_{i1}A_{i1}+a_{i2}A_{i2}+\cdots+a_{in}A_{in}$$

显然这一结果对任意 $i=1, 2, \cdots, n$ 均成立.

同理可证将 D 按列展开的情形.

定理 1.5 n 阶行列式 $D=|a_{ij}|$ 的某一行(列) 的元素与另一行(列) 对应元素的代数余子式乘积的和等于零，即

$$a_{i1}A_{s1}+a_{i2}A_{s2}+\cdots+a_{in}A_{sn}=0 \quad (i\neq s)$$

或
$$a_{1j}A_{1t}+a_{2j}A_{2t}+\cdots+a_{nj}A_{nt}=0 \quad (j\neq t)$$

证: 设将行列式 D 中第 s 行的元素换为第 i 行 $(i\neq s)$ 的对应元素，得到有两行相同的行列式 D_1，由 §1.3 性质 2 推论得知 $D_1=0$，再将 D_1按 s 行展开，则

$$D_1=a_{i1}A_{s1}+a_{i2}A_{s2}+\cdots+a_{in}A_{sn}=0 \quad (i\neq s)$$

同理可证 D_1按列展开的情形.

综合上面两个定理的结论，得到

$$\sum_{j=1}^{n}a_{ij}A_{sj}=\begin{cases} D, & i=s \\ 0, & i\neq s \end{cases} \tag{1.9}$$

$$\sum_{i=1}^{n}a_{ij}A_{it}=\begin{cases} D, & j=t \\ 0, & j\neq t \end{cases} \tag{1.10}$$

例 1 分别按第一行与第二列展开行列式

$$D=\begin{vmatrix} 1 & 0 & -2 \\ 1 & 1 & 3 \\ -2 & 3 & 1 \end{vmatrix}$$

解：(1) 按第一行展开.

$$D=1\times(-1)^{1+1}\begin{vmatrix}1&3\\3&1\end{vmatrix}+0\times(-1)^{1+2}\begin{vmatrix}1&3\\-2&1\end{vmatrix}$$
$$+(-2)\times(-1)^{1+3}\begin{vmatrix}1&1\\-2&3\end{vmatrix}$$
$$=1\times(-8)+0+(-2)\times5=-18$$

(2) 按第二列展开.

$$D=0\times(-1)^{1+2}\begin{vmatrix}1&3\\-2&1\end{vmatrix}+1\times(-1)^{2+2}\begin{vmatrix}1&-2\\-2&1\end{vmatrix}$$
$$+3\times(-1)^{3+2}\begin{vmatrix}1&-2\\1&3\end{vmatrix}$$
$$=0+1\times(-3)+3\times(-1)\times5$$
$$=-3-15=-18$$

例 2　计算行列式

$$D=\begin{vmatrix}1&2&3&4\\1&0&1&2\\3&-1&-1&0\\1&2&0&-5\end{vmatrix}$$

解：将 D 按第三列展开，则应有

$$D=a_{13}A_{13}+a_{23}A_{23}+a_{33}A_{33}+a_{43}A_{43}$$

其中：$a_{13}=3$，$a_{23}=1$，$a_{33}=-1$，$a_{43}=0$

$$A_{13}=(-1)^{1+3}\begin{vmatrix}1&0&2\\3&-1&0\\1&2&-5\end{vmatrix}=19$$

$$A_{23}=(-1)^{2+3}\begin{vmatrix}1&2&4\\3&-1&0\\1&2&-5\end{vmatrix}=-63$$

$$A_{33}=(-1)^{3+3}\begin{vmatrix}1&2&4\\1&0&2\\1&2&-5\end{vmatrix}=18$$

$$A_{43}=(-1)^{4+3}\begin{vmatrix}1&2&4\\1&0&2\\3&-1&0\end{vmatrix}=-10$$

所以　$D=3\times19+1\times(-63)+(-1)\times18+0\times(-10)=-24$

在计算行列式时，可以先用行列式的性质将行列式中某一行(列) 化为仅含有一个非零

元素，再按此行(列)展开，变为低一阶的行列式，如此继续下去，直到化为三阶或二阶行列式.

如例 2 中的行列式

$$D=\begin{vmatrix}1&2&3&4\\1&0&1&2\\3&-1&-1&0\\1&2&0&-5\end{vmatrix}$$

(第 3 行 $\times 2$ 分别加到第 1 行和第 4 行)

$$=\begin{vmatrix}7&0&1&4\\1&0&1&2\\3&-1&-1&0\\7&0&-2&-5\end{vmatrix}$$

$$=(-1)\times(-1)^{3+2}\begin{vmatrix}7&1&4\\1&1&2\\7&-2&-5\end{vmatrix}$$

(第 2 行 $\times(-1)$ 加到第 1 行，第 2 行 $\times 2$ 加到第 3 行)

$$=\begin{vmatrix}6&0&2\\1&1&2\\9&0&-1\end{vmatrix}$$

$$=1\times(-1)^{2+2}\begin{vmatrix}6&2\\9&-1\end{vmatrix}=-6-18=-24$$

例 3 讨论当 k 为何值时，$\begin{vmatrix}1&1&0&0\\1&k&1&0\\0&0&k&2\\0&0&2&k\end{vmatrix}\neq 0$?

解: $\begin{vmatrix}1&1&0&0\\1&k&1&0\\0&0&k&2\\0&0&2&k\end{vmatrix}$ (第 1 行 $\times(-1)$ 加到第 2 行)

$$=\begin{vmatrix}1&1&0&0\\0&k-1&1&0\\0&0&k&2\\0&0&2&k\end{vmatrix}=\begin{vmatrix}k-1&1&0\\0&k&2\\0&2&k\end{vmatrix}$$

$$=(k-1)(k^2-4)$$

所以，当 $k\neq 1$ 且 $k\neq\pm 2$ 时，$\begin{vmatrix}1&1&0&0\\1&k&1&0\\0&0&k&2\\0&0&2&k\end{vmatrix}\neq 0$.

例 4 求证

$$\begin{vmatrix} 1 & 2 & 3 & 4 & \cdots & n \\ 1 & 1 & 2 & 3 & \cdots & n-1 \\ 1 & x & 1 & 2 & \cdots & n-2 \\ 1 & x & x & 1 & \cdots & n-3 \\ \vdots & \vdots & \vdots & \vdots & & \vdots \\ 1 & x & x & x & \cdots & 2 \\ 1 & x & x & x & \cdots & 1 \end{vmatrix} = (-1)^{n+1}x^{n-2}$$

证：

$$\begin{vmatrix} 1 & 2 & 3 & 4 & \cdots & n \\ 1 & 1 & 2 & 3 & \cdots & n-1 \\ 1 & x & 1 & 2 & \cdots & n-2 \\ 1 & x & x & 1 & \cdots & n-3 \\ \vdots & \vdots & \vdots & \vdots & & \vdots \\ 1 & x & x & x & \cdots & 2 \\ 1 & x & x & x & \cdots & 1 \end{vmatrix} \begin{matrix} \\ \times(-1) \\ \times(-1) \\ \times(-1) \\ \vdots \\ \times(-1) \\ \times(-1) \end{matrix}$$

$$= \begin{vmatrix} 0 & 1 & 1 & 1 & \cdots & 1 & 1 \\ 0 & 1-x & 1 & 1 & \cdots & 1 & 1 \\ 0 & 0 & 1-x & 1 & \cdots & 1 & 1 \\ 0 & 0 & 0 & 1-x & \cdots & 1 & 1 \\ \vdots & \vdots & \vdots & \vdots & & \vdots & \vdots \\ 0 & 0 & 0 & 0 & \cdots & 1-x & 1 \\ 1 & x & x & x & \cdots & x & 1 \end{vmatrix}$$

$$= (-1)^{n+1}\begin{vmatrix} 1 & 1 & 1 & \cdots & 1 & 1 \\ 1-x & 1 & 1 & \cdots & 1 & 1 \\ 0 & 1-x & 1 & \cdots & 1 & 1 \\ 0 & 0 & 1-x & \cdots & 1 & 1 \\ \vdots & \vdots & \vdots & & \vdots & \vdots \\ 0 & 0 & 0 & \cdots & 1-x & 1 \end{vmatrix} \begin{matrix} \\ \times(-1) \\ \times(-1) \\ \times(-1) \\ \vdots \\ \times(-1) \end{matrix}$$

$$= (-1)^{n+1}\begin{vmatrix} x & 0 & 0 & \cdots & 0 & 0 \\ 1-x & x & 0 & \cdots & 0 & 0 \\ 0 & 1-x & x & \cdots & 0 & 0 \\ 0 & 0 & 1-x & \cdots & 0 & 0 \\ \vdots & \vdots & \vdots & & \vdots & \vdots \\ 0 & 0 & 0 & \cdots & 1-x & 1 \end{vmatrix}$$

$$= (-1)^{n+1}x^{n-2}$$

例 5　计算行列式 $\begin{vmatrix} a & -1 & 0 & \cdots & 0 \\ ax & a & -1 & \cdots & 0 \\ ax^2 & ax & a & \cdots & 0 \\ \vdots & \vdots & \vdots & & \vdots \\ ax^n & ax^{n-1} & ax^{n-2} & \cdots & a \end{vmatrix}$.

解：给定行列式为 $n+1$ 阶行列式.

设
$$D_{n+1}=\begin{vmatrix} a & -1 & 0 & \cdots & 0 \\ ax & a & -1 & \cdots & 0 \\ ax^2 & ax & a & \cdots & 0 \\ \vdots & \vdots & \vdots & & \vdots \\ ax^n & ax^{n-1} & ax^{n-2} & \cdots & a \end{vmatrix}$$
$$=aD_n+xD_n=(a+x)D_n=(a+x)(a+x)D_{n-1}$$
$$=\cdots\cdots=(a+x)^{n-1}D_2=(a+x)^{n-1}\begin{vmatrix} a & -1 \\ ax & a \end{vmatrix}=a(a+x)^n$$

这种计算行列式的方法称为递推法.

例 6　证明范德蒙行列式

$$D_n=\begin{vmatrix} 1 & 1 & 1 & \cdots & 1 \\ x_1 & x_2 & x_3 & \cdots & x_n \\ x_1^2 & x_2^2 & x_3^2 & \cdots & x_n^2 \\ \vdots & \vdots & \vdots & & \vdots \\ x_1^{n-1} & x_2^{n-1} & x_3^{n-1} & \cdots & x_n^{n-1} \end{vmatrix}=\prod_{1\leqslant i<j\leqslant n}(x_j-x_i)$$

其中，$\prod\limits_{1\leqslant i<j\leqslant n}(x_j-x_i)=(x_2-x_1)(x_3-x_1)\cdots(x_n-x_1)(x_3-x_2)\cdots(x_n-x_2)\cdots(x_{n-1}-x_{n-2})(x_n-x_{n-2})(x_n-x_{n-1})$ 是满足条件 $1\leqslant i<j\leqslant n$ 的所有因子 (x_j-x_i) 的连乘积.

证：用数学归纳法.

因为 $\begin{vmatrix} 1 & 1 \\ x_1 & x_2 \end{vmatrix}=x_2-x_1=\prod\limits_{1\leqslant i<j\leqslant 2}(x_j-x_i)$

所以当 $n=2$ 时，范德蒙行列式结论成立. 假设 $n-1$ 阶范德蒙行列式结论成立，下面证明 n 阶范德蒙行列式结论成立.

把 D_n 从第 n 行起，依次将前一行乘以 $(-x_1)$ 加到后一行，可得

$$D_n=\begin{vmatrix} 1 & 1 & 1 & \cdots & 1 \\ 0 & x_2-x_1 & x_3-x_1 & \cdots & x_n-x_1 \\ 0 & x_2(x_2-x_1) & x_3(x_3-x_1) & \cdots & x_n(x_n-x_1) \\ \vdots & \vdots & \vdots & & \vdots \\ 0 & x_2^{n-2}(x_2-x_1) & x_3^{n-2}(x_3-x_1) & \cdots & x_n^{n-2}(x_n-x_1) \end{vmatrix}$$

按第一列展开，得：

$$D_n=(x_2-x_1)(x_3-x_1)\cdots(x_n-x_1)\begin{vmatrix}1&1&\cdots&1\\x_2&x_3&\cdots&x_n\\x_2^2&x_3^2&\cdots&x_n^2\\\vdots&\vdots&&\vdots\\x_2^{n-2}&x_3^{n-2}&\cdots&x_n^{n-2}\end{vmatrix}$$

上面等号右边的行列式是 $n-1$ 阶范德蒙行列式，由归纳假设，它应等于所有 (x_j-x_i) 的乘积，其中 $2\leqslant i<j\leqslant n$，所以有

$$\begin{aligned}D_n&=(x_2-x_1)(x_3-x_2)\cdots(x_n-x_1)\prod_{2\leqslant i<j\leqslant n}(x_j-x_i)\\&=\prod_{1\leqslant i<j\leqslant n}(x_j-x_i)\end{aligned}$$

例 7　计算行列式

$$\begin{vmatrix}1&1&1&1\\1&2&3&4\\1&4&9&16\\1&8&27&64\end{vmatrix}$$

解：利用范德蒙行列式的结论，有

$$\begin{aligned}&\begin{vmatrix}1&1&1&1\\1&2&3&4\\1&4&9&16\\1&8&27&64\end{vmatrix}=\begin{vmatrix}1&1&1&1\\1&2&3&4\\1^2&2^2&3^2&4^2\\1^3&2^3&3^3&4^3\end{vmatrix}\\&=(2-1)(3-1)(4-1)(3-2)(4-2)(4-3)=12\end{aligned}$$

※（二）行列式按某 k 行（列）展开

在 n 阶行列式 $D=|a_{ij}|$ 中，任意选定 k 行 k 列 $(1\leqslant k\leqslant n)$，位于这些行和列交叉处的 k^2 个元素，按原来顺序构成一个 k 阶行列式 M，称为 D 的一个 k 阶子式. 划去这 k 行 k 列，余下的元素按原来的顺序构成一个 $n-k$ 阶行列式，在其前面冠以符号 $(-1)^{i_1+i_2+\cdots+i_k+j_1+j_2+\cdots+j_k}$，称为 M 的代数余子式，其中 $i_1,i_2,\cdots,i_k$ 为 k 阶子式 M 在 D 中的行标，$j_1,j_2,\cdots,j_k$ 为 M 在 D 中的列标.

定理 1.6　（拉普拉斯定理）　在 n 阶行列式中，任意取定 k 行(列) $(1\leqslant k\leqslant n-1)$，由这 k 行(列)组成的所有 k 阶子式与它们的代数余子式的乘积之和等于行列式 D.

（证明略）

例 8　用拉普拉斯定理求行列式 $\begin{vmatrix}2&3&0&0\\1&2&3&0\\0&1&2&3\\0&0&1&2\end{vmatrix}$ 的值.

解：按第一行和第二行展开.

$$\begin{vmatrix} 2 & 3 & 0 & 0 \\ 1 & 2 & 3 & 0 \\ 0 & 1 & 2 & 3 \\ 0 & 0 & 1 & 2 \end{vmatrix} = \begin{vmatrix} 2 & 3 \\ 1 & 2 \end{vmatrix} \times (-1)^{1+2+1+2} \begin{vmatrix} 2 & 3 \\ 1 & 2 \end{vmatrix}$$
$$+ \begin{vmatrix} 2 & 0 \\ 1 & 3 \end{vmatrix} \times (-1)^{1+2+1+3} \begin{vmatrix} 1 & 3 \\ 0 & 2 \end{vmatrix}$$
$$+ \begin{vmatrix} 3 & 0 \\ 2 & 3 \end{vmatrix} \times (-1)^{1+2+2+3} \begin{vmatrix} 0 & 3 \\ 0 & 2 \end{vmatrix}$$
$$= 1 - 12 + 0 = -11$$

§1.5 克莱姆法则

我们已经知道二元一次方程组

$$\begin{cases} a_{11}x_1 + a_{12}x_2 = b_1 \\ a_{21}x_1 + a_{22}x_2 = b_2 \end{cases}$$

当 $a_{11}a_{22} - a_{12}a_{21} \neq 0$ 时，其解为

$$x_1 = \frac{\begin{vmatrix} b_1 & a_{12} \\ b_2 & a_{22} \end{vmatrix}}{\begin{vmatrix} a_{11} & a_{12} \\ a_{21} & a_{22} \end{vmatrix}}, \ x_2 = \frac{\begin{vmatrix} a_{11} & b_1 \\ a_{21} & b_2 \end{vmatrix}}{\begin{vmatrix} a_{11} & a_{12} \\ a_{21} & a_{22} \end{vmatrix}}$$

设 $\begin{vmatrix} a_{11} & a_{12} \\ a_{21} & a_{22} \end{vmatrix} = D \neq 0, \quad D_1 = \begin{vmatrix} b_1 & a_{12} \\ b_2 & a_{22} \end{vmatrix}, \quad D_2 = \begin{vmatrix} a_{11} & b_1 \\ a_{21} & b_2 \end{vmatrix}$

则有 $\quad x_j = \dfrac{D_j}{D} \quad (j = 1, 2).$

设有三元一次方程组

$$\begin{cases} a_{11}x_1 + a_{12}x_2 + a_{13}x_3 = b_1 \\ a_{21}x_1 + a_{22}x_2 + a_{23}x_3 = b_2 \\ a_{31}x_1 + a_{32}x_2 + a_{33}x_3 = b_3 \end{cases}$$

当 $D \neq 0$ 时，其解为 $x_j = \dfrac{D_j}{D} \quad (j = 1, 2, 3)$. 其中

$$D = \begin{vmatrix} a_{11} & a_{12} & a_{13} \\ a_{21} & a_{22} & a_{23} \\ a_{31} & a_{32} & a_{33} \end{vmatrix}, \quad D_1 = \begin{vmatrix} b_1 & a_{12} & a_{13} \\ b_2 & a_{22} & a_{23} \\ b_3 & a_{32} & a_{33} \end{vmatrix}$$
$$D_2 = \begin{vmatrix} a_{11} & b_1 & a_{13} \\ a_{21} & b_2 & a_{23} \\ a_{31} & b_3 & a_{33} \end{vmatrix}, \quad D_3 = \begin{vmatrix} a_{11} & a_{12} & b_1 \\ a_{21} & a_{22} & b_2 \\ a_{31} & a_{32} & b_3 \end{vmatrix}$$

下面证明含有 n 个方程的 n 元线性方程组的解有与二元、三元线性方程组的解相同的法则，这个法则称为克莱姆法则.

含有 n 个方程的 n 元线性方程组的一般形式为

$$\begin{cases} a_{11}x_1+a_{12}x_2+\cdots+a_{1n}x_n=b_1 \\ a_{21}x_1+a_{22}x_2+\cdots+a_{2n}x_n=b_2 \\ \quad\cdots\cdots \\ a_{n1}x_1+a_{n2}x_2+\cdots+a_{nn}x_n=b_n \end{cases} \tag{1.11}$$

它的系数 a_{ij} $(i, j=1, 2, \cdots, n)$ 构成的行列式

$$D=\begin{vmatrix} a_{11} & a_{12} & \cdots & a_{1n} \\ a_{21} & a_{22} & \cdots & a_{2n} \\ \vdots & \vdots & & \vdots \\ a_{n1} & a_{n2} & \cdots & a_{nn} \end{vmatrix} \tag{1.12}$$

称为方程组(1.11) 的系数行列式.

定理 1.7 （克莱姆法则） 线性方程组 (1.11) 当其系数行列式 $D\neq 0$ 时，有且仅有唯一解

$$x_j=\frac{D_j}{D} \quad (j=1, 2, \cdots, n) \tag{1.13}$$

其中 D_j $(j=1, 2, \cdots, n)$ 是将系数行列式中第 j 列元素 $a_{1j}, a_{2j}, \cdots, a_{nj}$ 对应地换为方程组的常数项 $b_1, b_2, \cdots, b_n$ 后得到的行列式.

证：以行列式 D 的第 j $(j=1, 2, \cdots, n)$ 列元素的代数余子式 $A_{1j}, A_{2j}, \cdots, A_{nj}$ 分别乘方程组 (1.11) 的第 1 个，第 2 个，…，第 n 个方程，然后相加，得

$$\begin{aligned} &(a_{11}A_{1j}+a_{21}A_{2j}+\cdots+a_{n1}A_{nj})x_1 \\ &+\cdots\cdots \\ &+(a_{1j}A_{1j}+a_{2j}A_{2j}+\cdots+a_{nj}A_{nj})x_j \\ &+\cdots\cdots \\ &+(a_{1n}A_{1j}+a_{2n}A_{2j}+\cdots+a_{nn}A_{nj})x_n \\ =&\ b_1A_{1j}+b_2A_{2j}+\cdots+b_nA_{nj} \end{aligned}$$

由 §1.4 的结论，x_j 的系数等于 D，x_s $(s\neq j)$ 的系数等于零. 等号右端等于 D 中第 j 列元素以常数项 $b_1, b_2, \cdots, b_n$ 替换后的行列式 D_j，即

$$Dx_j=D_j \quad (j=1, 2, \cdots, n) \tag{1.14}$$

如果方程组 (1.11) 有解，则其解必满足方程组 (1.14)，而当 $D\neq 0$ 时，方程组 (1.14) 只有形如式 (1.13) 的解

$$x_j=\frac{D_j}{D} \quad (j=1, 2, \cdots, n)$$

另一方面，将式 (1.13) 代入方程组 (1.11)，容易验证它满足方程组 (1.11)，所以式 (1.13) 是方程组 (1.11) 的解.

综上所述，于是得到：

当方程组 (1.11) 的系数行列式 $D\neq 0$ 时，有且仅有唯一解

$$x_j=\frac{D_j}{D}\quad (j=1, 2, \cdots, n)$$

例 1 解线性方程组

$$\begin{cases} x_1-x_2+x_3-2x_4=2 \\ 2x_1-x_3+4x_4=4 \\ 3x_1+2x_2+x_3=-1 \\ -x_1+2x_2-x_3+2x_4=-4 \end{cases}$$

解: 计算行列式

$$D=\begin{vmatrix} 1 & -1 & 1 & -2 \\ 2 & 0 & -1 & 4 \\ 3 & 2 & 1 & 0 \\ -1 & 2 & -1 & 2 \end{vmatrix}=-2\neq 0$$

$$D_1=\begin{vmatrix} 2 & -1 & 1 & -2 \\ 4 & 0 & -1 & 4 \\ -1 & 2 & 1 & 0 \\ -4 & 2 & -1 & 2 \end{vmatrix}=-2$$

$$D_2=\begin{vmatrix} 1 & 2 & 1 & -2 \\ 2 & 4 & -1 & 4 \\ 3 & -1 & 1 & 0 \\ -1 & -4 & -1 & 2 \end{vmatrix}=4$$

$$D_3=\begin{vmatrix} 1 & -1 & 2 & -2 \\ 2 & 0 & 4 & 4 \\ 3 & 2 & -1 & 0 \\ -1 & 2 & -4 & 2 \end{vmatrix}=0$$

$$D_4=\begin{vmatrix} 1 & -1 & 1 & 2 \\ 2 & 0 & -1 & 4 \\ 3 & 2 & 1 & -1 \\ -1 & 2 & -1 & -4 \end{vmatrix}=-1$$

所以 $x_1=\frac{D_1}{D}=1,\quad x_2=\frac{D_2}{D}=-2$

$$x_3=\frac{D_3}{D}=0,\quad x_4=\frac{D_4}{D}=\frac{1}{2}$$

是所给方程组的解.

例 2 a,b 满足什么条件时,线性方程组

$$\begin{cases} ax_1+ax_2+bx_3=1 \\ ax_1+bx_2+ax_3=1 \\ bx_1+ax_2+ax_3=1 \end{cases}$$

有唯一解,并求其解.

解: $D=\begin{vmatrix} a & a & b \\ a & b & a \\ b & a & a \end{vmatrix}=a^2b+a^2b+a^2b-b^3-a^3-a^3$

$$=3a^2b-b^3-2a^3=-(a-b)^2(2a+b)$$

当 $a\neq b$ 且 $a\neq -\dfrac{b}{2}$ 时,$D\neq 0$,此时给定方程组有唯一解,可求得

$$D_1=\begin{vmatrix} 1 & a & b \\ 1 & b & a \\ 1 & a & a \end{vmatrix}=ab+a^2+ab-b^2-2a^2=-(a-b)^2$$

$$D_2=-(a-b)^2, D_3=-(a-b)^2$$

所以,在 $a\neq b$ 且 $a\neq -\dfrac{b}{2}$ 的条件下,给定方程组有唯一解,$x_1=x_2=x_3=\dfrac{1}{2a+b}$.

如果线性方程组(1.11)的常数项均为零,即

$$\begin{cases} a_{11}x_1+a_{12}x_2+\cdots+a_{1n}x_n=0 \\ a_{21}x_1+a_{22}x_2+\cdots+a_{2n}x_n=0 \\ \quad\cdots\cdots \\ a_{n1}x_1+a_{n2}x_2+\cdots+a_{nn}x_n=0 \end{cases} \tag{1.15}$$

则方程组称为齐次线性方程组.

显然,齐次线性方程组(1.15)一定有零解 $x_j=0 \quad (j=1, 2, \cdots, n)$. 对于齐次线性方程组除零解外是否还有非零解,可由以下定理判定.

定理 1.8 如果齐次线性方程组(1.15)的系数行列式 $D\neq 0$,则它仅有零解.

证: 因为 $D\neq 0$,根据克莱姆法则,方程组(1.15)有唯一解 $x_j=\dfrac{D_j}{D} \quad (j=1, 2, \cdots, n)$,又由于行列式 $D_j \ (j=1, 2, \cdots, n)$ 中有一列的元素全为零,因而 $D_j=0 \ (j=1, 2, \cdots, n)$,所以齐次线性方程组(1.15)仅有零解,即

$$x_j=\frac{D_j}{D}=0 \quad (j=1, 2, \cdots, n)$$

这个定理也可以说成:如果齐次线性方程组(1.15)有非零解,则它的系数行列式 $D=0$. 以后还可以证明:如果 $D=0$,则方程组(1.15)有非零解.

例 3 判定齐次线性方程组

$$\begin{cases} x_1 + x_2 + 2x_3 + 3x_4 = 0 \\ x_1 + 2x_2 + 3x_3 - x_4 = 0 \\ 3x_1 - x_2 - x_3 - 2x_4 = 0 \\ 2x_1 + 3x_2 - x_3 - x_4 = 0 \end{cases}$$

是否仅有零解.

解: 因为

$$D = \begin{vmatrix} 1 & 1 & 2 & 3 \\ 1 & 2 & 3 & -1 \\ 3 & -1 & -1 & -2 \\ 2 & 3 & -1 & -1 \end{vmatrix} = -153 \neq 0$$

所以方程组仅有零解.

例 4 如果下列齐次线性方程组有非零解，k 应取何值?

$$\begin{cases} kx_1 + x_4 = 0 \\ x_1 + 2x_2 - x_4 = 0 \\ (k+2)x_1 - x_2 + 4x_4 = 0 \\ 2x_1 + x_2 + 3x_3 + kx_4 = 0 \end{cases}$$

解:

$$D = \begin{vmatrix} k & 0 & 0 & 1 \\ 1 & 2 & 0 & -1 \\ k+2 & -1 & 0 & 4 \\ 2 & 1 & 3 & k \end{vmatrix}$$

$$= -3\begin{vmatrix} k & 0 & 1 \\ 1 & 2 & -1 \\ k+2 & -1 & 4 \end{vmatrix} = -3(8k-1-k-2k-4)$$

$$= -3(5k-5)$$

如果方程组有非零解，则 $D=0$，即 $k=1$.

习题一

(A)

1. 计算下列二阶行列式:

(1) $\begin{vmatrix} 1 & 3 \\ 1 & 4 \end{vmatrix}$　　(2) $\begin{vmatrix} 2 & 1 \\ -1 & 2 \end{vmatrix}$

(3) $\begin{vmatrix} 6 & 9 \\ 8 & 12 \end{vmatrix}$　　(4) $\begin{vmatrix} a & b \\ a^2 & b^2 \end{vmatrix}$

(5) $\begin{vmatrix} x-1 & 1 \\ x^2 & x^2+x+1 \end{vmatrix}$　　(6) $\begin{vmatrix} \dfrac{1-t^2}{1+t^2} & \dfrac{2t}{1+t^2} \\ \dfrac{-2t}{1+t^2} & \dfrac{1-t^2}{1+t^2} \end{vmatrix}$

(7) $\begin{vmatrix} 1 & \log_b a \\ \log_a b & 1 \end{vmatrix}$

2. 计算下列三阶行列式：

(1) $\begin{vmatrix} 1 & 2 & 3 \\ 3 & 1 & 2 \\ 2 & 3 & 1 \end{vmatrix}$　　(2) $\begin{vmatrix} 1 & 1 & 1 \\ 3 & 1 & 4 \\ 8 & 9 & 5 \end{vmatrix}$

(3) $\begin{vmatrix} 1 & 0 & -1 \\ 3 & 5 & 0 \\ 0 & 4 & 1 \end{vmatrix}$　　(4) $\begin{vmatrix} 0 & a & 0 \\ b & 0 & c \\ 0 & d & 0 \end{vmatrix}$

3. 证明下列等式：

$$\begin{vmatrix} a_1 & b_1 & c_1 \\ a_2 & b_2 & c_2 \\ a_3 & b_3 & c_3 \end{vmatrix} = a_1\begin{vmatrix} b_2 & c_2 \\ b_3 & c_3 \end{vmatrix} - b_1\begin{vmatrix} a_2 & c_2 \\ a_3 & c_3 \end{vmatrix} + c_1\begin{vmatrix} a_2 & b_2 \\ a_3 & b_3 \end{vmatrix}$$

4. 当 k 为何值时，$\begin{vmatrix} k & 3 & 4 \\ -1 & k & 0 \\ 0 & k & 1 \end{vmatrix} = 0$？

5. 当 x 为何值时，$\begin{vmatrix} 3 & 1 & x \\ 4 & x & 0 \\ 1 & 0 & x \end{vmatrix} \neq 0$？

6. 行列式 $\begin{vmatrix} a & 1 & 1 \\ 0 & -1 & 0 \\ 4 & a & a \end{vmatrix} > 0$ 的充分必要条件是什么？

7. 解方程 $\begin{vmatrix} 3 & 1 & 1 \\ x & 1 & 0 \\ x^2 & 3 & 1 \end{vmatrix} = 0$.

8. 求下列排列的逆序数：

(1) 41253　(2) 3712456　(3) 36715284　(4) $n(n-1)\cdots 21$

9. 在六阶行列式 $|a_{ij}|$ 中，下列各元素连乘积前面应冠以什么符号？

(1) $a_{15}a_{23}a_{32}a_{44}a_{51}a_{66}$　　(2) $a_{11}a_{26}a_{32}a_{44}a_{53}a_{65}$

(3) $a_{21}a_{53}a_{16}a_{42}a_{65}a_{34}$　　(4) $a_{51}a_{32}a_{13}a_{44}a_{65}a_{26}$

(5) $a_{61}a_{52}a_{43}a_{34}a_{25}a_{16}$

10. 选择 k，l 使 $a_{13}a_{2k}a_{34}a_{42}a_{5l}$ 成为五阶行列式 $|a_{ij}|$ (i，$j=1$，2，…，5) 中前面冠以负号的项.

11. 设 n 阶行列式中有 n^2-n 个以上元素为零，证明该行列式为零.

12. 用行列式定义计算下列行列式：

(1) $\begin{vmatrix} 0 & 0 & 1 & 0 \\ 0 & 1 & 0 & 0 \\ 0 & 0 & 0 & 1 \\ 1 & 0 & 0 & 0 \end{vmatrix}$ (2) $\begin{vmatrix} 0 & 1 & 0 & \cdots & 0 \\ 0 & 0 & 2 & \cdots & 0 \\ \vdots & \vdots & \vdots & & \vdots \\ 0 & 0 & 0 & \cdots & n-1 \\ n & 0 & 0 & \cdots & 0 \end{vmatrix}$

(3) $\begin{vmatrix} 1 & 1 & 1 & 0 \\ 0 & 1 & 0 & 1 \\ 0 & 1 & 1 & 1 \\ 0 & 0 & 1 & 0 \end{vmatrix}$ (4) $\begin{vmatrix} a_{11} & a_{12} & a_{13} & a_{14} & a_{15} \\ a_{21} & a_{22} & a_{23} & a_{24} & a_{25} \\ a_{31} & a_{32} & 0 & 0 & 0 \\ a_{41} & a_{42} & 0 & 0 & 0 \\ a_{51} & a_{52} & 0 & 0 & 0 \end{vmatrix}$

13. 用行列式的性质计算下列行列式：

(1) $\begin{vmatrix} a & a^2 \\ b & b^2 \end{vmatrix}$ (2) $\begin{vmatrix} 1 & 2 & 3 \\ 0 & 1 & 2 \\ 1 & 1 & 1 \end{vmatrix}$

(3) $\begin{vmatrix} 34\,215 & 35\,215 \\ 28\,092 & 29\,092 \end{vmatrix}$ (4) $\begin{vmatrix} x & y & x+y \\ y & x+y & x \\ x+y & x & y \end{vmatrix}$

14. 用行列式的性质证明：

(1) $\begin{vmatrix} a_1+kb_1 & b_1+c_1 & c_1 \\ a_2+kb_2 & b_2+c_2 & c_2 \\ a_3+kb_3 & b_3+c_3 & c_3 \end{vmatrix} = \begin{vmatrix} a_1 & b_1 & c_1 \\ a_2 & b_2 & c_2 \\ a_3 & b_3 & c_3 \end{vmatrix}$

(2) $\begin{vmatrix} b_1+c_1 & c_1+a_1 & a_1+b_1 \\ b_2+c_2 & c_2+a_2 & a_2+b_2 \\ b_3+c_3 & c_3+a_3 & a_3+b_3 \end{vmatrix} = 2\begin{vmatrix} a_1 & b_1 & c_1 \\ a_2 & b_2 & c_2 \\ a_3 & b_3 & c_3 \end{vmatrix}$

(3) $\begin{vmatrix} a_1-b_1 & a_1-b_2 & \cdots & a_1-b_n \\ a_2-b_1 & a_2-b_2 & \cdots & a_2-b_n \\ \vdots & \vdots & & \vdots \\ a_n-b_1 & a_n-b_2 & \cdots & a_n-b_n \end{vmatrix} = 0 \quad (n>2)$

15. 现有行列式 $D = \begin{vmatrix} a_{11} & a_{12} & a_{13} \\ a_{21} & a_{22} & a_{23} \\ a_{31} & a_{32} & a_{33} \end{vmatrix}$ 及 $D_1 = \begin{vmatrix} a_{11} & a_{21} & a_{31} \\ a_{12} & a_{22} & a_{32} \\ a_{13} & a_{23} & a_{33} \end{vmatrix}$,

$D_2 = \begin{vmatrix} a_{11} & a_{12}-2a_{11} & a_{13} \\ a_{21} & a_{22}-2a_{21} & a_{23} \\ a_{31} & a_{32}-2a_{31} & a_{33} \end{vmatrix}$, $D_3 = \begin{vmatrix} a_{11} & a_{12} & a_{11}+2a_{13} \\ a_{21} & a_{22} & a_{21}+2a_{23} \\ a_{31} & a_{32} & a_{31}+2a_{33} \end{vmatrix}$

$$D_4=\begin{vmatrix}-a_{11} & a_{12} & a_{13}\\ -a_{21} & a_{22} & a_{23}\\ -a_{31} & a_{32} & a_{33}\end{vmatrix},\ D_5=\begin{vmatrix}a_{31} & a_{32} & a_{33}\\ a_{11} & a_{12} & a_{13}\\ a_{21} & a_{22} & a_{23}\end{vmatrix}$$

$$D_6=\begin{vmatrix}ka_{11} & ka_{12} & ka_{13}\\ ka_{21} & ka_{22} & ka_{23}\\ ka_{31} & ka_{32} & ka_{33}\end{vmatrix}\quad (k\neq 1)$$

利用行列式的性质，判断 D_1，D_2，D_3，D_4，D_5，D_6与行列式 D 的关系.

16. 设五阶行列式 $|a_{ij}|=m$ $(i,\ j=1,\ 2,\ \cdots,\ 5)$，依下列次序对 $|a_{ij}|$ 进行变换后求其结果.

交换第一行与第五行，再转置，用 2 乘所有元素，再用 (-3) 乘第二列加于第四列，最后用 4 除第二行各元素.

17. 用行列式性质，化下列行列式为上三角形行列式，并求其值.

(1) $\begin{vmatrix}1 & 1 & 1 & 1\\ -1 & 1 & 1 & 1\\ -1 & -1 & 1 & 1\\ -1 & -1 & -1 & 1\end{vmatrix}$　(2) $\begin{vmatrix}1 & 1 & 1 & 1\\ 1 & 2 & 3 & 4\\ 1 & 3 & 6 & 10\\ 1 & 4 & 10 & 20\end{vmatrix}$　(3) $\begin{vmatrix}1 & 2 & 3 & 4\\ 2 & 3 & 4 & 1\\ 3 & 4 & 1 & 2\\ 4 & 1 & 2 & 3\end{vmatrix}$

18. 将下列行列式化为三角形行列式，并求其值.

(1) $\begin{vmatrix}1 & 1 & 2 & 3\\ 1 & 2 & 3 & -1\\ 3 & -1 & -1 & -2\\ 2 & 3 & -1 & -1\end{vmatrix}$　(2) $\begin{vmatrix}2 & -5 & 3 & 1\\ 1 & 3 & -1 & 3\\ 0 & 1 & 1 & -5\\ -1 & -4 & 2 & -3\end{vmatrix}$

(3) $\begin{vmatrix}-2 & 2 & -4 & 0\\ 4 & -1 & 3 & 5\\ 3 & 1 & -2 & -3\\ 2 & 0 & 5 & 1\end{vmatrix}$

19. 用化成三角形行列式的方法，计算三阶行列式 $\begin{vmatrix}1+x & 2 & 3\\ 1 & 2+y & 3\\ 1 & 2 & 3+z\end{vmatrix}$，其中 $xyz\neq 0$.

20. 计算行列式：

$$\begin{vmatrix}1 & 2 & 3 & \cdots & n-1 & n\\ -1 & 0 & 3 & \cdots & n-1 & n\\ -1 & -2 & 0 & \cdots & n-1 & n\\ \vdots & \vdots & \vdots & & \vdots & \vdots\\ -1 & -2 & -3 & \cdots & 0 & n\\ -1 & -2 & -3 & \cdots & -(n-1) & 0\end{vmatrix}$$

21. 计算 n 阶行列式：

$$\begin{vmatrix} 0 & x & x & \cdots & x \\ x & 0 & x & \cdots & x \\ x & x & 0 & \cdots & x \\ \vdots & \vdots & \vdots & & \vdots \\ x & x & x & \cdots & 0 \end{vmatrix}$$

22. 计算行列式：

$$\begin{vmatrix} x & a_1 & a_2 & \cdots & a_{n-1} & 1 \\ a_1 & x & a_2 & \cdots & a_{n-1} & 1 \\ a_1 & a_2 & x & \cdots & a_{n-1} & 1 \\ \vdots & \vdots & \vdots & & \vdots & \vdots \\ a_1 & a_2 & a_3 & \cdots & x & 1 \\ a_1 & a_2 & a_3 & \cdots & a_n & 1 \end{vmatrix}$$

23. 计算行列式：

$$\begin{vmatrix} a_0 & 1 & 1 & \cdots & 1 & 1 \\ 1 & a_1 & 0 & \cdots & 0 & 0 \\ 1 & 0 & a_2 & \cdots & 0 & 0 \\ \vdots & \vdots & \vdots & & \vdots & \vdots \\ 1 & 0 & 0 & \cdots & a_{n-1} & 0 \\ 1 & 0 & 0 & \cdots & 0 & a_n \end{vmatrix}, a_i \neq 0 \quad (i = 1, 2, \cdots, n)$$

24. 计算行列式：

$$\begin{vmatrix} -a_1 & a_1 & 0 & \cdots & 0 & 0 \\ 0 & -a_2 & a_2 & \cdots & 0 & 0 \\ \vdots & \vdots & \vdots & & \vdots & \vdots \\ 0 & 0 & 0 & \cdots & -a_n & a_n \\ 1 & 1 & 1 & \cdots & 1 & 1 \end{vmatrix}$$

25. 解下列方程：

(1) $\begin{vmatrix} 1 & 1 & 2 & 3 \\ 1 & 2-x^2 & 2 & 3 \\ 2 & 3 & 1 & 5 \\ 2 & 3 & 1 & 9-x^2 \end{vmatrix} = 0$　(2) $\begin{vmatrix} x & 1 & 1 & 1 \\ 1 & x & 1 & 1 \\ 1 & 1 & x & 1 \\ 1 & 1 & 1 & x \end{vmatrix} = 0$

(3) $\begin{vmatrix} x & a_1 & a_2 & \cdots & a_{n-1} & 1 \\ a_1 & x & a_2 & \cdots & a_{n-1} & 1 \\ a_1 & a_2 & x & \cdots & a_{n-1} & 1 \\ \vdots & \vdots & \vdots & & \vdots & \vdots \\ a_1 & a_2 & a_3 & \cdots & x & 1 \\ a_1 & a_2 & a_3 & \cdots & a_n & 1 \end{vmatrix} = 0$

(4) $\begin{vmatrix} 1 & 1 & 1 & \cdots & 1 & 1 \\ 1 & 1-x & 1 & \cdots & 1 & 1 \\ 1 & 1 & 2-x & \cdots & 1 & 1 \\ \vdots & \vdots & \vdots & & \vdots & \vdots \\ 1 & 1 & 1 & \cdots & (n-2)-x & 1 \\ 1 & 1 & 1 & \cdots & 1 & (n-1)-x \end{vmatrix} = 0$

26. 求行列式$\begin{vmatrix} -3 & 0 & 4 \\ 5 & 0 & 3 \\ 2 & -2 & 1 \end{vmatrix}$中元素 2 和 -2 的代数余子式.

27. 已知四阶行列式D中第三列元素依次为-1，2，0，1，它们的余子式依次分别为5，3，-7，4，求D.

28. 求四阶行列式 $D=\begin{vmatrix} 1 & 0 & 4 & 0 \\ 2 & -1 & -1 & 2 \\ 0 & -6 & 0 & 0 \\ 2 & 4 & -1 & 2 \end{vmatrix}$的第四行各元素的代数余子式之和，即求$A_{41}+A_{42}+A_{43}+A_{44}$之值（其中$A_{4j}$（$j=1，2，3，4$）为$D$的第四行第$j$列元素的代数余子式）.

29. 设A_{1j}（$j=1，2，3，4$）为行列式$D=\begin{vmatrix} a & b & c & d \\ d & c & b & b \\ b & b & b & b \\ c & d & a & d \end{vmatrix}$的第一行第$j$列元素的代数余子式，证明$A_{11}+A_{12}+A_{13}+A_{14}=0$.

30. 按第三列展开下列行列式，并计算其值：

(1) $\begin{vmatrix} 1 & 0 & a & 1 \\ 0 & -1 & b & -1 \\ -1 & -1 & c & -1 \\ -1 & 1 & d & 0 \end{vmatrix}$　　(2) $\begin{vmatrix} 1 & 2 & 3 & 4 \\ 2 & 3 & 4 & 1 \\ 3 & 4 & 1 & 2 \\ 4 & 1 & 2 & 3 \end{vmatrix}$

(3) $\begin{vmatrix} a_{11} & a_{12} & a_{13} & a_{14} & a_{15} \\ a_{21} & a_{22} & a_{23} & a_{24} & a_{25} \\ a_{31} & a_{32} & 0 & 0 & 0 \\ a_{41} & a_{42} & 0 & 0 & 0 \\ a_{51} & a_{52} & 0 & 0 & 0 \end{vmatrix}$

31. 计算行列式：

$$\begin{vmatrix} 1 & 2 & -1 & 0 \\ -1 & 4 & 5 & -1 \\ 2 & 3 & 1 & 3 \\ 3 & 1 & -2 & 0 \end{vmatrix}$$

32. 计算行列式：

$$\begin{vmatrix} 1 & 2 & 3 & 4 & \cdots & n \\ 1 & 1 & 2 & 3 & \cdots & n-1 \\ 1 & x & 1 & 2 & \cdots & n-2 \\ 1 & x & x & 1 & \cdots & n-3 \\ \vdots & \vdots & \vdots & \vdots & & \vdots \\ 1 & x & x & x & \cdots & 2 \\ 1 & x & x & x & \cdots & 1 \end{vmatrix}$$

33. 计算 n 阶行列式：

$$\begin{vmatrix} a & b & 0 & \cdots & 0 & 0 \\ 0 & a & b & \cdots & 0 & 0 \\ 0 & 0 & a & \cdots & 0 & 0 \\ \vdots & \vdots & \vdots & & \vdots & \vdots \\ b & 0 & 0 & \cdots & 0 & a \end{vmatrix}$$

34. 解方程 $\begin{vmatrix} 1 & 2 & 1 & 1 \\ 1 & x & 2 & 3 \\ 0 & 0 & x & 2 \\ 0 & 0 & 2 & x \end{vmatrix}=0.$

35. 求实数 x，y 的值，使之满足 $\begin{vmatrix} 1+x & 1 & 1 & 1 \\ 1 & 1-x & 1 & 1 \\ 1 & 1 & 1+y & 1 \\ 1 & 1 & 1 & 1-y \end{vmatrix}=0.$

36. 计算行列式：

$$\begin{vmatrix} 1 & 1 & 1 & 1 \\ -1 & 2 & 1 & 3 \\ 1 & 4 & 1 & 9 \\ -1 & 8 & 1 & 27 \end{vmatrix}$$

37. 证明 $\begin{vmatrix} a+b & x+b & x+a \\ x & a & b \\ x^2 & a^2 & b^2 \end{vmatrix}=(x+a+b)(a-x)(b-x)(b-a).$

38. 用递推法证明：

$$D_5=\begin{vmatrix} 1-a & a & 0 & 0 & 0 \\ -1 & 1-a & a & 0 & 0 \\ 0 & -1 & 1-a & a & 0 \\ 0 & 0 & -1 & 1-a & a \\ 5 & 0 & 0 & -1 & 1-a \end{vmatrix}=1-a+a^2-a^3+a^4-a^5$$

39. 用数学归纳法证明：

$$D_n = \begin{vmatrix} 1+a_1^2 & a_1a_2 & \cdots & a_1a_n \\ a_2a_1 & 1+a_2^2 & \cdots & a_2a_n \\ \vdots & \vdots & & \vdots \\ a_na_1 & a_na_2 & \cdots & 1+a_n^2 \end{vmatrix} = 1+a_1^2+a_2^2+\cdots+a_n^2$$

※40. 用拉普拉斯定理求行列式 $\begin{vmatrix} 3 & 2 & 1 & 1 \\ 0 & 4 & 0 & 2 \\ 2 & 0 & 1 & 1 \\ 0 & 1 & 0 & 2 \end{vmatrix}$ 的值.

※41. 用拉普拉斯定理证明 $\begin{vmatrix} a_{11} & a_{12} & 0 & 0 \\ a_{21} & a_{22} & 0 & 0 \\ * & * & b_{11} & b_{12} \\ * & * & b_{21} & b_{22} \end{vmatrix} = \begin{vmatrix} a_{11} & a_{12} \\ a_{21} & a_{22} \end{vmatrix} \begin{vmatrix} b_{11} & b_{12} \\ b_{21} & b_{22} \end{vmatrix}$（其中 * 为任意数）.

42. 用克莱姆法则解下列线性方程组：

(1) $\begin{cases} 2x+5y=1 \\ 3x+7y=2 \end{cases}$　　(2) $\begin{cases} 4x_1+5x_2=0 \\ 3x_1-7x_2=0 \end{cases}$

(3) $\begin{cases} x+y-2z=-3 \\ 5x-2y+7z=22 \\ 2x-5y+4z=4 \end{cases}$

(4) $\begin{cases} bx-ay+2ab=0 \\ -2cy+3bz-bc=0 \\ cx+az=0 \end{cases}$（其中 $a, b, c\neq 0$）

(5) $\begin{cases} x_1=0.5x_1+0.3x_2+0.4x_3+10 \\ x_2=0.4x_1+0.5x_3+20 \\ x_3=0.2x_1+0.1x_2+12 \end{cases}$

(6) $\begin{cases} 2x_1+x_2-5x_3+x_4=8 \\ x_1-3x_2-6x_4=9 \\ 2x_2-x_3+2x_4=-5 \\ x_1+4x_2-7x_3+6x_4=0 \end{cases}$

(7) $\begin{cases} 2x_1+3x_2+11x_3+5x_4=6 \\ x_1+x_2+5x_3+2x_4=2 \\ 2x_1+x_2+3x_3+4x_4=2 \\ x_1+x_2+3x_3+4x_4=2 \end{cases}$

(8) $\begin{cases} x_1+x_2+x_3+x_4=0 \\ x_2+x_3+x_4+x_5=0 \\ x_1+2x_2+3x_3=2 \\ x_2+2x_3+3x_4=-2 \\ x_3+2x_4+3x_5=2 \end{cases}$

43. 计算下列方程组的系数行列式，并验证所给的数是方程组的解：

(1) $\begin{cases} 2x_1 - 3x_2 + 4x_3 - 3x_4 = 0 \\ 3x_1 - x_2 + 11x_3 - 13x_4 = 0 \\ 4x_1 + 5x_2 - 7x_3 - 2x_4 = 0 \\ 13x_1 - 25x_2 + x_3 + 11x_4 = 0 \end{cases}$

$x_1 = x_2 = x_3 = x_4 = c$ （c 为任意常数）

(2) $\begin{cases} x_1 + 2x_2 + 3x_3 - x_4 = 3 \\ 3x_1 + 2x_2 + x_3 + x_4 = 5 \\ 5x_1 + 5x_2 + 2x_3 = 10 \\ 2x_1 + 3x_2 + x_3 - x_4 = 5 \end{cases}$

$x_1 = 1 - c$，$x_2 = 1 + c$，$x_3 = 0$，$x_4 = c$ （c 为任意常数）

44. 判断齐次线性方程组

$$\begin{cases} 2x_1 + 2x_2 - x_3 = 0 \\ x_1 - 2x_2 + 4x_3 = 0 \\ 5x_1 + 8x_2 - 2x_3 = 0 \end{cases}$$

是否仅有零解.

45. 如果齐次线性方程组

$$\begin{cases} kx + y + z = 0 \\ x + ky - z = 0 \\ 2x - y + z = 0 \end{cases}$$

有非零解，k 应取何值?

46. k 取何值时，齐次线性方程组

$$\begin{cases} kx + y - z = 0 \\ x + ky - z = 0 \\ 2x - y + z = 0 \end{cases}$$

仅有零解?

(B)

1. 行列式 $\begin{vmatrix} k-1 & 2 \\ 2 & k-1 \end{vmatrix} \neq 0$ 的充分条件是［　　］.

(A) $k \neq -1$　　(B) $k \neq 3$

(C) $k \neq -1$ 且 $k \neq 3$　　(D) $k \neq -1$ 或 $k \neq 3$

2. 行列式 $\begin{vmatrix} k & 2 & 1 \\ 2 & k & 0 \\ 1 & -1 & 1 \end{vmatrix} = 0$ 的充分必要条件是［　　］.

(A) $k = -2$　　(B) $k = 3$

(C) $k \neq -2$ 且 $k \neq 3$　　(D) $k = -2$ 或 $k = 3$

3. 若 $\begin{vmatrix} \lambda_1 & 0 & 2 \\ 3 & 1 & \lambda_2 \\ 1 & 0 & 1 \end{vmatrix} = 0$，则 λ_1，λ_2 必须满足 [　　].

(A) $\lambda_1 = 2$，$\lambda_2 = 0$　　(B) $\lambda_1 = \lambda_2 = 2$

(C) $\lambda_1 = 2$，λ_2 可为任意数　　(D) λ_1，λ_2 均可为任意数

4. 下列选项中为五级偶排列的是 [　　].

(A) 12435　　(B) 54321　　(C) 32514　　(D) 54231

5. 四元素乘积 $a_{i1}a_{24}a_{43}a_{k2}$ 是四阶行列式 $|a_{ij}|$ $(i, j = 1, 2, 3, 4)$ 中的一项，i, k 的取值及该项前应冠以的符号，有下列四种可能情况：

(1) $i = 3$, $k = 1$，前面冠以正号

(2) $i = 3$, $k = 1$，前面冠以负号

(3) $i = 1$, $k = 3$，前面冠以正号

(4) $i = 1$, $k = 3$，前面冠以负号

选项正确的是 [　　].

(A) (1)，(3) 正确　　(B) (1)，(4) 正确

(C) (2)，(3) 正确　　(D) (2)，(4) 正确

6. 下列选项中是五阶行列式 $|a_{ij}|$ $(i, j = 1, 2, \cdots, 5)$ 中的一项的是 [　　].

(A) $a_{12}a_{31}a_{23}a_{45}a_{34}$　　(B) $-a_{31}a_{22}a_{43}a_{14}a_{55}$

(C) $-a_{13}a_{21}a_{34}a_{42}a_{51}$　　(D) $a_{12}a_{21}a_{55}a_{43}a_{34}$

7. 下列选项中不属于五阶行列式 $|a_{ij}|$ $(i, j = 1, 2, \cdots, 5)$ 中的一项的是 [　　].

(A) $a_{11}a_{23}a_{32}a_{45}a_{54}$　　(B) $-a_{51}a_{12}a_{43}a_{34}a_{25}$

(C) $-a_{13}a_{52}a_{34}a_{21}a_{45}$　　(D) $a_{55}a_{44}a_{33}a_{22}a_{11}$

8. 若行列式 $D = \begin{vmatrix} a_{11} & a_{12} & a_{13} \\ a_{21} & a_{22} & a_{23} \\ a_{31} & a_{32} & a_{33} \end{vmatrix} = 1$，则行列式 $D_1 = \begin{vmatrix} 4a_{11} & 2a_{11} - 3a_{12} & a_{13} \\ 4a_{21} & 2a_{21} - 3a_{22} & a_{23} \\ 4a_{31} & 2a_{31} - 3a_{32} & a_{33} \end{vmatrix} =$ [　　].

(A) -12　　(B) 12　　(C) -24　　(D) 24

9. 设行列式 $D = \begin{vmatrix} a_{11} & a_{12} & a_{13} \\ a_{21} & a_{22} & a_{23} \\ a_{31} & a_{32} & a_{33} \end{vmatrix}$，则行列式

$$\begin{vmatrix} a_{11} & 3a_{11} - 2a_{12} & 4a_{13} - a_{11} \\ -3a_{21} & -9a_{21} + 6a_{22} & -12a_{23} + 3a_{21} \\ a_{31} & 3a_{31} - 2a_{32} & 4a_{33} - a_{31} \end{vmatrix} = [\quad].$$

(A) $12D$　　(B) $24D$　　(C) $-24D$　　(D) $-36D$

10. 若三阶行列式 $\begin{vmatrix} a_1 & a_2 & a_3 \\ 2b_1 - a_1 & 2b_2 - a_2 & 2b_3 - a_3 \\ c_1 & c_2 & c_3 \end{vmatrix} = 6$，则行列式 $\begin{vmatrix} a_1 & a_2 & a_3 \\ b_1 & b_2 & b_3 \\ c_1 & c_2 & c_3 \end{vmatrix} =$ [　　].

(A) 3　　(B) -3　　(C) 6　　(D) -6

11. 设 $D=\begin{vmatrix} a_{11} & a_{12} & a_{13} \\ a_{21} & a_{22} & a_{23} \\ a_{31} & a_{32} & a_{33} \end{vmatrix}\neq 0$，且有

$$D_1=\begin{vmatrix} a_{11} & a_{12}+2a_{11} & a_{13} \\ a_{21} & a_{22}+2a_{21} & a_{23} \\ a_{31} & a_{32}+2a_{31} & a_{33} \end{vmatrix},\quad D_2=\begin{vmatrix} a_{11} & a_{12}-2a_{11} & a_{13} \\ a_{21} & a_{22}-2a_{21} & a_{23} \\ a_{31} & a_{32}-2a_{31} & a_{33} \end{vmatrix}$$

$$D_3=\begin{vmatrix} a_{11} & a_{11}-a_{12} & a_{13} \\ a_{21} & a_{21}-a_{22} & a_{23} \\ a_{31} & a_{31}-a_{32} & a_{33} \end{vmatrix},\quad D_4=\begin{vmatrix} a_{11} & a_{12} & a_{12}+2a_{13} \\ a_{21} & a_{22} & a_{22}+2a_{23} \\ a_{31} & a_{32} & a_{32}+2a_{33} \end{vmatrix}$$

下列选项中判断正确的是［　　］.

(A) 只有 $D_1=D$　　(B) $D_1=D$，$D_2=D$

(C) D_1，D_2，D_3 均等于 D　　(D) D_1，D_2，D_3，D_4 均等于 D

12. 设 $\begin{vmatrix} 0 & 0 & 0 & 1 \\ 0 & 0 & a & 0 \\ 0 & 2 & 0 & 0 \\ 1 & 0 & 0 & a \end{vmatrix}=-1$，则 $a=$［　　］.

(A) $-\dfrac{1}{2}$　　(B) $\dfrac{1}{2}$　　(C) -1　　(D) 1

13. n 阶行列式 $\begin{vmatrix} 1 & 1 & 1 & \cdots & 1 \\ 1 & 0 & 1 & \cdots & 1 \\ 1 & 1 & 0 & \cdots & 1 \\ \vdots & \vdots & \vdots & & \vdots \\ 1 & 1 & 1 & \cdots & 0 \end{vmatrix}=$［　　］.

(A) 1　　(B) -1　　(C) $(-1)^{n-1}$　　(D) $(-1)^n$

14. 行列式 $\begin{vmatrix} a_1 & 0 & 0 & a_2 \\ 0 & a_3 & a_4 & 0 \\ 0 & a_5 & a_6 & 0 \\ a_7 & 0 & 0 & a_8 \end{vmatrix}$ 中元素 a_7 的代数余子式为［　　］.

(A) $a_2a_3a_6-a_2a_4a_5$　　(B) $a_2a_4a_5-a_2a_3a_6$

(C) $a_1a_3a_6-a_2a_4a_5$　　(D) $a_3a_6a_8-a_4a_5a_8$

15. $\begin{vmatrix} 0 & 0 & \cdots & 0 & -a_1 \\ 0 & 0 & \cdots & -a_2 & 0 \\ \vdots & \vdots & & \vdots & \vdots \\ 0 & -a_{n-1} & \cdots & 0 & 0 \\ -a_n & 0 & \cdots & 0 & 0 \end{vmatrix}=$［　　］.

(A) $a_1a_2\cdots a_n$　　(B) $(-1)^n a_1a_2\cdots a_n$

(C) $(-1)^{\frac{n(n-1)}{2}} a_1a_2\cdots a_n$　　(D) $(-1)^{\frac{n(n+1)}{2}} a_1a_2\cdots a_n$

16. 下列 n ($n>2$) 阶行列式中，其值不一定等于 -1 的是 [　　].

(A) $\begin{vmatrix} 0 & 1 & 0 & \cdots & 0 & 0 \\ 1 & 0 & 0 & \cdots & 0 & 0 \\ 0 & 0 & 1 & \cdots & 0 & 0 \\ \vdots & \vdots & \vdots & & \vdots & \vdots \\ 0 & 0 & 0 & \cdots & 0 & 1 \end{vmatrix}$　　(B) $\begin{vmatrix} 0 & 0 & \cdots & 0 & 1 \\ 0 & 0 & \cdots & 1 & 0 \\ \vdots & \vdots & & \vdots & \vdots \\ 0 & 1 & \cdots & 0 & 0 \\ 1 & 0 & \cdots & 0 & 0 \end{vmatrix}$

(C) $\begin{vmatrix} 1 & 0 & 0 & \cdots & 0 & 0 \\ 0 & 1 & 0 & \cdots & 0 & 0 \\ 0 & 0 & 1 & \cdots & 0 & 0 \\ \vdots & \vdots & \vdots & & \vdots & \vdots \\ 0 & 0 & 0 & \cdots & 0 & 1 \\ 0 & 0 & 0 & \cdots & 1 & 0 \end{vmatrix}$　　(D) $\begin{vmatrix} 1 & 0 & 0 & \cdots & 0 & 0 \\ 0 & 0 & 1 & \cdots & 0 & 0 \\ 0 & 1 & 0 & \cdots & 0 & 0 \\ \vdots & \vdots & \vdots & & \vdots & \vdots \\ 0 & 0 & 0 & \cdots & 1 & 0 \\ 0 & 0 & 0 & \cdots & 0 & 1 \end{vmatrix}$

17. 行列式 $\begin{vmatrix} a & 0 & b & 0 \\ 0 & x & 0 & y \\ c & 0 & d & 0 \\ 0 & u & 0 & v \end{vmatrix}=$ [　　].

(A) $abcd-xyuv$　　(B) $adxv-bcyu$

(C) $(ad-bc)(xv-yu)$　　(D) $(ab-cd)(xy-uv)$

18. $f(x)=\begin{vmatrix} 1 & -1 & 1 & x-1 \\ 1 & -1 & x+1 & -1 \\ 1 & x-1 & 1 & -1 \\ x+1 & -1 & 1 & -1 \end{vmatrix}$，则 $f(x)=0$ 有 [　　].

(A) 四个不同的根　　(B) 三个不同的根(其中有一个二重根)

(C) 两个不同的二重根　　(D) 一个四重根

19. 给定 4 个行列式：

(1) $\begin{vmatrix} 0 & 1 & 0 & 1 \\ 1 & 0 & 1 & 0 \\ 0 & 1 & 0 & 0 \\ 0 & 0 & 1 & 1 \end{vmatrix}$　　(2) $\begin{vmatrix} 0 & 0 & 1 & 0 \\ 0 & 1 & 0 & 0 \\ 0 & 0 & 0 & 1 \\ 1 & 0 & 0 & 0 \end{vmatrix}$

(3) $\begin{vmatrix} -3 & 1 & 4 & -2 \\ 1 & 0 & -1 & 0 \\ 2 & 1 & 0 & -3 \\ 0 & -2 & 1 & 1 \end{vmatrix}$　　(4) $\begin{vmatrix} 1 & 2 & 2 & 201 \\ -1 & 3 & 3 & 299 \\ -2 & 2 & 1 & 98 \\ 3 & 5 & 1 & 103 \end{vmatrix}$

与 3 个数值 (a) -1，(b) 1，(c) 0.

将行列式与其相等的数值用线连接起来，连线正确的是 [　　].

(A) 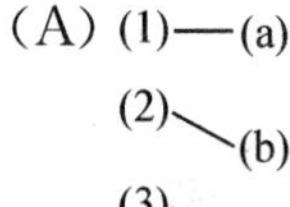

(B) (1) (a) (2) (b) (3) (c) (4)

(C) (1) (a) (2) (b) (3) (c) (4)

(D) (1) (a) (2) (b) (3) (c) (4)

20. 如果线性方程组 $\begin{cases} 2x + ky = c_1 \\ kx + 2y = c_2 \end{cases}$ (c_1, c_2 为不等于零的常数) 有唯一解，则 k 必须满足 [　　].

(A) $k = 0$　　(B) $k = -2$ 或 $k = 2$

(C) $k \neq -2$ 或 $k \neq 2$　　(D) $k \neq -2$ 且 $k \neq 2$

21. $k = 0$ 是第 20 题中方程组有唯一解的 [　　].

(A) 充分条件　　(B) 必要条件

(C) 充分必要条件　　(D) 无关条件

22. 如果 $\begin{vmatrix} a_{11} & a_{12} \\ a_{21} & a_{22} \end{vmatrix} = 1$，则方程组 $\begin{cases} a_{11}x_1 - a_{12}x_2 + b_1 = 0 \\ a_{21}x_1 - a_{22}x_2 + b_2 = 0 \end{cases}$ 的解是 [　　].

(A) $x_1 = \begin{vmatrix} b_1 & a_{12} \\ b_2 & a_{22} \end{vmatrix}$, $x_2 = \begin{vmatrix} a_{11} & b_1 \\ a_{21} & b_2 \end{vmatrix}$

(B) $x_1 = -\begin{vmatrix} b_1 & a_{12} \\ b_2 & a_{22} \end{vmatrix}$, $x_2 = \begin{vmatrix} a_{11} & b_1 \\ a_{21} & b_2 \end{vmatrix}$

(C) $x_1 = \begin{vmatrix} b_1 & a_{12} \\ b_2 & a_{22} \end{vmatrix}$, $x_2 = -\begin{vmatrix} a_{11} & b_1 \\ a_{21} & b_2 \end{vmatrix}$

(D) $x_1 = -\begin{vmatrix} b_1 & a_{12} \\ b_2 & a_{22} \end{vmatrix}$, $x_2 = -\begin{vmatrix} a_{11} & b_1 \\ a_{21} & b_2 \end{vmatrix}$

23. 若齐次线性方程组 $\begin{cases} 2x_1 - x_2 + x_3 = 0 \\ x_1 + kx_2 - x_3 = 0 \\ kx_1 + x_2 + x_3 = 0 \end{cases}$ 有非零解，则 k 必须满足[　　].

(A) $k = 4$　　(B) $k = -1$

(C) $k \neq -1$ 且 $k \neq 4$　　(D) $k = -1$ 或 $k = 4$

24. 若第 23 题中的齐次线性方程组仅有零解，则 k 必须满足 [　　].

(A) $k = 4$　　(B) $k = -1$

(C) $k \neq -1$ 且 $k \neq 4$　　(D) $k \neq -1$ 或 $k \neq 4$

第二章　矩　阵

§2.1　矩阵的概念

矩阵是数学中一个重要的内容，也是经济研究和经济工作中处理线性经济模型的重要工具.

首先看几个实例.

例1　设有线性方程组

$$\begin{cases} x_1+5x_2-x_3-x_4=-1 \\ x_1-2x_2+x_3+3x_4=3 \\ 3x_1+8x_2-x_3+x_4=1 \\ x_1-9x_2+3x_3+7x_4=7 \end{cases}$$

这个方程组的未知量系数及常数项按方程组中的顺序组成一个4行5列的矩形阵列如下：

$$\begin{pmatrix} 1 & 5 & -1 & -1 & -1 \\ 1 & -2 & 1 & 3 & 3 \\ 3 & 8 & -1 & 1 & 1 \\ 1 & -9 & 3 & 7 & 7 \end{pmatrix}$$

这个阵列决定着给定方程组是否有解，以及如果有解，解是什么等问题.

例2　某企业生产4种产品，各种产品的季度产值（单位:万元）如表2—1所示：

表2—1

产品 / 产值 / 季度	1	2	3	4
1	80	58	75	78
2	98	70	85	84
3	90	75	90	90
4	88	70	82	80

这个排成4行4列的矩形产值阵列

$$\begin{pmatrix} 80 & 58 & 75 & 78 \\ 98 & 70 & 85 & 84 \\ 90 & 75 & 90 & 90 \\ 88 & 70 & 82 & 80 \end{pmatrix}$$

具体描述了这家企业各种产品各季度的产值，同时也揭示了产值的季度增长率及年产量等情况.

例 3 生产 m 种产品需用 n 种材料，如果以 a_{ij} 表示生产第 i 种产品（$i=1, 2, \cdots, m$）耗用第 j 种材料（$j=1, 2, \cdots, n$）的定额，则消耗定额可以用一个矩形表表示，如表 2—2 所示：

表 2—2

定额 产品 \ 材料	1	2	…	j	…	n
1	a_{11}	a_{12}	…	a_{1j}	…	a_{1n}
2	a_{21}	a_{22}	…	a_{2j}	…	a_{2n}
⋮	⋮	⋮		⋮		⋮
i	a_{i1}	a_{i2}	…	a_{ij}	…	a_{in}
⋮	⋮	⋮		⋮		⋮
m	a_{m1}	a_{m2}	…	a_{mj}	…	a_{mn}

这个由 m 行 n 列构成的矩形消耗定额阵列

$$\begin{pmatrix} a_{11} & a_{12} & \cdots & a_{1n} \\ a_{21} & a_{22} & \cdots & a_{2n} \\ \vdots & \vdots & & \vdots \\ a_{m1} & a_{m2} & \cdots & a_{mn} \end{pmatrix}$$

描述了生产过程中产出的产品与投入的材料的数量关系.

这些矩形阵列称为矩阵. 下面给出矩阵的定义.

定义 2.1 由 $m\times n$ 个数 a_{ij}（$i=1, 2, \cdots, m$; $j=1, 2, \cdots, n$）按一定次序排列成的一个 m 行 n 列的矩形表，称为一个 m 行 n 列的矩阵，简称 $m\times n$ 矩阵，记作

$$\begin{pmatrix} a_{11} & a_{12} & \cdots & a_{1n} \\ a_{21} & a_{22} & \cdots & a_{2n} \\ \vdots & \vdots & & \vdots \\ a_{m1} & a_{m2} & \cdots & a_{mn} \end{pmatrix} \tag{2.1}$$

其中 a_{ij} 称为矩阵第 i 行第 j 列的元素.

一般情形下，我们用大写黑斜体字母 $\boldsymbol{A}$，$\boldsymbol{B}$，$\boldsymbol{C}$，… 表示矩阵. 为了标明矩阵的行数 m 和列数 n，可用 $\boldsymbol{A}_{m\times n}$ 表示，或记作 $(a_{ij})_{m\times n}$.

所有元素均为 0 的矩阵，称为零矩阵，记作 $\boldsymbol{O}$. 需要注意的是，行数与列数不都相同的两个零矩阵是不同的零矩阵.

所有元素均为非负数的矩阵，称为非负矩阵.

定义 2.2 如果两个矩阵 $\boldsymbol{A}$，$\boldsymbol{B}$ 有相同的行数与相同的列数，并且对应位置上的元素均相等，则称矩阵 $\boldsymbol{A}$ 与矩阵 $\boldsymbol{B}$ 相等，记为 $\boldsymbol{A}=\boldsymbol{B}$，即如果 $\boldsymbol{A}=(a_{ij})_{m\times n}$，$\boldsymbol{B}=(b_{ij})_{m\times n}$，且 $a_{ij}=b_{ij}$（$i=1, 2, \cdots, m$; $j=1, 2, \cdots, n$），则 $\boldsymbol{A}=\boldsymbol{B}$.

§2.2 矩阵的运算

矩阵的意义不仅在于将一些数据排成阵列形式，而且在于对它定义了一些有理论意义和实际意义的运算，从而使它成为进行理论研究或解决实际问题的有力工具.

(一) 矩阵的加法和数与矩阵的乘法

定义 2.3 两个 m 行 n 列矩阵 $\boldsymbol{A}=(a_{ij})$，$\boldsymbol{B}=(b_{ij})$ 对应位置元素相加得到的 m 行 n 列矩阵，称为矩阵 $\boldsymbol{A}$ 与矩阵 $\boldsymbol{B}$ 的和，记为 $\boldsymbol{A}+\boldsymbol{B}$，即

$$\boldsymbol{A}+\boldsymbol{B}=(a_{ij})_{m\times n}+(b_{ij})_{m\times n}=(a_{ij}+b_{ij})_{m\times n} \tag{2.2}$$

例 1 有某种物资（单位：吨）从 3 个产地运往 4 个销地，两次调运方案分别为矩阵 $\boldsymbol{A}$ 与矩阵 $\boldsymbol{B}$：

$$\boldsymbol{A}=\begin{pmatrix}3&5&7&2\\2&0&4&3\\0&1&2&3\end{pmatrix},\ \boldsymbol{B}=\begin{pmatrix}1&3&2&0\\2&1&5&7\\0&6&4&8\end{pmatrix}$$

则从各产地运往各销地两次的物资调运量（单位：吨）共为

$$\begin{aligned}\boldsymbol{A}+\boldsymbol{B}&=\begin{pmatrix}3&5&7&2\\2&0&4&3\\0&1&2&3\end{pmatrix}+\begin{pmatrix}1&3&2&0\\2&1&5&7\\0&6&4&8\end{pmatrix}\\&=\begin{pmatrix}3+1&5+3&7+2&2+0\\2+2&0+1&4+5&3+7\\0+0&1+6&2+4&3+8\end{pmatrix}=\begin{pmatrix}4&8&9&2\\4&1&9&10\\0&7&6&11\end{pmatrix}\end{aligned}$$

定义 2.4 以数 k 乘矩阵 $\boldsymbol{A}$ 的每一个元素所得到的矩阵，称为数 k 与矩阵 $\boldsymbol{A}$ 的积，记作 $k\boldsymbol{A}$. 如果 $\boldsymbol{A}=(a_{ij})_{m\times n}$，那么

$$k\boldsymbol{A}=k(a_{ij})_{m\times n}=(ka_{ij})_{m\times n} \tag{2.3}$$

例 2 设 3 个产地与 4 个销地之间的里程（单位：公里）为矩阵 $\boldsymbol{A}$：

$$\boldsymbol{A}=\begin{pmatrix}120&175&80&90\\80&130&40&50\\135&190&95&105\end{pmatrix}$$

已知货物每吨公里的运费为 1.5 元，则各产地与各销地之间每吨货物的运费（单位：元/吨）可以记为矩阵：

$$1.5\boldsymbol{A}=1.5\begin{pmatrix}120&175&80&90\\80&130&40&50\\135&190&95&105\end{pmatrix}$$

$$=\begin{pmatrix}1.5\times120 & 1.5\times175 & 1.5\times80 & 1.5\times90\\ 1.5\times80 & 1.5\times130 & 1.5\times40 & 1.5\times50\\ 1.5\times135 & 1.5\times190 & 1.5\times95 & 1.5\times105\end{pmatrix}$$

$$=\begin{pmatrix}180 & 262.5 & 120 & 135\\ 120 & 195 & 60 & 75\\ 202.5 & 285 & 142.5 & 157.5\end{pmatrix}$$

把矩阵 $\boldsymbol{A}=(a_{ij})_{m\times n}$ 中各元素变号得到的矩阵，称为 $\boldsymbol{A}$ 的负矩阵，记作 $-\boldsymbol{A}$，即

$$-\boldsymbol{A}=(-a_{ij})_{m\times n} \tag{2.4}$$

由上面定义的矩阵加法、数与矩阵的乘法，不难得到下面的运算律.

设 $\boldsymbol{A}$，$\boldsymbol{B}$，$\boldsymbol{C}$，$\boldsymbol{O}$ 都是 $m\times n$ 矩阵，l，k 是数，则：

(1) $\boldsymbol{A}+\boldsymbol{B}=\boldsymbol{B}+\boldsymbol{A}$

(2) $(\boldsymbol{A}+\boldsymbol{B})+\boldsymbol{C}=\boldsymbol{A}+(\boldsymbol{B}+\boldsymbol{C})$

(3) $\boldsymbol{A}+\boldsymbol{O}=\boldsymbol{A}$

(4) $\boldsymbol{A}+(-\boldsymbol{A})=\boldsymbol{O}$

由 (3) 和(4) 可见，零矩阵 $\boldsymbol{O}$ 在矩阵加法运算中与数 0 在数的加法运算中有同样的性质.

(5) $k(\boldsymbol{A}+\boldsymbol{B})=k\boldsymbol{A}+k\boldsymbol{B}$

(6) $(k+l)\boldsymbol{A}=k\boldsymbol{A}+l\boldsymbol{A}$

(7) $(kl)\boldsymbol{A}=k(l\boldsymbol{A})$

(8) $1\cdot\boldsymbol{A}=\boldsymbol{A}$

由矩阵加法及负矩阵，可以定义矩阵减法：

$$\boldsymbol{A}-\boldsymbol{B}=\boldsymbol{A}+(-\boldsymbol{B})$$

即，如果 $\boldsymbol{A}=(a_{ij})_{m\times n}$， $\boldsymbol{B}=(b_{ij})_{m\times n}$，则

$$\begin{aligned}\boldsymbol{A}-\boldsymbol{B}&=\boldsymbol{A}+(-\boldsymbol{B})\\ &=(a_{ij})_{m\times n}+(-b_{ij})_{m\times n}\\ &=(a_{ij}-b_{ij})_{m\times n}\end{aligned} \tag{2.5}$$

例 3 已知

$$\boldsymbol{A}=\begin{pmatrix}-1 & 2 & 3 & 1\\ 0 & 3 & -2 & 1\\ 4 & 0 & 3 & 2\end{pmatrix},\quad \boldsymbol{B}=\begin{pmatrix}4 & 3 & 2 & -1\\ 5 & -3 & 0 & 1\\ 1 & 2 & -5 & 0\end{pmatrix}$$

求 $3\boldsymbol{A}-2\boldsymbol{B}$.

解：$3\boldsymbol{A}-2\boldsymbol{B}=3\begin{pmatrix}-1 & 2 & 3 & 1\\ 0 & 3 & -2 & 1\\ 4 & 0 & 3 & 2\end{pmatrix}-2\begin{pmatrix}4 & 3 & 2 & -1\\ 5 & -3 & 0 & 1\\ 1 & 2 & -5 & 0\end{pmatrix}$

$$=\begin{pmatrix}-3-8 & 6-6 & 9-4 & 3+2\\ 0-10 & 9+6 & -6-0 & 3-2\\ 12-2 & 0-4 & 9+10 & 6-0\end{pmatrix}$$

$$=\begin{pmatrix}-11 & 0 & 5 & 5\\ -10 & 15 & -6 & 1\\ 10 & -4 & 19 & 6\end{pmatrix}$$

例 4　已知

$$\boldsymbol{A}=\begin{pmatrix}3 & -1 & 2 & 0\\ 1 & 5 & 7 & 9\\ 2 & 4 & 6 & 8\end{pmatrix},\quad \boldsymbol{B}=\begin{pmatrix}7 & 5 & -2 & 4\\ 5 & 1 & 9 & 7\\ 3 & 2 & -1 & 6\end{pmatrix}$$

且 $\boldsymbol{A}+2\boldsymbol{X}=\boldsymbol{B}$，求 $\boldsymbol{X}$.

解： $\boldsymbol{X}=\dfrac{1}{2}(\boldsymbol{B}-\boldsymbol{A})=\dfrac{1}{2}\begin{pmatrix}4 & 6 & -4 & 4\\ 4 & -4 & 2 & -2\\ 1 & -2 & -7 & -2\end{pmatrix}$

$$=\begin{pmatrix}2 & 3 & -2 & 2\\ 2 & -2 & 1 & -1\\ \dfrac{1}{2} & -1 & -\dfrac{7}{2} & -1\end{pmatrix}$$

(二) 矩阵的乘法

首先看一个实例.

例 5　某地区有 4 个工厂 Ⅰ，Ⅱ，Ⅲ，Ⅳ，生产甲、乙、丙 3 种产品，矩阵 $\boldsymbol{A}$ 表示一年中各工厂生产各种产品的数量，矩阵 $\boldsymbol{B}$ 表示各种产品的单位价格（元）及单位利润（元），矩阵 $\boldsymbol{C}$ 表示各工厂的总收入及总利润.

$$\boldsymbol{A}=\begin{pmatrix}a_{11} & a_{12} & a_{13}\\ a_{21} & a_{22} & a_{23}\\ a_{31} & a_{32} & a_{33}\\ a_{41} & a_{42} & a_{43}\end{pmatrix}\begin{matrix}\text{Ⅰ}\\ \text{Ⅱ}\\ \text{Ⅲ}\\ \text{Ⅳ}\end{matrix}$$

甲　乙　丙

$$\boldsymbol{B}=\begin{pmatrix}b_{11} & b_{12}\\ b_{21} & b_{22}\\ b_{31} & b_{32}\end{pmatrix}\begin{matrix}\text{甲}\\ \text{乙}\\ \text{丙}\end{matrix},\quad \boldsymbol{C}=\begin{pmatrix}c_{11} & c_{12}\\ c_{21} & c_{22}\\ c_{31} & c_{32}\\ c_{41} & c_{42}\end{pmatrix}\begin{matrix}\text{Ⅰ}\\ \text{Ⅱ}\\ \text{Ⅲ}\\ \text{Ⅳ}\end{matrix}$$

单位价格　单位利润　　　总收入　总利润

其中，a_{ik}（$i=1, 2, 3, 4$；$k=1, 2, 3$）是第 i 个工厂生产第 k 种产品的数量，b_{k1} 及 b_{k2}（$k=$

1，2，3)分别是第 k 种产品的单位价格及单位利润，c_{i1} 及 c_{i2} $(i=1, 2, 3, 4)$ 分别是第 i 个工厂生产 3 种产品的总收入及总利润.

矩阵 $\boldsymbol{A}$，$\boldsymbol{B}$，$\boldsymbol{C}$ 的元素之间有下列关系：

$$\begin{pmatrix} a_{11}b_{11}+a_{12}b_{21}+a_{13}b_{31} & a_{11}b_{12}+a_{12}b_{22}+a_{13}b_{32} \\ a_{21}b_{11}+a_{22}b_{21}+a_{23}b_{31} & a_{21}b_{12}+a_{22}b_{22}+a_{23}b_{32} \\ a_{31}b_{11}+a_{32}b_{21}+a_{33}b_{31} & a_{31}b_{12}+a_{32}b_{22}+a_{33}b_{32} \\ a_{41}b_{11}+a_{42}b_{21}+a_{43}b_{31} & a_{41}b_{12}+a_{42}b_{22}+a_{43}b_{32} \end{pmatrix}$$

$$=\begin{pmatrix} c_{11} & c_{12} \\ c_{21} & c_{22} \\ c_{31} & c_{32} \\ c_{41} & c_{42} \end{pmatrix}$$

总收入 总利润

其中

$$c_{ij}=a_{i1}b_{1j}+a_{i2}b_{2j}+a_{i3}b_{3j} \quad (i=1, 2, 3, 4; j=1, 2)$$

即矩阵 $\boldsymbol{C}$ 中第 i 行第 j 列的元素等于矩阵 $\boldsymbol{A}$ 的第 i 行元素与矩阵 $\boldsymbol{B}$ 的第 j 列对应元素乘积的和.

例 6 如果变量 x，y，z 与变量 x'，y'，z' 之间的关系为

$$\begin{cases} x=a_{11}x'+a_{12}y'+a_{13}z' \\ y=a_{21}x'+a_{22}y'+a_{23}z' \\ z=a_{31}x'+a_{32}y'+a_{33}z' \end{cases}$$

则称之为从变量 x，y，z 到变量 x'，y'，z' 的线性变换.

如果变量 x'，y'，z' 到变量 x''，y''，z'' 的线性变换为

$$\begin{cases} x'=b_{11}x''+b_{12}y''+b_{13}z'' \\ y'=b_{21}x''+b_{22}y''+b_{23}z'' \\ z'=b_{31}x''+b_{32}y''+b_{33}z'' \end{cases}$$

则 x，y，z 到 x''，y''，z'' 的线性变换为

$$\begin{aligned} x=&(a_{11}b_{11}+a_{12}b_{21}+a_{13}b_{31})x'' \\ &+(a_{11}b_{12}+a_{12}b_{22}+a_{13}b_{32})y'' \\ &+(a_{11}b_{13}+a_{12}b_{23}+a_{13}b_{33})z'' \\ y=&(a_{21}b_{11}+a_{22}b_{21}+a_{23}b_{31})x'' \\ &+(a_{21}b_{12}+a_{22}b_{22}+a_{23}b_{32})y'' \\ &+(a_{21}b_{13}+a_{22}b_{23}+a_{23}b_{33})z'' \\ z=&(a_{31}b_{11}+a_{32}b_{21}+a_{33}b_{31})x'' \\ &+(a_{31}b_{12}+a_{32}b_{22}+a_{33}b_{32})y'' \\ &+(a_{31}b_{13}+a_{32}b_{23}+a_{33}b_{33})z'' \end{aligned}$$

如果分别记上述变换公式的系数矩阵为 $\boldsymbol{A}=(a_{ik})$，$\boldsymbol{B}=(b_{kj})$，$\boldsymbol{C}=(c_{ij})$，则各矩阵元素之间的关系为

$$c_{ij} = a_{i1}b_{1j} + a_{i2}b_{2j} + a_{i3}b_{3j} \quad (i, j = 1, 2, 3)$$

即矩阵 $\boldsymbol{C}$ 的第 i 行第 j 列的元素等于矩阵 $\boldsymbol{A}$ 的第 i 行元素与矩阵 $\boldsymbol{B}$ 的第 j 列对应元素乘积的和.

我们将上面例题中矩阵之间的这种关系定义为矩阵的乘法.

定义 2.5 设矩阵 $\boldsymbol{A} = (a_{ik})_{m\times l}$ 的列数与矩阵 $\boldsymbol{B} = (b_{kj})_{l\times n}$ 的行数相同，则由元素

$$c_{ij} = a_{i1}b_{1j} + a_{i2}b_{2j} + \cdots + a_{il}b_{lj} = \sum_{k=1}^{l} a_{ik}b_{kj} \tag{2.6}$$

$$(i = 1, 2, \cdots, m;\ j = 1, 2, \cdots, n)$$

构成的 m 行 n 列矩阵

$$\boldsymbol{C} = (c_{ij})_{m\times n} = \left(\sum_{k=1}^{l} a_{ik}b_{kj}\right)_{m\times n}$$

称为矩阵 $\boldsymbol{A}$ 与矩阵 $\boldsymbol{B}$ 的积，记为 $\boldsymbol{C} = \boldsymbol{A} \cdot \boldsymbol{B}$ 或 $\boldsymbol{AB}$.

这个定义说明，如果矩阵 $\boldsymbol{A}$ 的列数等于矩阵 $\boldsymbol{B}$ 的行数，则 $\boldsymbol{A}$ 与 $\boldsymbol{B}$ 的乘积 $\boldsymbol{C}$ 中第 i 行第 j 列的元素，等于矩阵 $\boldsymbol{A}$ 的第 i 行元素与矩阵 $\boldsymbol{B}$ 的第 j 列对应元素乘积的和，并且矩阵 $\boldsymbol{C}$ 的行数等于矩阵 $\boldsymbol{A}$ 的行数，矩阵 $\boldsymbol{C}$ 的列数等于矩阵 $\boldsymbol{B}$ 的列数.

由矩阵乘法的定义，上面两个例题中矩阵之间的关系为

$$\boldsymbol{AB} = \boldsymbol{C}$$

例 7 若 $\boldsymbol{A} = \begin{pmatrix} 2 & 3 \\ 1 & -2 \\ 3 & 1 \end{pmatrix}$，$\boldsymbol{B} = \begin{pmatrix} 1 & -2 & -3 \\ 2 & -1 & 0 \end{pmatrix}$，求 $\boldsymbol{AB}$.

解： $\boldsymbol{AB} = \begin{pmatrix} 2 & 3 \\ 1 & -2 \\ 3 & 1 \end{pmatrix} \begin{pmatrix} 1 & -2 & -3 \\ 2 & -1 & 0 \end{pmatrix}$

$$= \begin{pmatrix} 2\times1+3\times2 & 2\times(-2)+3\times(-1) & 2\times(-3)+3\times0 \\ 1\times1+(-2)\times2 & 1\times(-2)+(-2)\times(-1) & 1\times(-3)+(-2)\times0 \\ 3\times1+1\times2 & 3\times(-2)+1\times(-1) & 3\times(-3)+1\times0 \end{pmatrix}$$

$$= \begin{pmatrix} 8 & -7 & -6 \\ -3 & 0 & -3 \\ 5 & -7 & -9 \end{pmatrix}$$

就此例顺便求一下 $\boldsymbol{BA}$.

$$\boldsymbol{BA} = \begin{pmatrix} 1 & -2 & -3 \\ 2 & -1 & 0 \end{pmatrix} \begin{pmatrix} 2 & 3 \\ 1 & -2 \\ 3 & 1 \end{pmatrix}$$

$$= \begin{pmatrix} 1\times2+(-2)\times1+(-3)\times3 & 1\times3+(-2)\times(-2)+(-3)\times1 \\ 2\times2+(-1)\times1+0\times3 & 2\times3+(-1)\times(-2)+0\times1 \end{pmatrix}$$

$$=\begin{pmatrix}-9 & 4\\ 3 & 8\end{pmatrix}$$

显然，$\boldsymbol{AB}\neq\boldsymbol{BA}$.

例 8　若 $\boldsymbol{A}=(3\quad 1\quad 0)$，$\boldsymbol{B}=\begin{pmatrix}2 & 1\\ -4 & 0\\ -3 & 5\end{pmatrix}$，求 $\boldsymbol{AB}$.

解：
$$\boldsymbol{AB}=(3\quad 1\quad 0)\begin{pmatrix}2 & 1\\ -4 & 0\\ -3 & 5\end{pmatrix}$$
$$=(3\times 2+1\times(-4)+0\times(-3)\quad 3\times 1+1\times 0+0\times 5)$$
$$=(2\quad 3)$$

$\boldsymbol{BA}$ 没有意义，因为 $\boldsymbol{B}$ 的列数不等于 $\boldsymbol{A}$ 的行数，$\boldsymbol{BA}$ 不可进行.

例 9　若 $\boldsymbol{A}=\begin{pmatrix}-2 & 4\\ 1 & -2\end{pmatrix}$，$\boldsymbol{B}=\begin{pmatrix}2 & 4\\ -3 & -6\end{pmatrix}$，求 $\boldsymbol{AB}$ 及 $\boldsymbol{BA}$.

解：
$$\boldsymbol{AB}=\begin{pmatrix}-2 & 4\\ 1 & -2\end{pmatrix}\begin{pmatrix}2 & 4\\ -3 & -6\end{pmatrix}=\begin{pmatrix}-16 & -32\\ 8 & 16\end{pmatrix}$$
$$\boldsymbol{BA}=\begin{pmatrix}2 & 4\\ -3 & -6\end{pmatrix}\begin{pmatrix}-2 & 4\\ 1 & -2\end{pmatrix}=\begin{pmatrix}0 & 0\\ 0 & 0\end{pmatrix}$$
$$\boldsymbol{AB}\neq\boldsymbol{BA}$$

由例 7，例 8，例 9 可以看到，矩阵的乘法一般不满足交换律. 由例 8 可以看到，$\boldsymbol{AB}$ 有意义时，$\boldsymbol{BA}$ 并不一定有意义. 由例 7，例 9 可以看到，即使 $\boldsymbol{AB}$，$\boldsymbol{BA}$ 都有意义，$\boldsymbol{AB}$ 与 $\boldsymbol{BA}$ 也不一定相等. 但并不是任何两矩阵相乘都不可以交换，如下面的例 10 所示，两矩阵相乘就可以交换. 但作为统一的运算法则，矩阵乘法交换律是不成立的.

由例 9 还可附带看出：两个非零矩阵相乘，结果可能是零矩阵，从而不能由 $\boldsymbol{AB}=\boldsymbol{O}$ 必然推出 $\boldsymbol{A}=\boldsymbol{O}$ 或 $\boldsymbol{B}=\boldsymbol{O}$.

例 10　若 $\boldsymbol{A}=\begin{pmatrix}1 & 1\\ 0 & 1\end{pmatrix}$，$\boldsymbol{B}=\begin{pmatrix}1 & 2\\ 0 & 1\end{pmatrix}$，求 $\boldsymbol{AB}$ 与 $\boldsymbol{BA}$.

解：
$$\boldsymbol{AB}=\begin{pmatrix}1 & 1\\ 0 & 1\end{pmatrix}\begin{pmatrix}1 & 2\\ 0 & 1\end{pmatrix}=\begin{pmatrix}1 & 3\\ 0 & 1\end{pmatrix}$$
$$\boldsymbol{BA}=\begin{pmatrix}1 & 2\\ 0 & 1\end{pmatrix}\begin{pmatrix}1 & 1\\ 0 & 1\end{pmatrix}=\begin{pmatrix}1 & 3\\ 0 & 1\end{pmatrix}$$

显见　$\boldsymbol{AB}=\boldsymbol{BA}$.

如果两矩阵 $\boldsymbol{A}$ 与 $\boldsymbol{B}$ 相乘，有 $\boldsymbol{AB}=\boldsymbol{BA}$，则称矩阵 $\boldsymbol{A}$ 与矩阵 $\boldsymbol{B}$ 可交换.

例 11　求与矩阵 $\boldsymbol{A}=\begin{pmatrix}0 & 1 & 0 & 0\\ 0 & 0 & 1 & 0\\ 0 & 0 & 0 & 1\\ 0 & 0 & 0 & 0\end{pmatrix}$ 可交换的一切矩阵.

解：显然与矩阵 $\boldsymbol{A}$ 可交换的矩阵必为 4 阶矩阵，设

$$\boldsymbol{B}=\begin{pmatrix} a & b & c & d \\ a_1 & b_1 & c_1 & d_1 \\ a_2 & b_2 & c_2 & d_2 \\ a_3 & b_3 & c_3 & d_3 \end{pmatrix}$$

那么
$$\boldsymbol{AB}=\begin{pmatrix} 0 & 1 & 0 & 0 \\ 0 & 0 & 1 & 0 \\ 0 & 0 & 0 & 1 \\ 0 & 0 & 0 & 0 \end{pmatrix}\begin{pmatrix} a & b & c & d \\ a_1 & b_1 & c_1 & d_1 \\ a_2 & b_2 & c_2 & d_2 \\ a_3 & b_3 & c_3 & d_3 \end{pmatrix}=\begin{pmatrix} a_1 & b_1 & c_1 & d_1 \\ a_2 & b_2 & c_2 & d_2 \\ a_3 & b_3 & c_3 & d_3 \\ 0 & 0 & 0 & 0 \end{pmatrix}$$

$$\boldsymbol{BA}=\begin{pmatrix} a & b & c & d \\ a_1 & b_1 & c_1 & d_1 \\ a_2 & b_2 & c_2 & d_2 \\ a_3 & b_3 & c_3 & d_3 \end{pmatrix}\begin{pmatrix} 0 & 1 & 0 & 0 \\ 0 & 0 & 1 & 0 \\ 0 & 0 & 0 & 1 \\ 0 & 0 & 0 & 0 \end{pmatrix}=\begin{pmatrix} 0 & a & b & c \\ 0 & a_1 & b_1 & c_1 \\ 0 & a_2 & b_2 & c_2 \\ 0 & a_3 & b_3 & c_3 \end{pmatrix}$$

由 $\boldsymbol{AB}=\boldsymbol{BA}$，有

$$a_1=0,\ b_1=a,\ c_1=b,\ d_1=c$$
$$a_2=0,\ b_2=a_1=0,\ c_2=b_1=a,\ d_2=c_1=b$$
$$a_3=0,\ b_3=a_2=0,\ c_3=b_2=0,\ d_3=c_2=a$$

于是可得

$$\boldsymbol{B}=\begin{pmatrix} a & b & c & d \\ 0 & a & b & c \\ 0 & 0 & a & b \\ 0 & 0 & 0 & a \end{pmatrix}$$

其中 a，b，c，d 为任意数.

例 12　若 $\boldsymbol{A}=\begin{pmatrix} 1 & 2 \\ 0 & 3 \end{pmatrix}$，$\boldsymbol{B}=\begin{pmatrix} 1 & 0 \\ 0 & 4 \end{pmatrix}$，$\boldsymbol{C}=\begin{pmatrix} 1 & 1 \\ 0 & 0 \end{pmatrix}$，那么有

$$\boldsymbol{AC}=\begin{pmatrix} 1 & 2 \\ 0 & 3 \end{pmatrix}\begin{pmatrix} 1 & 1 \\ 0 & 0 \end{pmatrix}=\begin{pmatrix} 1 & 1 \\ 0 & 0 \end{pmatrix}$$

$$\boldsymbol{BC}=\begin{pmatrix} 1 & 0 \\ 0 & 4 \end{pmatrix}\begin{pmatrix} 1 & 1 \\ 0 & 0 \end{pmatrix}=\begin{pmatrix} 1 & 1 \\ 0 & 0 \end{pmatrix}$$

即　$\boldsymbol{AC}=\boldsymbol{BC}$，但 $\boldsymbol{A}\neq\boldsymbol{B}$.

可以看出，矩阵乘法也不满足消去律.

既然矩阵乘法不满足交换律，那么矩阵相乘时必须注意顺序，称 $\boldsymbol{AX}$ 为用 $\boldsymbol{X}$ 右乘 $\boldsymbol{A}$，称 $\boldsymbol{XA}$ 为用 $\boldsymbol{X}$ 左乘 $\boldsymbol{A}$.

一般矩阵用大写黑斜体字母 $\boldsymbol{A}$，$\boldsymbol{B}$，$\boldsymbol{X}$，$\boldsymbol{Y}$，… 表示，但一行 n 列或 n 行一列的矩阵，为

了与后面章节的符号一致，有时也用小写黑斜体字母 $\boldsymbol{a}$，$\boldsymbol{b}$，$\boldsymbol{x}$，$\boldsymbol{y}$，… 表示. 而且对一行 n 列的矩阵采用圆括号，为了不产生混淆，需要时其元素间可加“,”隔开.

例如，$\boldsymbol{a}_i=(a_{i1},a_{i2},\cdots,a_{in})$，$\boldsymbol{b}=\begin{pmatrix}b_1\\b_2\\\vdots\\b_m\end{pmatrix}$，$\boldsymbol{x}=\begin{pmatrix}x_1\\x_2\\\vdots\\x_n\end{pmatrix}$ 等.

例 13 在线性方程组

$$\begin{cases}a_{11}x_1+a_{12}x_2+\cdots+a_{1n}x_n=b_1\\a_{21}x_1+a_{22}x_2+\cdots+a_{2n}x_n=b_2\\\qquad\cdots\cdots\\a_{m1}x_1+a_{m2}x_2+\cdots+a_{mn}x_n=b_m\end{cases}\tag{2.7}$$

中，若令 $\boldsymbol{A}=\begin{pmatrix}a_{11}&a_{12}&\cdots&a_{1n}\\a_{21}&a_{22}&\cdots&a_{2n}\\\vdots&\vdots&&\vdots\\a_{m1}&a_{m2}&\cdots&a_{mn}\end{pmatrix}$

$$\boldsymbol{x}=\begin{pmatrix}x_1\\x_2\\\vdots\\x_n\end{pmatrix},\quad\boldsymbol{b}=\begin{pmatrix}b_1\\b_2\\\vdots\\b_m\end{pmatrix}$$

则方程组可以表示为矩阵形式 $\boldsymbol{Ax}=\boldsymbol{b}$.

例 14 解矩阵方程 $\begin{pmatrix}2&1\\1&2\end{pmatrix}\boldsymbol{X}=\begin{pmatrix}1&2\\-1&4\end{pmatrix}$，$\boldsymbol{X}$ 为二阶矩阵.

解：设 $\boldsymbol{X}=\begin{pmatrix}x_{11}&x_{12}\\x_{21}&x_{22}\end{pmatrix}$. 由题设，有

$$\begin{pmatrix}2&1\\1&2\end{pmatrix}\begin{pmatrix}x_{11}&x_{12}\\x_{21}&x_{22}\end{pmatrix}=\begin{pmatrix}1&2\\-1&4\end{pmatrix}$$

$$\begin{pmatrix}2x_{11}+x_{21}&2x_{12}+x_{22}\\x_{11}+2x_{21}&x_{12}+2x_{22}\end{pmatrix}=\begin{pmatrix}1&2\\-1&4\end{pmatrix}$$

即

$$\begin{cases}2x_{11}+x_{21}=1 & ①\\x_{11}+2x_{21}=-1 & ②\end{cases}$$

$$\begin{cases}2x_{12}+x_{22}=2 & ③\\x_{12}+2x_{22}=4 & ④\end{cases}$$

分别解上述两个方程组，得

$$x_{11}=1,\ x_{21}=-1,\ x_{12}=0,\ x_{22}=2$$

所以，$\boldsymbol{X}=\begin{pmatrix}1&0\\-1&2\end{pmatrix}$.

矩阵的乘法有下列性质（设下列矩阵都可以进行有关运算）：

(1) $(\boldsymbol{AB})\boldsymbol{C}=\boldsymbol{A}(\boldsymbol{BC})$

(2) $(\boldsymbol{A}+\boldsymbol{B})\boldsymbol{C}=\boldsymbol{AC}+\boldsymbol{BC}$

(3) $\boldsymbol{C}(\boldsymbol{A}+\boldsymbol{B})=\boldsymbol{CA}+\boldsymbol{CB}$

(4) $k(\boldsymbol{AB})=(k\boldsymbol{A})\boldsymbol{B}=\boldsymbol{A}(k\boldsymbol{B})$

证：现在证明 (2).

设 $\boldsymbol{A}=(a_{ik})_{m\times l}$，$\boldsymbol{B}=(b_{ik})_{m\times l}$，$\boldsymbol{C}=(c_{kj})_{l\times n}$，则

$$\begin{aligned}(\boldsymbol{A}+\boldsymbol{B})\boldsymbol{C}&=((a_{ik})_{m\times l}+(b_{ik})_{m\times l})(c_{kj})_{l\times n}\\&=(a_{ik}+b_{ik})_{m\times l}(c_{kj})_{l\times n}\\&=\left(\sum_{k=1}^{l}(a_{ik}+b_{ik})c_{kj}\right)_{m\times n}\\&=\left(\sum_{k=1}^{l}a_{ik}c_{kj}\right)_{m\times n}+\left(\sum_{k=1}^{l}b_{ik}c_{kj}\right)_{m\times n}\\&=\boldsymbol{AC}+\boldsymbol{BC}\end{aligned}$$

同理可证 (1)，(3)，(4) 成立.

(三) 矩阵的转置

定义 2.6　将 $m\times n$ 矩阵 $\boldsymbol{A}$ 的行与列互换，得到的 $n\times m$ 矩阵，称为矩阵 $\boldsymbol{A}$ 的转置矩阵，记为 $\boldsymbol{A}^{\mathrm{T}}$或 $\boldsymbol{A}'$，即如果

$$\boldsymbol{A}=\begin{pmatrix}a_{11}&a_{12}&\cdots&a_{1n}\\a_{21}&a_{22}&\cdots&a_{2n}\\\vdots&\vdots&&\vdots\\a_{m1}&a_{m2}&\cdots&a_{mn}\end{pmatrix}$$

则

$$\boldsymbol{A}^{\mathrm{T}}=\begin{pmatrix}a_{11}&a_{21}&\cdots&a_{m1}\\a_{12}&a_{22}&\cdots&a_{m2}\\\vdots&\vdots&&\vdots\\a_{1n}&a_{2n}&\cdots&a_{mn}\end{pmatrix}$$

例如，设 $\boldsymbol{x}=(x_1,x_2,\cdots,x_n)$，$\boldsymbol{y}=(y_1,y_2,\cdots,y_n)$，则

$$\boldsymbol{x}^{\mathrm{T}}\boldsymbol{y}=\begin{pmatrix}x_1\\x_2\\\vdots\\x_n\end{pmatrix}(y_1,y_2,\cdots,y_n)=\begin{pmatrix}x_1y_1&x_1y_2&\cdots&x_1y_n\\x_2y_1&x_2y_2&\cdots&x_2y_n\\\vdots&\vdots&&\vdots\\x_ny_1&x_ny_2&\cdots&x_ny_n\end{pmatrix}$$

转置矩阵有下列性质：

(1) $(\boldsymbol{A}^{\mathrm{T}})^{\mathrm{T}}=\boldsymbol{A}$

(2) $(\boldsymbol{A}+\boldsymbol{B})^{\mathrm{T}}=\boldsymbol{A}^{\mathrm{T}}+\boldsymbol{B}^{\mathrm{T}}$

(3) $(k\boldsymbol{A})^{\mathrm{T}}=k\boldsymbol{A}^{\mathrm{T}}$

(4) $(\boldsymbol{AB})^{\mathrm{T}}=\boldsymbol{B}^{\mathrm{T}}\boldsymbol{A}^{\mathrm{T}}$

证：性质 (1)，(2)，(3) 显然成立，现证性质 (4) 成立.

设 $\boldsymbol{A}=(a_{ik})_{m\times l}$，$\boldsymbol{B}=(b_{kj})_{l\times n}$.

$\boldsymbol{AB}$ 是 $m\times n$ 矩阵，因此 $(\boldsymbol{AB})^{\mathrm{T}}$是 $n\times m$ 矩阵，而 $\boldsymbol{B}^{\mathrm{T}}$是 $n\times l$ 矩阵，$\boldsymbol{A}^{\mathrm{T}}$是 $l\times m$ 矩阵，因此 $\boldsymbol{B}^{\mathrm{T}}\boldsymbol{A}^{\mathrm{T}}$也是 $n\times m$ 矩阵，所以矩阵 $(\boldsymbol{AB})^{\mathrm{T}}$ 与矩阵 $\boldsymbol{B}^{\mathrm{T}}\boldsymbol{A}^{\mathrm{T}}$有相同的行数与相同的列数.

矩阵 $(\boldsymbol{AB})^{\mathrm{T}}$ 第 j 行第 i 列的元素是 $\boldsymbol{AB}$ 第 i 行第 j 列的元素

$$\sum_{k=1}^{l}a_{ik}b_{kj}=a_{i1}b_{1j}+a_{i2}b_{2j}+\cdots+a_{il}b_{lj}$$

而矩阵 $\boldsymbol{B}^{\mathrm{T}}\boldsymbol{A}^{\mathrm{T}}$第 j 行第 i 列的元素，应为矩阵 $\boldsymbol{B}^{\mathrm{T}}$的第 j 行元素与矩阵 $\boldsymbol{A}^{\mathrm{T}}$的第 i 列元素对应相乘的和，即矩阵 $\boldsymbol{B}$ 的第 j 列元素与矩阵 $\boldsymbol{A}$ 的第 i 行元素对应相乘的和

$$\sum_{k=1}^{l}b_{kj}a_{ik}=b_{1j}a_{i1}+b_{2j}a_{i2}+\cdots+b_{lj}a_{il}$$

于是得到矩阵 $(\boldsymbol{AB})^{\mathrm{T}}$ 与矩阵 $\boldsymbol{B}^{\mathrm{T}}\boldsymbol{A}^{\mathrm{T}}$ 的对应元素均相等. 所以矩阵 $(\boldsymbol{AB})^{\mathrm{T}}$ 等于矩阵 $\boldsymbol{B}^{\mathrm{T}}\boldsymbol{A}^{\mathrm{T}}$.

(四) 矩阵运算的例题

有读者感觉矩阵概念的引入和矩阵运算的规定有些抽象. 事实上，正是这些概念和运算的引入，才使得线性代数成为研究数学科学和其他学科以及解决很多实际问题的有力工具.

其中，在引进这些概念和规定这些运算时，都从引例讲起，正是说明这些问题是来源于实践的. 在此，再举两个大家生活中熟悉的例题，我们用矩阵运算求解，以帮助读者进一步了解矩阵的概念及其运算的规律.

例 15 某企业下设甲、乙两公司，均生产与销售 Ⅰ，Ⅱ，Ⅲ 三种产品，其产品能够全部售出，t_1 年该企业两公司三种产品的销售量与产品的单位价格见表 2—3.

表 2—3

销售量(台) 产品 / 公司	Ⅰ	Ⅱ	Ⅲ
甲	a_1	a_2	a_3
乙	b_1	b_2	b_3
单位价格(元/台)	p_1	p_2	p_3

t_2 年，该企业又扩大生产规模，将甲公司的生产规模扩大一倍，乙公司生产规模不变，销售价格不变.

设该企业 t_1 年的销售量矩阵为 $\boldsymbol{A}_{2\times3}$，$t_2$ 年的销售量矩阵为 $\boldsymbol{B}_{2\times3}$，产品的价格矩阵为 $\boldsymbol{P}_{3\times1}$.

(1) 说明下列矩阵所表示的经济意义.

$$\boldsymbol{AP},\boldsymbol{BP},\boldsymbol{B}-\boldsymbol{A},\boldsymbol{A}+\boldsymbol{B},(\boldsymbol{A}+\boldsymbol{B})\boldsymbol{P}$$

(2) 计算$(\boldsymbol{A}+\boldsymbol{B})\boldsymbol{P}$.

解：(1)$\boldsymbol{AP}$ 表示 t_1 年该企业下属甲、乙公司的总收入矩阵.

$\boldsymbol{BP}$ 表示 t_2 年该企业下属甲、乙公司的总收入矩阵.

$\boldsymbol{B}-\boldsymbol{A}$ 表示该企业 t_2 年比 t_1 年增加的销售量矩阵.

$\boldsymbol{A}+\boldsymbol{B}$ 表示该企业 t_1 年和 t_2 年两年的总销售量矩阵.

$(\boldsymbol{A}+\boldsymbol{B})\boldsymbol{P}$ 表示该企业 t_1 年和 t_2 年两年的总收入矩阵.

(2) 根据题意,$\boldsymbol{A}=\begin{pmatrix}a_1 & a_2 & a_3\\ b_1 & b_2 & b_3\end{pmatrix}$,$\boldsymbol{B}=\begin{pmatrix}2a_1 & 2a_2 & 2a_3\\ b_1 & b_2 & b_3\end{pmatrix}$,$\boldsymbol{P}=\begin{pmatrix}p_1\\ p_2\\ p_3\end{pmatrix}$.

$$(\boldsymbol{A}+\boldsymbol{B})\boldsymbol{P}=\left[\begin{pmatrix}a_1 & a_2 & a_3\\ b_1 & b_2 & b_3\end{pmatrix}+\begin{pmatrix}2a_1 & 2a_2 & 2a_3\\ b_1 & b_2 & b_3\end{pmatrix}\right]\cdot\begin{pmatrix}p_1\\ p_2\\ p_3\end{pmatrix}$$

$$=\begin{pmatrix}3a_1 & 3a_2 & 3a_3\\ 2b_1 & 2b_2 & 2b_3\end{pmatrix}\begin{pmatrix}p_1\\ p_2\\ p_3\end{pmatrix}=\begin{pmatrix}3a_1p_1+3a_2p_2+3a_3p_3\\ 2b_1p_1+2b_2p_2+2b_3p_3\end{pmatrix}$$

$$=\begin{pmatrix}3\sum_{i=1}^{3}a_ip_i\\ 2\sum_{i=1}^{3}b_ip_i\end{pmatrix}$$

由计算可得,该企业 t_1 和 t_2 两年的总收入为$(3\sum_{i=1}^{3}a_ip_i+2\sum_{i=1}^{2}b_ip_i)$元.

例 16 某小学有 10 名男生、16 名女生要在全市举行的节日联欢会上表演节目. 学校要为他们制作演出服装,咨询了四家服装公司甲、乙、丙、丁,报价见表 2—4.

表 2—4

制作费(元) 公司 / 学生	甲	乙	丙	丁	学生人数
男	150	140	135	145	10
女	210	220	235	225	16

由于面料、颜色、设计风格等因素,男女服装需在同一家公司购买或订制,根据公司的报价,哪家公司最便宜?

解:设服装价格矩阵为 $\boldsymbol{P}$,$\boldsymbol{P}=\begin{pmatrix}150 & 140 & 135 & 145\\ 210 & 220 & 235 & 225\end{pmatrix}$.

设男女学生人数矩阵为 $\boldsymbol{S}$,$\boldsymbol{S}=(10,16)$,服装总费用矩阵应为 $\boldsymbol{S}\cdot\boldsymbol{P}$.

$$\boldsymbol{S}\cdot\boldsymbol{P}=(10,16)\cdot\begin{pmatrix}150 & 140 & 135 & 145\\ 210 & 220 & 235 & 225\end{pmatrix}$$

$$=[10\times150+16\times210,10\times140+16\times220,$$
$$10\times135+16\times235,10\times145+16\times225]$$

$= (4\,860, 4\,920, 5\,110, 5\,050)$

可见,从费用上考虑,甲公司最便宜:

服装总费用矩阵亦可由 $\boldsymbol{D}^{\mathrm{T}}\boldsymbol{S}^{\mathrm{T}}$ 求出.

如果我们设 $\boldsymbol{S}=\begin{pmatrix}10\\16\end{pmatrix}$,则总费用矩阵应为 $\boldsymbol{S}^{\mathrm{T}}\boldsymbol{P}$(或 $\boldsymbol{P}^{\mathrm{T}}\boldsymbol{S}$). 请读者自己用这个例子验证一下矩阵转置的重要公式 $(\boldsymbol{AB})^{\mathrm{T}}=\boldsymbol{B}^{\mathrm{T}}\boldsymbol{A}^{\mathrm{T}}$ 成立.

§2.3 n 阶矩阵(方阵),方阵的行列式

(一) n 阶矩阵(方阵)

矩阵 $\mathbf{A}_{m\times n}$ 是由 $m\times n$ 个元素 a_{ij} $(i=1,\cdots,m;\ j=1,\cdots,n)$ 按一定次序排列成的一个 m 行 n 列的矩形阵列,记作

$$\mathbf{A}_{m\times n}=\begin{pmatrix}a_{11} & a_{12} & \cdots & a_{1n}\\ a_{21} & a_{22} & \cdots & a_{2n}\\ \vdots & \vdots & & \vdots\\ a_{n1} & a_{n2} & \cdots & a_{mn}\end{pmatrix}$$

如果 $m=n$,就排列成 n 行 n 列的方形阵列,称为 n 阶矩阵或 n 阶方阵,记作

$$\mathbf{A}=\begin{pmatrix}a_{11} & a_{12} & \cdots & a_{1n}\\ a_{21} & a_{22} & \cdots & a_{2n}\\ \vdots & \vdots & & \vdots\\ a_{n1} & a_{n2} & \cdots & a_{nn}\end{pmatrix}$$

例如,$\begin{pmatrix}1 & 2\\ 3 & 4\end{pmatrix}$,$\begin{pmatrix}4 & 2 & 7\\ 0 & 1 & 8\\ 3 & 5 & -4\end{pmatrix}$,都是 n 阶矩阵.

一阶矩阵 (a) 就是数 a.

(二) 方阵的幂

对于方阵 $\mathbf{A}$ 及自然数 k,

$$\mathbf{A}^k=\underbrace{\mathbf{A}\cdot\mathbf{A}\cdot\cdots\cdot\mathbf{A}}_{k\text{ 个}}$$

称为方阵 $\mathbf{A}$ 的 k 次幂.

方阵的幂有下列性质:

设 $\mathbf{A}$ 是方阵,k_1,k_2是自然数,则有:

(1) $\mathbf{A}^{k_1}\mathbf{A}^{k_2}=\mathbf{A}^{k_1+k_2}$

(2) $(\mathbf{A}^{k_1})^{k_2}=\mathbf{A}^{k_1k_2}$

设 $\boldsymbol{B}$ 是方阵，k 是自然数，一般地，$(\boldsymbol{AB})^k \neq \boldsymbol{A}^k\boldsymbol{B}^k$.

例如，$\boldsymbol{A} = \begin{pmatrix} 0 & 2 \\ 3 & 1 \end{pmatrix}$，$\boldsymbol{B} = \begin{pmatrix} 1 & 1 \\ 1 & 0 \end{pmatrix}$，那么有

$$\boldsymbol{A}^2 = \begin{pmatrix} 6 & 2 \\ 3 & 7 \end{pmatrix}, \boldsymbol{B}^2 = \begin{pmatrix} 2 & 1 \\ 1 & 1 \end{pmatrix}, \boldsymbol{AB} = \begin{pmatrix} 2 & 0 \\ 4 & 3 \end{pmatrix}$$

于是可得$(\boldsymbol{AB})^2 = \begin{pmatrix} 2 & 0 \\ 4 & 3 \end{pmatrix}\begin{pmatrix} 2 & 0 \\ 4 & 3 \end{pmatrix} = \begin{pmatrix} 4 & 0 \\ 20 & 9 \end{pmatrix}$

$$\boldsymbol{A}^2\boldsymbol{B}^2 = \begin{pmatrix} 6 & 2 \\ 3 & 7 \end{pmatrix}\begin{pmatrix} 2 & 1 \\ 1 & 1 \end{pmatrix} = \begin{pmatrix} 14 & 8 \\ 13 & 10 \end{pmatrix}$$

可见$(\boldsymbol{AB})^2 \neq \boldsymbol{A}^2\boldsymbol{B}^2$.

(三) 方阵的行列式

由 n 阶矩阵(方阵)$\boldsymbol{A}$ 的所有元素按原来次序构成的 n 阶行列式称为方阵 $\boldsymbol{A}$ 的行列式，记作 $|\boldsymbol{A}|$,或($\det \boldsymbol{A}$).

例如

$$\boldsymbol{A} = \begin{pmatrix} a_{11} & a_{12} & \cdots & a_{1n} \\ a_{21} & a_{22} & \cdots & a_{2n} \\ \vdots & \vdots & & \vdots \\ a_{n1} & a_{n2} & \cdots & a_{nn} \end{pmatrix}$$

则

$$|\boldsymbol{A}| = \begin{vmatrix} a_{11} & a_{12} & \cdots & a_{1n} \\ a_{21} & a_{22} & \cdots & a_{2n} \\ \vdots & \vdots & & \vdots \\ a_{n1} & a_{n2} & \cdots & a_{nn} \end{vmatrix}$$

方阵与方阵的行列式是不同的两个概念，n 阶方阵是由 n^2 个元素排列成的 n 行 n 列的正方形表格，而它的行列式是一个由它的元素构成的一个 $n!$ 项的代数和，一般是一个数或代数式.

例如,我们用 Q_1 表示某产品的产量，Q_2 表示某产品的销量，P 表示产品的单位价格，C 表示产品的单位成本，那么，方阵$\begin{pmatrix} Q_1 & Q_2 \\ P & C \end{pmatrix}$是表示产量与销量及成本与价格的一个方形表格,而它的行列式$\begin{vmatrix} Q_1 & Q_2 \\ P & C \end{vmatrix} = Q_1C - Q_2P$ 却表示产品利润的数值.

方阵的行列式具有下列性质. 设 $\boldsymbol{A}$，$\boldsymbol{B}$ 为 n 阶矩阵，则：

(1) $|\boldsymbol{A}^{\mathrm{T}}| = |\boldsymbol{A}|$

(2) $|k\boldsymbol{A}| = k^n |\boldsymbol{A}|$

(3) $|\boldsymbol{AB}| = |\boldsymbol{A}| \cdot |\boldsymbol{B}|$

(4) $|\boldsymbol{AB}| = |\boldsymbol{BA}|$

要注意性质 (2)，不要把数乘 n 阶矩阵与数乘 n 阶行列式相混淆.

设 $\boldsymbol{A}=(a_{ij})=\begin{pmatrix} a_{11} & a_{12} & \cdots & a_{1n} \\ a_{21} & a_{22} & \cdots & a_{2n} \\ \vdots & \vdots & & \vdots \\ a_{n1} & a_{n2} & \cdots & a_{nn} \end{pmatrix}$

根据数与矩阵乘法的定义，有

$$k\boldsymbol{A}=k(a_{ij})=(ka_{ij})$$

$$k\,|\boldsymbol{A}|=k\,|a_{ij}|$$

$$|ka_{ij}|=\begin{vmatrix} ka_{11} & ka_{12} & \cdots & ka_{1n} \\ ka_{21} & ka_{22} & \cdots & ka_{2n} \\ \vdots & \vdots & & \vdots \\ ka_{n1} & ka_{n2} & \cdots & ka_{nn} \end{vmatrix}=k^n\,|a_{ij}|=k^n\,|\boldsymbol{A}|$$

性质（3）是一个很重要的性质，即同阶矩阵 $\boldsymbol{A}$ 与 $\boldsymbol{B}$ 乘积的行列式，等于矩阵 $\boldsymbol{A}$ 的行列式与矩阵 $\boldsymbol{B}$ 的行列式的乘积.

我们略去证明，只用二阶矩阵为例加以验证.

设 $\boldsymbol{A}=\begin{pmatrix} a_{11} & a_{12} \\ a_{21} & a_{22} \end{pmatrix}$，$\boldsymbol{B}=\begin{pmatrix} b_{11} & b_{12} \\ b_{21} & b_{22} \end{pmatrix}$

$$\boldsymbol{AB}=\begin{pmatrix} a_{11}b_{11}+a_{12}b_{21} & a_{11}b_{12}+a_{12}b_{22} \\ a_{21}b_{11}+a_{22}b_{21} & a_{21}b_{12}+a_{22}b_{22} \end{pmatrix}$$

$$\begin{aligned}|\boldsymbol{AB}|&=(a_{11}b_{11}+a_{12}b_{21})(a_{21}b_{12}+a_{22}b_{22})\\&\quad-(a_{11}b_{12}+a_{12}b_{22})(a_{21}b_{11}+a_{22}b_{21})\\&=a_{11}b_{11}a_{22}b_{22}+a_{12}b_{21}a_{21}b_{12}\\&\quad-a_{11}b_{12}a_{22}b_{21}-a_{12}b_{22}a_{21}b_{11}\\&=a_{11}a_{22}(b_{11}b_{22}-b_{12}b_{21})\\&\quad-a_{12}a_{21}(b_{11}b_{22}-b_{21}b_{12})\\&=(a_{11}a_{22}-a_{12}a_{21})(b_{11}b_{22}-b_{12}b_{21})\\&=|\boldsymbol{A}|\cdot|\boldsymbol{B}|\end{aligned}$$

性质(3) 可以推广到有限个 n 阶方阵连乘的情况. 即

$$|\boldsymbol{A}_1\cdot\boldsymbol{A}_2\cdots\boldsymbol{A}_k|=|\boldsymbol{A}_1|\cdot|\boldsymbol{A}_2|\cdots|\boldsymbol{A}_k|$$

关于性质（4），由性质（3），有

$$|\boldsymbol{AB}|=|\boldsymbol{A}|\cdot|\boldsymbol{B}|=|\boldsymbol{B}|\cdot|\boldsymbol{A}|=|\boldsymbol{BA}|$$

例 1 设 $\boldsymbol{A}$ 为三阶矩阵，且 $|\boldsymbol{A}|=-2$，求 $\big|\,|\boldsymbol{A}|\,\boldsymbol{A}^2\boldsymbol{A}^{\mathrm{T}}\big|$.

解： $\big|\,|\boldsymbol{A}|\,\boldsymbol{A}^2\boldsymbol{A}^{\mathrm{T}}\big|=|\boldsymbol{A}|^3\,|\boldsymbol{A}^2\boldsymbol{A}^{\mathrm{T}}|=|\boldsymbol{A}|^3\,|\boldsymbol{A}^2|\,|\boldsymbol{A}^{\mathrm{T}}|$

$=|\boldsymbol{A}|^3\cdot|\boldsymbol{A}|\cdot|\boldsymbol{A}|\cdot|\boldsymbol{A}|=|\boldsymbol{A}|^6=(-2)^6=64$

§ 2.4 几种特殊的矩阵

(一) 对角矩阵

如果 n 阶矩阵 $\boldsymbol{A}=(a_{ij})$ 中的元素满足条件

$$a_{ij}=0,\ i\neq j\ (i,\ j=1,\ 2,\ \cdots,\ n)$$

则称 $\boldsymbol{A}$ 为 n 阶对角矩阵，即

$$\boldsymbol{A}=\begin{pmatrix} a_{11} & & & \\ & a_{22} & & \\ & & \ddots & \\ & & & a_{nn} \end{pmatrix} \tag{2.8}$$

(这种记法表示主对角线以外没有注明的元素均为零.)

由 $$k\begin{pmatrix} a_1 & & & \\ & a_2 & & \\ & & \ddots & \\ & & & a_n \end{pmatrix}=\begin{pmatrix} ka_1 & & & \\ & ka_2 & & \\ & & \ddots & \\ & & & ka_n \end{pmatrix}$$

$$\begin{pmatrix} a_1 & & & \\ & a_2 & & \\ & & \ddots & \\ & & & a_n \end{pmatrix}+\begin{pmatrix} b_1 & & & \\ & b_2 & & \\ & & \ddots & \\ & & & b_n \end{pmatrix}=\begin{pmatrix} a_1+b_1 & & & \\ & a_2+b_2 & & \\ & & \ddots & \\ & & & a_n+b_n \end{pmatrix}$$

$$\begin{pmatrix} a_1 & & & \\ & a_2 & & \\ & & \ddots & \\ & & & a_n \end{pmatrix}\begin{pmatrix} b_1 & & & \\ & b_2 & & \\ & & \ddots & \\ & & & b_n \end{pmatrix}=\begin{pmatrix} a_1b_1 & & & \\ & a_2b_2 & & \\ & & \ddots & \\ & & & a_nb_n \end{pmatrix}$$

可见，如果 $\boldsymbol{A}$，$\boldsymbol{B}$ 为同阶对角矩阵，则 $k\boldsymbol{A}$，$\boldsymbol{A}+\boldsymbol{B}$，$\boldsymbol{AB}$ 仍为同阶对角矩阵.

显然，如果 $\boldsymbol{A}$ 是对角矩阵，则 $\boldsymbol{A}^{\mathrm{T}}=\boldsymbol{A}$.

(二) 数量矩阵

如果 n 阶对角矩阵 $\boldsymbol{A}$ 中的元素 $a_{11}=a_{22}=\cdots=a_{nn}=a$，则称 $\boldsymbol{A}$ 为 n 阶数量矩阵，即

$$\boldsymbol{A}=\begin{pmatrix} a & & & \\ & a & & \\ & & \ddots & \\ & & & a \end{pmatrix} \tag{2.9}$$

以数量矩阵 $\boldsymbol{A}$ 左乘或右乘(如果可乘)一个矩阵 $\boldsymbol{B}$，其乘积等于以数 a 乘矩阵 $\boldsymbol{B}$.

例如 $$\boldsymbol{A}=\begin{pmatrix} a & 0 & \cdots & 0 \\ 0 & a & \cdots & 0 \\ \vdots & \vdots & & \vdots \\ 0 & 0 & \cdots & a \end{pmatrix}_{n\times n},\ \boldsymbol{B}=\begin{pmatrix} b_{11} & b_{12} & \cdots & b_{1l} \\ b_{21} & b_{22} & \cdots & b_{2l} \\ \vdots & \vdots & & \vdots \\ b_{n1} & b_{n2} & \cdots & b_{nl} \end{pmatrix}_{n\times l}$$

$$\boldsymbol{AB}=\begin{pmatrix}a&0&\cdots&0\\0&a&\cdots&0\\\vdots&\vdots&&\vdots\\0&0&\cdots&a\end{pmatrix}\begin{pmatrix}b_{11}&b_{12}&\cdots&b_{1l}\\b_{21}&b_{22}&\cdots&b_{2l}\\\vdots&\vdots&&\vdots\\b_{n1}&b_{n2}&\cdots&b_{nl}\end{pmatrix}$$

$$=\begin{pmatrix}ab_{11}&ab_{12}&\cdots&ab_{1l}\\ab_{21}&ab_{22}&\cdots&ab_{2l}\\\vdots&\vdots&&\vdots\\ab_{n1}&ab_{n2}&\cdots&ab_{nl}\end{pmatrix}$$

$$=a\begin{pmatrix}b_{11}&b_{12}&\cdots&b_{1l}\\b_{21}&b_{22}&\cdots&b_{2l}\\\vdots&\vdots&&\vdots\\b_{n1}&b_{n2}&\cdots&b_{nl}\end{pmatrix}$$

$$=a\boldsymbol{B}$$

(三) 单位矩阵

如果 n 阶数量矩阵 $\boldsymbol{A}$ 中的元素 $a=1$，则称 $\boldsymbol{A}$ 为 n 阶单位矩阵，记作 $\boldsymbol{I}_n$(或 $\boldsymbol{E}_n$)，有时简记为 $\boldsymbol{I}$ (或 $\boldsymbol{E}$)，即

$$\boldsymbol{I}_n=\begin{pmatrix}1&&&\\&1&&\\&&\ddots&\\&&&1\end{pmatrix} \tag{2.10}$$

单位矩阵 $\boldsymbol{I}_m$，$\boldsymbol{I}_n$满足

$$\boldsymbol{I}_m\boldsymbol{A}_{m\times n}=\boldsymbol{A}_{m\times n},\quad \boldsymbol{A}_{m\times n}\boldsymbol{I}_n=\boldsymbol{A}_{m\times n}$$

对于 n 阶矩阵 $\boldsymbol{A}$，规定 $\boldsymbol{A}^0=\boldsymbol{I}$.

单位矩阵 $\boldsymbol{I}$ 在矩阵乘法中与数 1 在数的乘法中的性质类似.

(四) 三角形矩阵

如果 n 阶矩阵 $\boldsymbol{A}=(a_{ij})$ 中的元素满足条件

$$a_{ij}=0,\ i>j\ (i,\ j=1,\ 2,\ \cdots,\ n)$$

则称 $\boldsymbol{A}$ 为 n 阶上三角形矩阵，即

$$\boldsymbol{A}=\begin{pmatrix}a_{11}&a_{12}&\cdots&a_{1n}\\&a_{22}&\cdots&a_{2n}\\&&\ddots&\vdots\\&&&a_{nn}\end{pmatrix} \tag{2.11}$$

如果 n 阶矩阵 $\boldsymbol{B}=(b_{ij})$ 中的元素满足条件

$$b_{ij}=0,\ i<j\ (i,\ j=1,\ 2,\ \cdots,\ n)$$

则称 $\boldsymbol{B}$ 为 n 阶下三角形矩阵，即

$$B=\begin{pmatrix} b_{11} & & & \\ b_{21} & b_{22} & & \\ \vdots & & \ddots & \\ b_{n1} & b_{n2} & \cdots & b_{nn} \end{pmatrix} \tag{2.12}$$

若 $\boldsymbol{A}$, $\boldsymbol{B}$ 为同阶同结构三角形矩阵，容易验证 $k\boldsymbol{A}$，$\boldsymbol{A}+\boldsymbol{B}$, $\boldsymbol{AB}$ 仍是同阶同结构三角形矩阵.

(五) 对称矩阵

如果 n 阶矩阵 $\boldsymbol{A}=(a_{ij})$ 满足 $a_{ij}=a_{ji}$ $(i, j=1, 2, \cdots, n)$，则称 $\boldsymbol{A}$ 为对称矩阵.

例如，$\begin{pmatrix} 0 & -1 \\ -1 & 0 \end{pmatrix}$，$\begin{pmatrix} 1 & 0 & \frac{1}{2} \\ 0 & 2 & -1 \\ \frac{1}{2} & -1 & 3 \end{pmatrix}$均为对称矩阵.

显然，对称矩阵 $\boldsymbol{A}$ 的元素关于主对角线对称，因此有 $\boldsymbol{A}^{\mathrm{T}}=\boldsymbol{A}$.

数乘对称矩阵及同阶对称矩阵之和仍为对称矩阵，但对称矩阵的乘积未必对称.

例如，$\begin{pmatrix} 0 & -1 \\ -1 & 1 \end{pmatrix}$ 及 $\begin{pmatrix} 1 & 1 \\ 1 & 1 \end{pmatrix}$均为对称矩阵，但

$$\begin{pmatrix} 0 & -1 \\ -1 & 1 \end{pmatrix}\begin{pmatrix} 1 & 1 \\ 1 & 1 \end{pmatrix}=\begin{pmatrix} -1 & -1 \\ 0 & 0 \end{pmatrix}$$

为非对称矩阵.

例　设 $\boldsymbol{A}$ 与 $\boldsymbol{B}$ 是两个 n 阶对称矩阵. 证明：当且仅当 $\boldsymbol{A}$ 与 $\boldsymbol{B}$ 可交换时，$\boldsymbol{AB}$ 是对称的.

证：由于 $\boldsymbol{A}$ 与 $\boldsymbol{B}$ 均是对称矩阵，所以 $\boldsymbol{A}^{\mathrm{T}}=\boldsymbol{A}$, $\boldsymbol{B}^{\mathrm{T}}=\boldsymbol{B}$.

如果 $\boldsymbol{AB}=\boldsymbol{BA}$，则有

$$(\boldsymbol{AB})^{\mathrm{T}}=\boldsymbol{B}^{\mathrm{T}}\boldsymbol{A}^{\mathrm{T}}=\boldsymbol{BA}=\boldsymbol{AB}$$

所以 $\boldsymbol{AB}$ 是对称的.

反之，如果 $\boldsymbol{AB}$ 是对称的，即 $(\boldsymbol{AB})^{\mathrm{T}}=\boldsymbol{AB}$，则有

$$\boldsymbol{AB}=(\boldsymbol{AB})^{\mathrm{T}}=\boldsymbol{B}^{\mathrm{T}}\boldsymbol{A}^{\mathrm{T}}=\boldsymbol{BA}$$

即 $\boldsymbol{A}$ 与 $\boldsymbol{B}$ 可交换.

对任意矩阵 $\boldsymbol{A}$, $\boldsymbol{A}^{\mathrm{T}}\boldsymbol{A}$ 和 $\boldsymbol{A}\boldsymbol{A}^{\mathrm{T}}$都是对称矩阵. 其证明留作习题.

§2.5　分块矩阵

在矩阵的讨论和运算中，有时需要将一个矩阵分成若干个“子块”(子矩阵)，使原矩阵

显得结构简单而清晰.

例如：

$$A=\begin{pmatrix}1&0&0&3\\0&1&0&-1\\0&0&1&0\\0&0&0&1\end{pmatrix}$$

如果令 $I_3=\begin{pmatrix}1&0&0\\0&1&0\\0&0&1\end{pmatrix}$，$A_1=\begin{pmatrix}3\\-1\\0\end{pmatrix}$

$$O=(0\quad 0\quad 0),\ A_2=(1)$$

则
$$A=\left(\begin{array}{ccc:c}1&0&0&3\\0&1&0&-1\\0&0&1&0\\\hdashline 0&0&0&1\end{array}\right)=\begin{pmatrix}I_3&A_1\\O&A_2\end{pmatrix}$$

像这样将一个矩阵分成若干块(称为子块或子矩阵)，并以所分的子块为元素的矩阵称为分块矩阵.

给定一个矩阵，可以根据需要把它写成不同的分块矩阵.

如上例中的 A，也可以按其他方法分块，例如，如果令

$$I_2=\begin{pmatrix}1&0\\0&1\end{pmatrix},\ A_3=\begin{pmatrix}0&3\\0&-1\end{pmatrix},\ O=\begin{pmatrix}0&0\\0&0\end{pmatrix}$$

则
$$A=\left(\begin{array}{cc:cc}1&0&0&3\\0&1&0&-1\\\hdashline 0&0&1&0\\0&0&0&1\end{array}\right)=\begin{pmatrix}I_2&A_3\\O&I_2\end{pmatrix}$$

如果令 $\varepsilon_1=\begin{pmatrix}1\\0\\0\\0\end{pmatrix}$，$\varepsilon_2=\begin{pmatrix}0\\1\\0\\0\end{pmatrix}$，$\varepsilon_3=\begin{pmatrix}0\\0\\1\\0\end{pmatrix}$，$\alpha=\begin{pmatrix}3\\-1\\0\\1\end{pmatrix}$

则
$$A=\left(\begin{array}{c:c:c:c}1&0&0&3\\0&1&0&-1\\0&0&1&0\\0&0&0&1\end{array}\right)=(\varepsilon_1,\varepsilon_2,\varepsilon_3,\alpha)$$

在进行分块矩阵运算时，把子块作为元素处理.

如果将矩阵 $A_{m\times n}$ 分块为

$$A=\begin{pmatrix}A_{11} & A_{12} & \cdots & A_{1t}\\ A_{21} & A_{22} & \cdots & A_{2t}\\ \vdots & \vdots & & \vdots\\ A_{s1} & A_{s2} & \cdots & A_{st}\end{pmatrix}=(A_{pq})$$

设 k 为数，则 $kA=k(A_{pq})=(kA_{pq})$.

如果将矩阵 $A_{m\times n}$，$B_{m\times n}$分块为

$$A_{m\times n}=(A_{pq})=\begin{pmatrix}A_{11} & A_{12} & \cdots & A_{1t}\\ A_{21} & A_{22} & \cdots & A_{2t}\\ \vdots & \vdots & & \vdots\\ A_{s1} & A_{s2} & \cdots & A_{st}\end{pmatrix}$$

$$B_{m\times n}=(B_{pq})=\begin{pmatrix}B_{11} & B_{12} & \cdots & B_{1t}\\ B_{21} & B_{22} & \cdots & B_{2t}\\ \vdots & \vdots & & \vdots\\ B_{s1} & B_{s2} & \cdots & B_{st}\end{pmatrix}$$

其中对应子块 A_{pq} 与 B_{pq} 有相同的行数与相同的列数，则

$$A+B=(A_{pq})+(B_{pq})=(A_{pq}+B_{pq})$$

如果将矩阵 $A_{m\times l}$，$B_{l\times n}$分块为

$$A_{m\times l}=(A_{pk})=\begin{pmatrix}A_{11} & A_{12} & \cdots & A_{1r}\\ A_{21} & A_{22} & \cdots & A_{2r}\\ \vdots & \vdots & & \vdots\\ A_{s1} & A_{s2} & \cdots & A_{sr}\end{pmatrix}\begin{matrix}m_1\\ m_2\\ \vdots\\ m_s\end{matrix}$$
$$\begin{matrix}l_1 & l_2 & \cdots & l_r\end{matrix}$$

$$B_{l\times n}=(B_{kq})=\begin{pmatrix}B_{11} & B_{12} & \cdots & B_{1t}\\ B_{21} & B_{22} & \cdots & B_{2t}\\ \vdots & \vdots & & \vdots\\ B_{r1} & B_{r2} & \cdots & B_{rt}\end{pmatrix}\begin{matrix}l_1\\ l_2\\ \vdots\\ l_s\end{matrix}$$
$$\begin{matrix}n_1 & n_2 & \cdots & n_r\end{matrix}$$

其中 A_{pk} 的列数与 B_{kq} 的行数相同，则

$$C=AB=(A_{pk})(B_{kq})=\left(\sum_{k=1}^{r}A_{pk}B_{kq}\right)$$

例 1　设矩阵

$$A=\begin{pmatrix}1 & 0 & 1 & 3\\ 0 & 1 & 2 & 4\\ 0 & 0 & -1 & 0\\ 0 & 0 & 0 & -1\end{pmatrix},\ B=\begin{pmatrix}1 & 2 & 0 & 0\\ 2 & 0 & 0 & 0\\ 6 & 3 & 1 & 0\\ 0 & -2 & 0 & 1\end{pmatrix}$$

用分块矩阵计算 $k\boldsymbol{A}$，$\boldsymbol{A}+\boldsymbol{B}$ 及 $\boldsymbol{AB}$.

解：将矩阵 $\boldsymbol{A}$，$\boldsymbol{B}$ 分块如下：

$$\boldsymbol{A}=\left(\begin{array}{cc:cc}1&0&1&3\\0&1&2&4\\\hdashline 0&0&-1&0\\0&0&0&-1\end{array}\right)=\begin{pmatrix}\boldsymbol{I}&\boldsymbol{C}\\\boldsymbol{O}&-\boldsymbol{I}\end{pmatrix}$$

$$\boldsymbol{B}=\left(\begin{array}{cc:cc}1&2&0&0\\2&0&0&0\\\hdashline 6&3&1&0\\0&-2&0&1\end{array}\right)=\begin{pmatrix}\boldsymbol{D}&\boldsymbol{O}\\\boldsymbol{F}&\boldsymbol{I}\end{pmatrix}$$

则
$$k\boldsymbol{A}=k\begin{pmatrix}\boldsymbol{I}&\boldsymbol{C}\\\boldsymbol{O}&-\boldsymbol{I}\end{pmatrix}=\begin{pmatrix}k\boldsymbol{I}&k\boldsymbol{C}\\\boldsymbol{O}&-k\boldsymbol{I}\end{pmatrix}$$

$$\boldsymbol{A}+\boldsymbol{B}=\begin{pmatrix}\boldsymbol{I}&\boldsymbol{C}\\\boldsymbol{O}&-\boldsymbol{I}\end{pmatrix}+\begin{pmatrix}\boldsymbol{D}&\boldsymbol{O}\\\boldsymbol{F}&\boldsymbol{I}\end{pmatrix}=\begin{pmatrix}\boldsymbol{I}+\boldsymbol{D}&\boldsymbol{C}\\\boldsymbol{F}&\boldsymbol{O}\end{pmatrix}$$

$$\boldsymbol{AB}=\begin{pmatrix}\boldsymbol{I}&\boldsymbol{C}\\\boldsymbol{O}&-\boldsymbol{I}\end{pmatrix}\begin{pmatrix}\boldsymbol{D}&\boldsymbol{O}\\\boldsymbol{F}&\boldsymbol{I}\end{pmatrix}=\begin{pmatrix}\boldsymbol{D}+\boldsymbol{CF}&\boldsymbol{C}\\-\boldsymbol{F}&-\boldsymbol{I}\end{pmatrix}$$

然后再分别计算 $k\boldsymbol{I}$，$k\boldsymbol{C}$，$\boldsymbol{I}+\boldsymbol{D}$，$\boldsymbol{D}+\boldsymbol{CF}$，代入上面三式，得

$$k\boldsymbol{A}=\begin{pmatrix}k&0&k&3k\\0&k&2k&4k\\0&0&-k&0\\0&0&0&-k\end{pmatrix},\ \boldsymbol{A}+\boldsymbol{B}=\begin{pmatrix}2&2&1&3\\2&1&2&4\\6&3&0&0\\0&-2&0&0\end{pmatrix}$$

$$\boldsymbol{AB}=\begin{pmatrix}7&-1&1&3\\14&-2&2&4\\-6&-3&-1&0\\0&2&0&-1\end{pmatrix}$$

容易验证，这个结果与直接用不分块矩阵运算得到的结果相同.

例 2 如果将矩阵 $\boldsymbol{A}_{m\times n}$，$\boldsymbol{I}_n$ 分块为

$$\boldsymbol{A}=\left(\begin{array}{c:c:c:c}a_{11}&a_{12}&\cdots&a_{1n}\\a_{21}&a_{22}&\cdots&a_{2n}\\\vdots&\vdots&&\vdots\\a_{m1}&a_{m2}&\cdots&a_{mn}\end{array}\right)=(\boldsymbol{A}_1,\boldsymbol{A}_2,\cdots,\boldsymbol{A}_n)$$

$$\boldsymbol{I}_n=\left(\begin{array}{c:c:c:c}1&0&\cdots&0\\0&1&\cdots&0\\\vdots&\vdots&&\vdots\\0&0&\cdots&1\end{array}\right)=(\boldsymbol{\varepsilon}_1,\boldsymbol{\varepsilon}_2,\cdots,\boldsymbol{\varepsilon}_n)$$

则　　$AI_n = A(\boldsymbol{\varepsilon}_1, \boldsymbol{\varepsilon}_2, \cdots, \boldsymbol{\varepsilon}_n) = (A\boldsymbol{\varepsilon}_1, A\boldsymbol{\varepsilon}_2, \cdots, A\boldsymbol{\varepsilon}_n)$

$= (A_1, A_2, \cdots, A_n)$

可知　　$A\boldsymbol{\varepsilon}_j = A_j \quad (i = 1, 2, \cdots, n)$

例 3　如果将矩阵 A, $\boldsymbol{x}$ 分块为

$$A = \left(\begin{array}{cccc:ccc} a_{11} & a_{12} & \cdots & a_{1r} & a_{1r+1} & \cdots & a_{1n} \\ a_{21} & a_{22} & \cdots & a_{2r} & a_{2r+1} & \cdots & a_{2n} \\ \vdots & \vdots & & \vdots & \vdots & & \vdots \\ a_{m1} & a_{m2} & \cdots & a_{mr} & a_{mr+1} & \cdots & a_{mn} \end{array}\right) = (A_1, A_2)$$

$$\boldsymbol{x} = \left(\begin{array}{c} x_1 \\ x_2 \\ \vdots \\ x_r \\ \hdashline x_{r+1} \\ \vdots \\ x_n \end{array}\right) = \begin{pmatrix} \boldsymbol{x}_1 \\ \boldsymbol{x}_2 \end{pmatrix}$$

则　　$$A\boldsymbol{x} = (A_1, A_2) \cdot \begin{pmatrix} \boldsymbol{x}_1 \\ \boldsymbol{x}_2 \end{pmatrix} = A_1\boldsymbol{x}_1 + A_2\boldsymbol{x}_2$$

例 4　如果将矩阵 A 分块为

$$A = \begin{pmatrix} A_{11} & A_{12} & \cdots & A_{1t} \\ A_{21} & A_{22} & \cdots & A_{2t} \\ \vdots & \vdots & & \vdots \\ A_{s1} & A_{s2} & \cdots & A_{st} \end{pmatrix}$$

则　　$$A^{\mathrm{T}} = \begin{pmatrix} A_{11}^{\mathrm{T}} & A_{21}^{\mathrm{T}} & \cdots & A_{s1}^{\mathrm{T}} \\ A_{12}^{\mathrm{T}} & A_{22}^{\mathrm{T}} & \cdots & A_{s2}^{\mathrm{T}} \\ \vdots & \vdots & & \vdots \\ A_{1t}^{\mathrm{T}} & A_{2t}^{\mathrm{T}} & \cdots & A_{st}^{\mathrm{T}} \end{pmatrix}$$

形如 $\begin{pmatrix} A_{11} & & & \\ & A_{22} & & \\ & & \ddots & \\ & & & A_{ss} \end{pmatrix}$ 的分块矩阵，其中 A_{pp} $(p = 1, 2, \cdots, s)$ 都是方阵，称为对角分块矩阵.

同结构的对角分块矩阵的和、积，仍是对角分块矩阵.

形如$\begin{pmatrix} A_{11} & A_{12} & \cdots & A_{1s} \\ & A_{22} & \cdots & A_{2s} \\ & & \ddots & \vdots \\ & & & A_{ss} \end{pmatrix}$或$\begin{pmatrix} A_{11} & & & \\ A_{21} & A_{22} & & \\ \vdots & \vdots & \ddots & \\ A_{s1} & A_{s2} & \cdots & A_{ss} \end{pmatrix}$的分块方阵，其中$\boldsymbol{A}_{pp}$($p=1, 2, \cdots, s$)是方阵，分别称为上三角形分块矩阵或下三角形分块矩阵.

同结构的上（或下）三角形分块矩阵的和、积，仍是同结构的上（或下）三角形分块矩阵.

§2.6 逆矩阵

解一元线性方程 $ax=b$，当 $a\neq 0$ 时，存在一个数 a^{-1}，使 $x=a^{-1}b$ 为方程的解. 那么在解矩阵方程 $\boldsymbol{Ax}=\boldsymbol{b}$ 时，是否也存在一个矩阵，使 $\boldsymbol{x}$ 等于这个矩阵左乘 $\boldsymbol{b}$？这是我们要讨论的逆矩阵中的一个问题.

逆矩阵在矩阵理论和应用中都起着重要的作用.

定义 2.7 对于 n 阶矩阵 $\boldsymbol{A}$，如果存在 n 阶矩阵 $\boldsymbol{B}$，使得

$$\boldsymbol{AB}=\boldsymbol{BA}=\boldsymbol{I}$$

$\boldsymbol{I}$ 是 n 阶单位矩阵，那么矩阵 $\boldsymbol{A}$ 称为可逆矩阵，简称 $\boldsymbol{A}$ 可逆，并称 $\boldsymbol{B}$ 为 $\boldsymbol{A}$ 的逆矩阵.

如果 $\boldsymbol{A}$ 可逆，则 $\boldsymbol{A}$ 的逆矩阵是唯一的.

因为如果 $\boldsymbol{B}$ 和 $\boldsymbol{B}_1$ 都是 $\boldsymbol{A}$ 的逆矩阵，则有

$$\boldsymbol{AB}=\boldsymbol{BA}=\boldsymbol{I},\quad \boldsymbol{AB}_1=\boldsymbol{B}_1\boldsymbol{A}=\boldsymbol{I}$$

那么 $$\boldsymbol{B}=\boldsymbol{BI}=\boldsymbol{B}(\boldsymbol{AB}_1)=(\boldsymbol{BA})\boldsymbol{B}_1=\boldsymbol{IB}_1=\boldsymbol{B}_1$$

即 $$\boldsymbol{B}=\boldsymbol{B}_1$$

所以逆矩阵是唯一的. 我们把矩阵 $\boldsymbol{A}$ 唯一的逆矩阵记作 $\boldsymbol{A}^{-1}$.

例如，矩阵 $\boldsymbol{A}=\begin{pmatrix} 1 & 2 \\ 0 & 1 \end{pmatrix}$，存在矩阵 $\boldsymbol{B}=\begin{pmatrix} 1 & -2 \\ 0 & 1 \end{pmatrix}$，使得

$$\boldsymbol{AB}=\begin{pmatrix} 1 & 2 \\ 0 & 1 \end{pmatrix}\begin{pmatrix} 1 & -2 \\ 0 & 1 \end{pmatrix}=\begin{pmatrix} 1 & 0 \\ 0 & 1 \end{pmatrix}=\boldsymbol{I}$$

$$\boldsymbol{BA}=\begin{pmatrix} 1 & -2 \\ 0 & 1 \end{pmatrix}\begin{pmatrix} 1 & 2 \\ 0 & 1 \end{pmatrix}=\begin{pmatrix} 1 & 0 \\ 0 & 1 \end{pmatrix}=\boldsymbol{I}$$

所以矩阵 $\boldsymbol{A}$ 可逆，且 $\boldsymbol{A}^{-1}=\begin{pmatrix} 1 & -2 \\ 0 & 1 \end{pmatrix}$.

单位矩阵的逆矩阵是其本身.

定义 2.8 若 n 阶矩阵 $\boldsymbol{A}$ 的行列式 $|\boldsymbol{A}|\neq 0$，则称 $\boldsymbol{A}$ 为非奇异的.

例如，矩阵 $\boldsymbol{A}=\begin{pmatrix} 1 & 2 \\ 0 & 1 \end{pmatrix}$是非奇异的，矩阵 $\boldsymbol{B}=\begin{pmatrix} 2 & 2 \\ 1 & 1 \end{pmatrix}$是奇异的.

定义 2.9　由行列式 $|\boldsymbol{A}|=|a_{ij}|$ 的元素 a_{ij} 的代数余子式 $A_{ij}(i, j=1, 2, \cdots, n)$ 所构成的矩阵

$$\boldsymbol{A}^{*}=\begin{pmatrix} A_{11} & A_{21} & \cdots & A_{n1} \\ A_{12} & A_{22} & \cdots & A_{n2} \\ \vdots & \vdots & & \vdots \\ A_{1n} & A_{2n} & \cdots & A_{nn} \end{pmatrix} \tag{2.13}$$

称为矩阵 $\boldsymbol{A}$ 的伴随矩阵.

例 1　求矩阵 $\boldsymbol{A}=\begin{pmatrix} 1 & 0 & 1 \\ 2 & 1 & 0 \\ -3 & 2 & -5 \end{pmatrix}$ 的伴随矩阵 $\boldsymbol{A}^{*}$.

解: $A_{11}=\begin{vmatrix} 1 & 0 \\ 2 & -5 \end{vmatrix}=-5$,　　$A_{12}=-\begin{vmatrix} 2 & 0 \\ -3 & -5 \end{vmatrix}=10$

$A_{13}=\begin{vmatrix} 2 & 1 \\ -3 & 2 \end{vmatrix}=7$,　　$A_{21}=-\begin{vmatrix} 0 & 1 \\ 2 & -5 \end{vmatrix}=2$

$A_{22}=\begin{vmatrix} 1 & 1 \\ -3 & -5 \end{vmatrix}=-2$,　　$A_{23}=-\begin{vmatrix} 1 & 0 \\ -3 & 2 \end{vmatrix}=-2$

$A_{31}=\begin{vmatrix} 0 & 1 \\ 1 & 0 \end{vmatrix}=-1$,　　$A_{32}=-\begin{vmatrix} 1 & 1 \\ 2 & 0 \end{vmatrix}=2$

$A_{33}=\begin{vmatrix} 1 & 0 \\ 2 & 1 \end{vmatrix}=1$

于是得　$\boldsymbol{A}^{*}=\begin{pmatrix} -5 & 2 & -1 \\ 10 & -2 & 2 \\ 7 & -2 & 1 \end{pmatrix}$

定理 2.1　n 阶矩阵 $\boldsymbol{A}=(a_{ij})$ 可逆的充分必要条件是 $\boldsymbol{A}$ 非奇异，且当 $\boldsymbol{A}$ 可逆时，有

$$\boldsymbol{A}^{-1}=\frac{1}{|\boldsymbol{A}|}\boldsymbol{A}^{*}$$

其中 $\boldsymbol{A}^{*}$ 是 $\boldsymbol{A}$ 的伴随矩阵.

证: 必要性

设 $\boldsymbol{A}$ 可逆，则由

$$\boldsymbol{A}\boldsymbol{A}^{-1}=\boldsymbol{I}$$

有　$|\boldsymbol{A}\boldsymbol{A}^{-1}|=|\boldsymbol{I}|$

则　$|\boldsymbol{A}|\cdot|\boldsymbol{A}^{-1}|=1$

所以 $|\boldsymbol{A}|\neq 0$，即 $\boldsymbol{A}$ 非奇异.

充分性

设 $\boldsymbol{A}$ 非奇异，即 $|\boldsymbol{A}|\neq 0$，存在矩阵 $\frac{1}{|\boldsymbol{A}|}\boldsymbol{A}^{*}$，满足

$$
A\frac{A^*}{|A|}=\frac{1}{|A|}\begin{pmatrix} a_{11} & a_{12} & \cdots & a_{1n} \\ a_{21} & a_{22} & \cdots & a_{2n} \\ \vdots & \vdots & & \vdots \\ a_{n1} & a_{n2} & \cdots & a_{nn} \end{pmatrix}\begin{pmatrix} A_{11} & A_{21} & \cdots & A_{n1} \\ A_{12} & A_{22} & \cdots & A_{n2} \\ \vdots & \vdots & & \vdots \\ A_{1n} & A_{2n} & \cdots & A_{nn} \end{pmatrix}
$$

$$
=\frac{1}{|A|}\begin{pmatrix} |A| & 0 & \cdots & 0 \\ 0 & |A| & \cdots & 0 \\ \vdots & \vdots & & \vdots \\ 0 & 0 & \cdots & |A| \end{pmatrix}=\begin{pmatrix} 1 & 0 & \cdots & 0 \\ 0 & 1 & \cdots & 0 \\ \vdots & \vdots & & \vdots \\ 0 & 0 & \cdots & 1 \end{pmatrix}=I
$$

同理可得 $\dfrac{A^*}{|A|}A=I$

由此可知矩阵 A 可逆，且

$$
A^{-1}=\frac{1}{|A|}A^* \tag{2.14}
$$

定理2.1证明了矩阵 A 可逆的充分必要条件是矩阵 A 非奇异，即 $|A|\neq 0$，而且得出了一个用伴随矩阵求逆矩阵的方法，即 $A^{-1}=\dfrac{1}{|A|}A^*$.

例 2 判断矩阵 $A=\begin{pmatrix} 1 & 0 & 1 \\ 2 & 1 & 0 \\ -3 & 2 & -5 \end{pmatrix}$ 是否可逆，若可逆，求其逆矩阵 A^{-1}.

解: 因 $|A|=\begin{vmatrix} 1 & 0 & 1 \\ 2 & 1 & 0 \\ -3 & 2 & -5 \end{vmatrix}=2\neq 0$，所以 A 可逆. 由例 1 有

$$
A^*=\begin{pmatrix} -5 & 2 & -1 \\ 10 & -2 & 2 \\ 7 & -2 & 1 \end{pmatrix}
$$

所以可得 $A^{-1}=\dfrac{1}{|A|}A^*=\dfrac{1}{2}\begin{pmatrix} -5 & 2 & -1 \\ 10 & -2 & 2 \\ 7 & -2 & 1 \end{pmatrix}=\begin{pmatrix} -\frac{5}{2} & 1 & -\frac{1}{2} \\ 5 & -1 & 1 \\ \frac{7}{2} & -1 & \frac{1}{2} \end{pmatrix}$

例 3 如果

$$
A=\begin{pmatrix} a_1 & 0 & \cdots & 0 \\ 0 & a_2 & \cdots & 0 \\ \vdots & \vdots & & \vdots \\ 0 & 0 & \cdots & a_n \end{pmatrix}，其中 a_i\neq 0 \quad (i=1,2,\cdots,n)
$$

证明 $A^{-1}=\begin{pmatrix} \frac{1}{a_1} & 0 & \cdots & 0 \\ 0 & \frac{1}{a_2} & \cdots & 0 \\ \vdots & \vdots & & \vdots \\ 0 & 0 & \cdots & \frac{1}{a_n} \end{pmatrix}$

证:

$$\begin{pmatrix} a_1 & 0 & \cdots & 0 \\ 0 & a_2 & \cdots & 0 \\ \vdots & \vdots & & \vdots \\ 0 & 0 & \cdots & a_n \end{pmatrix}\begin{pmatrix} \frac{1}{a_1} & 0 & \cdots & 0 \\ 0 & \frac{1}{a_2} & \cdots & 0 \\ \vdots & \vdots & & \vdots \\ 0 & 0 & \cdots & \frac{1}{a_n} \end{pmatrix}=\boldsymbol{I}$$

$$\begin{pmatrix} \frac{1}{a_1} & 0 & \cdots & 0 \\ 0 & \frac{1}{a_2} & \cdots & 0 \\ \vdots & \vdots & & \vdots \\ 0 & 0 & \cdots & \frac{1}{a_n} \end{pmatrix}\begin{pmatrix} a_1 & 0 & \cdots & 0 \\ 0 & a_2 & \cdots & 0 \\ \vdots & \vdots & & \vdots \\ 0 & 0 & \cdots & a_n \end{pmatrix}=\boldsymbol{I}$$

所以 $\boldsymbol{A}^{-1}=\begin{pmatrix} \frac{1}{a_1} & 0 & \cdots & 0 \\ 0 & \frac{1}{a_2} & \cdots & 0 \\ \vdots & \vdots & & \vdots \\ 0 & 0 & \cdots & \frac{1}{a_n} \end{pmatrix}$

若 $\boldsymbol{A}$ 是 n 阶矩阵，且存在 n 阶矩阵 $\boldsymbol{B}$，使 $\boldsymbol{AB}=\boldsymbol{I}$ 或 $\boldsymbol{BA}=\boldsymbol{I}$，则 $\boldsymbol{A}$ 可逆，且 $\boldsymbol{B}$ 为 $\boldsymbol{A}$ 的逆矩阵.

因为：设有 $\boldsymbol{AB}=\boldsymbol{I}$，则

$$|\boldsymbol{AB}|=|\boldsymbol{A}|\cdot|\boldsymbol{B}|=|\boldsymbol{I}|=1$$

故 $|\boldsymbol{A}|\neq 0$，于是 $\boldsymbol{A}$ 可逆，设其逆矩阵为 $\boldsymbol{A}^{-1}$，则有

$$\boldsymbol{B}=\boldsymbol{IB}=(\boldsymbol{A}^{-1}\boldsymbol{A})\boldsymbol{B}=\boldsymbol{A}^{-1}(\boldsymbol{AB})=\boldsymbol{A}^{-1}\boldsymbol{I}=\boldsymbol{A}^{-1}$$

若有 $\boldsymbol{BA}=\boldsymbol{I}$，同理可得 $\boldsymbol{B}=\boldsymbol{A}^{-1}$.

这说明，如果我们要验证矩阵 $\boldsymbol{B}$ 是矩阵 $\boldsymbol{A}$ 的逆矩阵，只要验证一个等式 $\boldsymbol{AB}=\boldsymbol{I}$ 或 $\boldsymbol{BA}=\boldsymbol{I}$ 即可，不必按定义验证两个等式.

例 4 设 n 阶矩阵 $\boldsymbol{A}$ 满足 $a\boldsymbol{A}^2+b\boldsymbol{A}+c\boldsymbol{I}=\boldsymbol{O}$（$a$, b, c 为常数，且 $c\neq 0$），证明 $\boldsymbol{A}$ 为可逆矩阵，并求 $\boldsymbol{A}^{-1}$.

解：由 $a\boldsymbol{A}^2+b\boldsymbol{A}+c\boldsymbol{I}=\boldsymbol{O}$，有

$$a\boldsymbol{A}^2+b\boldsymbol{A}=-c\boldsymbol{I}$$

又因 $c\neq 0$，故有

$$-\frac{a}{c}\boldsymbol{A}^2-\frac{b}{c}\boldsymbol{A}=\boldsymbol{I}$$

即 $$\left(-\frac{a}{c}\boldsymbol{A}-\frac{b}{c}\boldsymbol{I}\right)\boldsymbol{A}=\boldsymbol{I}$$

所以 $\boldsymbol{A}$ 可逆，且 $\boldsymbol{A}^{-1}=-\frac{a}{c}\boldsymbol{A}-\frac{b}{c}\boldsymbol{I}$.

逆矩阵的性质：

(1) 若矩阵 $\boldsymbol{A}$ 可逆，则 $\boldsymbol{A}^{-1}$ 也可逆，且 $(\boldsymbol{A}^{-1})^{-1}=\boldsymbol{A}$.

由可逆矩阵的定义，显然可见，$\boldsymbol{A}$ 与 $\boldsymbol{A}^{-1}$是互逆的.

(2) 若矩阵 $\boldsymbol{A}$ 可逆，数 $k\neq 0$，则 $k\boldsymbol{A}$ 也可逆，且 $(k\boldsymbol{A})^{-1}=\frac{1}{k}\boldsymbol{A}^{-1}$，因为

$$(k\boldsymbol{A})(\frac{1}{k}\boldsymbol{A}^{-1})=\boldsymbol{A}\boldsymbol{A}^{-1}=\boldsymbol{I}$$

(3) 两个同阶可逆矩阵 $\boldsymbol{A}$，$\boldsymbol{B}$ 的乘积是可逆矩阵，且 $(\boldsymbol{AB})^{-1}=\boldsymbol{B}^{-1}\boldsymbol{A}^{-1}$，因为

$$\begin{aligned}(\boldsymbol{AB})(\boldsymbol{B}^{-1}\boldsymbol{A}^{-1})&=\boldsymbol{A}(\boldsymbol{BB}^{-1})\boldsymbol{A}^{-1}=\boldsymbol{AIA}^{-1}\\&=\boldsymbol{AA}^{-1}=\boldsymbol{I}\end{aligned}$$

(4) 若矩阵 $\boldsymbol{A}$ 可逆，则 $\boldsymbol{A}$ 的转置矩阵 $\boldsymbol{A}^{\mathrm{T}}$也可逆，且

$$(\boldsymbol{A}^{\mathrm{T}})^{-1}=(\boldsymbol{A}^{-1})^{\mathrm{T}}$$

因为 $\boldsymbol{A}^{\mathrm{T}}(\boldsymbol{A}^{-1})^{\mathrm{T}}=(\boldsymbol{A}^{-1}\boldsymbol{A})^{\mathrm{T}}=\boldsymbol{I}^{\mathrm{T}}=\boldsymbol{I}$.

(5) 若矩阵 $\boldsymbol{A}$ 可逆，则 $|\boldsymbol{A}^{-1}|=|\boldsymbol{A}|^{-1}$.

因为 $\boldsymbol{AA}^{-1}=\boldsymbol{I}$，则有 $|\boldsymbol{A}||\boldsymbol{A}^{-1}|=1$，所以 $|\boldsymbol{A}^{-1}|=\frac{1}{|\boldsymbol{A}|}=|\boldsymbol{A}|^{-1}$.

例 5 若 $\boldsymbol{A}$，$\boldsymbol{B}$，$\boldsymbol{C}$ 是同阶矩阵，且 $\boldsymbol{A}$ 可逆，证明下列结论中 (1)，(3) 成立，举例说明 (2)，(4) 不必然成立.

(1) 若 $\boldsymbol{AB}=\boldsymbol{AC}$，则 $\boldsymbol{B}=\boldsymbol{C}$.

(2) 若 $\boldsymbol{AB}=\boldsymbol{CB}$，则 $\boldsymbol{A}=\boldsymbol{C}$.

(3) 若 $\boldsymbol{AB}=\boldsymbol{O}$，则 $\boldsymbol{B}=\boldsymbol{O}$.

(4) 若 $\boldsymbol{BC}=\boldsymbol{O}$，则 $\boldsymbol{B}=\boldsymbol{O}$.

解：(1) 若 $\boldsymbol{AB}=\boldsymbol{AC}$，等式两边左乘以 $\boldsymbol{A}^{-1}$，有

$$\boldsymbol{A}^{-1}\boldsymbol{AB}=\boldsymbol{A}^{-1}\boldsymbol{AC}$$

因 $\boldsymbol{A}^{-1}\boldsymbol{A}=\boldsymbol{I}$，于是有

$$\boldsymbol{IB}=\boldsymbol{IC}$$

即
$$\boldsymbol{B}=\boldsymbol{C}$$

(2) 设 $\boldsymbol{A}=\begin{pmatrix}1&2\\0&1\end{pmatrix}$，$\boldsymbol{B}=\begin{pmatrix}1&1\\1&1\end{pmatrix}$，$\boldsymbol{C}=\begin{pmatrix}3&0\\0&1\end{pmatrix}$，那么有

$$\boldsymbol{AB}=\begin{pmatrix}1&2\\0&1\end{pmatrix}\begin{pmatrix}1&1\\1&1\end{pmatrix}=\begin{pmatrix}3&3\\1&1\end{pmatrix}$$

$$\boldsymbol{CB}=\begin{pmatrix}3&0\\0&1\end{pmatrix}\begin{pmatrix}1&1\\1&1\end{pmatrix}=\begin{pmatrix}3&3\\1&1\end{pmatrix}$$

显然有 $\boldsymbol{AB}=\boldsymbol{CB}$，但 $\boldsymbol{A}\neq\boldsymbol{C}$.

(3) 若 $\boldsymbol{AB}=\boldsymbol{O}$，等式两边左乘以 $\boldsymbol{A}^{-1}$，有

$$\boldsymbol{A}^{-1}\boldsymbol{AB}=\boldsymbol{A}^{-1}\boldsymbol{O}$$

即　　$IB = O$

于是有　$B = O$

(4) 设 $B = \begin{pmatrix} 1 & 1 \\ 0 & 0 \end{pmatrix}$, $C = \begin{pmatrix} 1 & 0 \\ -1 & 0 \end{pmatrix}$, 那么有

$$BC = \begin{pmatrix} 1 & 1 \\ 0 & 0 \end{pmatrix}\begin{pmatrix} 1 & 0 \\ -1 & 0 \end{pmatrix} = \begin{pmatrix} 0 & 0 \\ 0 & 0 \end{pmatrix}$$

显然有 $BC = O$, 但 $B \neq O$.

例 6　证明：如果 n 阶矩阵 A 可逆，则其伴随矩阵 A^* 也可逆，且 $(A^*)^{-1} = \frac{1}{|A|}A$, $|A^*| = |A|^{n-1}$.

证：由 A 可逆，有 $|A| \neq 0$，且

$$AA^{-1} = A\frac{1}{|A|}A^* = I\text{，即}\quad \frac{1}{|A|}AA^* = I$$

由此可知 A^* 可逆，且 $(A^*)^{-1} = \frac{1}{|A|}A$.

由　$\frac{1}{|A|}AA^* = I$，有　$AA^* = |A|\, I$

从而有　$|AA^*| = \big||A|\, I\big|$

即　　$|A||A^*| = |A|^n\, |I|$

所以　$|A^*| = |A|^{n-1}$

在例 6 的解题过程中，若 A 可逆，则有

$$AA^* = |A|\, I$$

同理有　$A^*A = |A|\, I$，即

$$AA^* = A^*A = |A|\, I \tag{2.15}$$

这个结论是 A^* 的一个重要的性质.

例 7　分块方阵

$$D = \begin{pmatrix} A & C \\ O & B \end{pmatrix}$$

其中 A, B 分别为 r 阶与 k 阶可逆矩阵，C 是 $r \times k$ 矩阵，O 是 $k \times r$ 零矩阵. 证明 D 可逆，并求 D^{-1}.

解：设 D 可逆，且 $D^{-1} = \begin{pmatrix} X & Z \\ W & Y \end{pmatrix}$，其中 X, Y 分别为与 A, B 同阶的矩阵，则应有

$$D^{-1}D = \begin{pmatrix} X & Z \\ W & Y \end{pmatrix}\begin{pmatrix} A & C \\ O & B \end{pmatrix} = I$$

即 $\begin{pmatrix} XA & XC+ZB \\ WA & WC+YB \end{pmatrix} = \begin{pmatrix} I_r & O \\ O & I_k \end{pmatrix}$.

于是得

$$XA = I_r \quad ①$$
$$WA = O \quad ②$$
$$XC+ZB = O \quad ③$$
$$WC+YB = I_k \quad ④$$

因为 A 可逆，用 A^{-1} 右乘 ① 式与 ② 式可得

$$XAA^{-1} = A^{-1} \qquad WAA^{-1} = O$$

即 $X = A^{-1} \qquad W = O$

将 $X = A^{-1}$ 代入 ③ 式，有

$$A^{-1}C = -ZB$$

因为 B 可逆，用 B^{-1}右乘上式得

$$A^{-1}CB^{-1} = -Z$$

即 $Z = -A^{-1}CB^{-1}$

将 $W = O$ 代入 ④ 式，有

$$YB = I_k$$

再用 B^{-1}右乘上式，得

$$Y = I_kB^{-1} = B^{-1}$$

于是求出 $D^{-1} = \begin{pmatrix} A & C \\ O & B \end{pmatrix}^{-1} = \begin{pmatrix} A^{-1} & -A^{-1}CB^{-1} \\ O & B^{-1} \end{pmatrix}$

容易验证 $DD^{-1} = D^{-1}D = I$

如果 D 中子块 $C = O$，则有

$$\begin{pmatrix} A & O \\ O & B \end{pmatrix}^{-1} = \begin{pmatrix} A^{-1} & O \\ O & B^{-1} \end{pmatrix}$$

§2.7 矩阵的初等变换

这一节介绍矩阵的初等变换，并介绍用初等变换求逆矩阵的方法.

定义 2.10 对矩阵施以的下列三种变换，称为矩阵的初等变换.

(1) 交换矩阵的两行(列)；

(2) 以一个非零的数 k 乘矩阵的某一行 (列)；

(3) 把矩阵的某一行 (列) 的 l 倍加于另一行 (列) 上.

定义 2.11　对单位矩阵 $\boldsymbol{I}$ 施以一次初等变换得到的矩阵，称为初等矩阵.

初等矩阵有下列三种：

(1) 对 $\boldsymbol{I}$ 施以第 (1) 种初等变换得到的矩阵.

$$\boldsymbol{I}(i\,j)=\begin{pmatrix}1&&&&&&&\\&\ddots&&&&&&\\&&0&\cdots&\cdots&1&&\\&&\vdots&1&&\vdots&&\\&&\vdots&&\ddots&\vdots&&\\&&\vdots&&1&\vdots&&\\&&1&\cdots&\cdots&0&&\\&&&&&&\ddots&\\&&&&&&&1\end{pmatrix}\begin{matrix}\\\\i\text{ 行}\\\\\\\\j\text{ 行}\\\\\\\end{matrix}\tag{2.16}$$

$$\qquad\qquad i\text{ 列}\qquad\qquad j\text{ 列}$$

(2) 对 $\boldsymbol{I}$ 施以第 (2) 种初等变换得到的矩阵.

$$\boldsymbol{I}(i(k))=\begin{pmatrix}1&&&&\\&\ddots&&&\\&&k&&\\&&&\ddots&\\&&&&1\end{pmatrix}\begin{matrix}\\\\i\text{ 行}\\\\\\\end{matrix}\tag{2.17}$$

$$\qquad i\text{ 列}$$

(3) 对 $\boldsymbol{I}$ 施以第 (3) 种初等变换得到的矩阵.

$$\boldsymbol{I}(i\,j(l))=\begin{pmatrix}1&&&&&&\\&\ddots&&&&&\\&&1&\cdots&\cdots&l&&\\&&&\ddots&&\vdots&&\\&&&&\ddots&\vdots&&\\&&&&&1&&\\&&&&&&\ddots&\\&&&&&&&1\end{pmatrix}\begin{matrix}\\\\i\text{ 行}\\\\\\j\text{ 行}\\\\\\\end{matrix}\tag{2.18}$$

$$\qquad i\text{ 列}\qquad\qquad j\text{ 列}$$

定理 2.2　设 $\boldsymbol{A}_{m\times n}=(a_{ij})_{m\times n}$.

(1) 对 $\boldsymbol{A}$ 的行施以一次某种初等变换得到的矩阵，等于用同种的 m 阶初等矩阵左乘 $\boldsymbol{A}$.

(2) 对 $\boldsymbol{A}$ 的列施以一次某种初等变换得到的矩阵，等于用同种的 n 阶初等矩阵右乘 $\boldsymbol{A}$.

证： 现在证明交换 $\boldsymbol{A}$ 的第 i 行与第 j 行等于用 $\boldsymbol{I}_m(i\,j)$ 左乘 $\boldsymbol{A}$.

将 $\boldsymbol{A}_{m\times n}$ 与 $\boldsymbol{I}_m$ 分块为

$$\boldsymbol{A}=\begin{pmatrix}\boldsymbol{A}_1\\ \boldsymbol{A}_2\\ \vdots\\ \boldsymbol{A}_i\\ \vdots\\ \boldsymbol{A}_j\\ \vdots\\ \boldsymbol{A}_m\end{pmatrix},\ \boldsymbol{I}=\begin{pmatrix}\boldsymbol{\varepsilon}_1\\ \boldsymbol{\varepsilon}_2\\ \vdots\\ \boldsymbol{\varepsilon}_i\\ \vdots\\ \boldsymbol{\varepsilon}_j\\ \vdots\\ \boldsymbol{\varepsilon}_m\end{pmatrix}$$

其中 $\boldsymbol{A}_k=(a_{k1},a_{k2},\cdots,a_{kn})\quad(k=1,2,\cdots,m)$

$$\boldsymbol{\varepsilon}_k=(0,0,\cdots,\underset{k\text{列}}{1},\cdots,0)\quad(k=1,2,\cdots,m)$$

$$\boldsymbol{I}_m(i\ j)\cdot\boldsymbol{A}=\begin{pmatrix}\boldsymbol{\varepsilon}_1\\ \boldsymbol{\varepsilon}_2\\ \vdots\\ \boldsymbol{\varepsilon}_j\\ \vdots\\ \boldsymbol{\varepsilon}_i\\ \vdots\\ \boldsymbol{\varepsilon}_m\end{pmatrix}\cdot\boldsymbol{A}=\begin{pmatrix}\boldsymbol{\varepsilon}_1\boldsymbol{A}\\ \boldsymbol{\varepsilon}_2\boldsymbol{A}\\ \vdots\\ \boldsymbol{\varepsilon}_j\boldsymbol{A}\\ \vdots\\ \boldsymbol{\varepsilon}_i\boldsymbol{A}\\ \vdots\\ \boldsymbol{\varepsilon}_m\boldsymbol{A}\end{pmatrix}=\begin{pmatrix}\boldsymbol{A}_1\\ \boldsymbol{A}_2\\ \vdots\\ \boldsymbol{A}_j\\ \vdots\\ \boldsymbol{A}_i\\ \vdots\\ \boldsymbol{A}_m\end{pmatrix}\begin{matrix}\\ \\ \\ i\text{ 行}\\ \\ j\text{ 行}\\ \\ \\ \end{matrix}$$

因此，$\boldsymbol{I}_m(i\ j)\cdot\boldsymbol{A}$ 恰好等于矩阵 $\boldsymbol{A}$ 第 i 行与第 j 行互相交换得到的矩阵.

用类似的方法可以证明其他变换的情况.

例如，矩阵 $\boldsymbol{A}=\begin{pmatrix}3&0&1\\1&-1&2\\0&1&1\end{pmatrix}$，设对 $\boldsymbol{A}$ 施以第 (1) 种初等行变换，例如交换 $\boldsymbol{A}$ 的第一行与第二行，有

$$\boldsymbol{A}=\begin{pmatrix}3&0&1\\1&-1&2\\0&1&1\end{pmatrix}\longrightarrow\begin{pmatrix}1&-1&2\\3&0&1\\0&1&1\end{pmatrix}=\boldsymbol{A}_{(1)}$$

用 $\boldsymbol{I}_3(1\ 2)$ 表示交换 $\boldsymbol{I}_3$ 的第一行与第二行得出的第 (1) 种初等矩阵

$$\boldsymbol{I}_3(1\ 2)=\begin{pmatrix}0&1&0\\1&0&0\\0&0&1\end{pmatrix}$$

用 $\boldsymbol{I}_3(1\ 2)$ 左乘 $\boldsymbol{A}$，有

$$\boldsymbol{I}_3(1\ 2)\boldsymbol{A}=\begin{pmatrix}0&1&0\\1&0&0\\0&0&1\end{pmatrix}\begin{pmatrix}3&0&1\\1&-1&2\\0&1&1\end{pmatrix}$$

$$
=\begin{pmatrix}1 & -1 & 2\\ 3 & 0 & 1\\ 0 & 1 & 1\end{pmatrix}=\boldsymbol{A}_{(1)}
$$

$\boldsymbol{A}_{(1)}$ 即交换 $\boldsymbol{A}$ 的第一行与第二行得到的矩阵，同样可以验证，对第（2），（3）种初等行变换，均有："对 $\boldsymbol{A}$ 施以某种初等行变换，等于用同种初等矩阵左乘 $\boldsymbol{A}$".

设对 $\boldsymbol{A}$ 施以第（3）种初等列变换，例如将 $\boldsymbol{A}$ 的第三列乘 2 加于第一列，有

$$
\boldsymbol{A}=\begin{pmatrix}3 & 0 & 1\\ 1 & -1 & 2\\ 0 & 1 & 1\end{pmatrix}\longrightarrow\begin{pmatrix}5 & 0 & 1\\ 5 & -1 & 2\\ 2 & 1 & 1\end{pmatrix}=\boldsymbol{A}_{(3)}
$$

（第三列 $\times 2$ 加于第一列）

用 $\boldsymbol{I}_3(3\ 1(2))$ 表示将 $\boldsymbol{I}_3$ 的第三列乘 2 加于第一列得出的第（3）种初等矩阵

$$
\boldsymbol{I}_3(3\ 1(2))=\begin{pmatrix}1 & 0 & 0\\ 0 & 1 & 0\\ 2 & 0 & 1\end{pmatrix}
$$

用 $\boldsymbol{I}_3(3\ 1(2))$ 右乘 $\boldsymbol{A}$，有

$$
\boldsymbol{A}\boldsymbol{I}_3(3\ 1(2))=\begin{pmatrix}3 & 0 & 1\\ 1 & -1 & 2\\ 0 & 1 & 1\end{pmatrix}\begin{pmatrix}1 & 0 & 0\\ 0 & 1 & 0\\ 2 & 0 & 1\end{pmatrix}=\begin{pmatrix}5 & 0 & 1\\ 5 & -1 & 2\\ 2 & 1 & 1\end{pmatrix}=\boldsymbol{A}_{(3)}
$$

$\boldsymbol{A}_{(3)}$ 即将 $\boldsymbol{A}$ 的第三列乘 2 加于第一列得到的矩阵，同样可以验证，对第（1），（2）种初等列变换均有："对 $\boldsymbol{A}$ 施以某种初等列变换，等于用同种初等矩阵右乘 $\boldsymbol{A}$".

容易验证，初等矩阵都是可逆的，且它们的逆矩阵仍是初等矩阵.

$$
\boldsymbol{I}(i\ j)^{-1}=\boldsymbol{I}(i\ j)\quad \boldsymbol{I}(i(k))^{-1}=\boldsymbol{I}\left(i\left(\frac{1}{k}\right)\right)\quad (k\neq 0)
$$
$$
\boldsymbol{I}(i\ j(l))^{-1}=\boldsymbol{I}(i\ j(-l)) \tag{2.19}
$$

定理 2.3 任意一个矩阵 $\boldsymbol{A}_{m\times n}=(a_{ij})_{m\times n}$ 经过若干次初等变换后均可以化为下面形式的矩阵 $\boldsymbol{D}$：

$$
\boldsymbol{D}=\begin{pmatrix}1 & & & & & \\ & \ddots & & & & \\ & & 1 & & & \\ & & & 0 & & \\ & & & & \ddots & \\ & & & & & 0\end{pmatrix}\begin{matrix}\\ r\text{ 行}\\ \\ \end{matrix}
$$
$$
\quad r\text{ 列}
$$

$$
=\begin{pmatrix}\boldsymbol{I}_r & \boldsymbol{O}_{r\times(n-r)}\\ \boldsymbol{O}_{(m-r)\times r} & \boldsymbol{O}_{(m-r)\times(n-r)}\end{pmatrix} \tag{2.20}
$$

证: 如果所有的 a_{ij} 都等于零，则 $\boldsymbol{A}$ 已是 $\boldsymbol{D}$ 的形式（此时 $r=0$）；如果至少有一个元素不等于零，不妨假设 $a_{11}\neq 0$（如 $a_{11}=0$，可以对矩阵 $\boldsymbol{A}$ 施以第(1)种初等变换，使左上角元素不等于零）. 用 $-\dfrac{a_{i1}}{a_{11}}$ 乘第一行加于第 i 行上（$i=2,\cdots,m$），用 $-\dfrac{a_{1j}}{a_{11}}$ 乘所得矩阵的第一列加于第 j 列上（$j=2,\cdots,n$），然后以 $\dfrac{1}{a_{11}}$ 乘第一行，于是矩阵 $\boldsymbol{A}$ 化为

$$\boldsymbol{A}_1=\begin{pmatrix}1 & 0 & \cdots & 0\\ 0 & a'_{22} & \cdots & a'_{2n}\\ \vdots & \vdots & & \vdots\\ 0 & a'_{m2} & \cdots & a'_{mn}\end{pmatrix}=\begin{pmatrix}1 & \boldsymbol{O}\\ \boldsymbol{O} & \boldsymbol{B}_1\end{pmatrix}$$

如果 $\boldsymbol{B}_1=\boldsymbol{O}$，则 $\boldsymbol{A}$ 已化为 $\boldsymbol{D}$ 的形式，如果 $\boldsymbol{B}_1\neq\boldsymbol{O}$，那么按上面的方法，继续下去，最后总可以化为 $\boldsymbol{D}$ 的形式. 矩阵 $\boldsymbol{D}$ 称为矩阵 $\boldsymbol{A}$ 的等价标准形.

如果矩阵 $\boldsymbol{A}$ 经有限次初等变换可化为矩阵 $\boldsymbol{B}$，则称矩阵 $\boldsymbol{A}$ 与矩阵 $\boldsymbol{B}$ 等价.

推论 如果 $\boldsymbol{A}$ 为 n 阶可逆矩阵，则 $\boldsymbol{D}=\boldsymbol{I}_n$.

证: 根据定理 2.3，对 $\boldsymbol{A}$ 施以若干次初等变换可化为 $\boldsymbol{D}$. 对 $\boldsymbol{A}$ 施以初等变换等于用相应的初等矩阵乘 $\boldsymbol{A}$，因 $\boldsymbol{A}$ 可逆，且初等矩阵可逆，则其乘积也可逆，所以 $\boldsymbol{D}$ 可逆，则 $|\boldsymbol{D}|\neq 0$，于是 $\boldsymbol{D}$ 不能有任一行（列）的元素全为零，因此 $\boldsymbol{D}$ 必等于 $\boldsymbol{I}_n$.

例 1 求下列矩阵 $\boldsymbol{A}$ 的等价标准形：

$$\boldsymbol{A}=\begin{pmatrix}2 & 1 & 2 & 3\\ 4 & 1 & 3 & 5\\ 2 & 0 & 1 & 2\end{pmatrix}$$

解:

$$\boldsymbol{A}=\begin{pmatrix}2 & 1 & 2 & 3\\ 4 & 1 & 3 & 5\\ 2 & 0 & 1 & 2\end{pmatrix}\longrightarrow\begin{pmatrix}2 & 1 & 2 & 3\\ 0 & -1 & -1 & -1\\ 0 & -1 & -1 & -1\end{pmatrix}$$

（第一行 $\times(-2)$ 加到第二行，第一行 $\times(-1)$ 加到第三行；再将第一列分别 $\times\left(-\frac{1}{2}\right)$、$\times(-1)$、$\times\left(-\frac{3}{2}\right)$ 加到第二、三、四列）

$$\longrightarrow\begin{pmatrix}2 & 0 & 0 & 0\\ 0 & -1 & -1 & -1\\ 0 & -1 & -1 & -1\end{pmatrix}\longrightarrow\begin{pmatrix}1 & 0 & 0 & 0\\ 0 & -1 & -1 & -1\\ 0 & 0 & 0 & 0\end{pmatrix}$$

（第一行 $\times\frac{1}{2}$；第二行 $\times(-1)$ 加到第三行；再将第二列 $\times(-1)$ 加到第三、四列）

$$\longrightarrow\begin{pmatrix}1 & 0 & 0 & 0\\ 0 & -1 & 0 & 0\\ 0 & 0 & 0 & 0\end{pmatrix}\longrightarrow\begin{pmatrix}1 & 0 & 0 & 0\\ 0 & 1 & 0 & 0\\ 0 & 0 & 0 & 0\end{pmatrix}$$

（第二列 $\times(-1)$）

例 2 求下列矩阵 $\boldsymbol{A}$ 的等价标准形:

$$\boldsymbol{A}=\begin{pmatrix}1&0&1\\2&1&0\\-3&2&-5\end{pmatrix}$$

解: $\boldsymbol{A}=\begin{pmatrix}1&0&1\\2&1&0\\-3&2&-5\end{pmatrix}$ （第 1 行 $\times(-2)$ 加到第 2 行，$\times 3$ 加到第 3 行）$\longrightarrow\begin{pmatrix}1&0&1\\0&1&-2\\0&2&-2\end{pmatrix}$ （第 1 列 $\times(-1)$ 加到第 3 列）

$$\longrightarrow\begin{pmatrix}1&0&0\\0&1&-2\\0&2&-2\end{pmatrix}\ (\text{第 2 行}\times(-2)\text{ 加到第 3 行})\longrightarrow\begin{pmatrix}1&0&0\\0&1&-2\\0&0&2\end{pmatrix}\ (\text{第 2 列}\times 2\text{ 加到第 3 列})$$

$$\longrightarrow\begin{pmatrix}1&0&0\\0&1&0\\0&0&2\end{pmatrix}\times\frac{1}{2}\longrightarrow\begin{pmatrix}1&0&0\\0&1&0\\0&0&1\end{pmatrix}$$

由 §2.6 例 2 知此矩阵 $\boldsymbol{A}$ 是可逆的.

定理 2.4 n 阶矩阵 $\boldsymbol{A}$ 为可逆的充分必要条件是它可以表示为一些初等矩阵的乘积.

证: 必要性

由定理 2.3 的推论知，若 $\boldsymbol{A}$ 可逆，则 $\boldsymbol{A}$ 经若干次初等变换可化为 $\boldsymbol{I}$，也就是说，存在初等矩阵 $\boldsymbol{P}_1$，…，$\boldsymbol{P}_s$，$\boldsymbol{Q}_1$，…，$\boldsymbol{Q}_t$，使

$$\boldsymbol{I}=\boldsymbol{P}_1\cdots\boldsymbol{P}_s\boldsymbol{A}\boldsymbol{Q}_1\cdots\boldsymbol{Q}_t$$

那么

$$\begin{aligned}\boldsymbol{A}&=\boldsymbol{P}_s^{-1}\cdots\boldsymbol{P}_1^{-1}\boldsymbol{I}\boldsymbol{Q}_t^{-1}\cdots\boldsymbol{Q}_1^{-1}\\&=\boldsymbol{P}_s^{-1}\cdots\boldsymbol{P}_1^{-1}\boldsymbol{Q}_t^{-1}\cdots\boldsymbol{Q}_1^{-1}\end{aligned}$$

即矩阵 $\boldsymbol{A}$ 可以表示成一些初等矩阵的乘积.

因初等矩阵可逆，所以充分条件是显然的.

下面介绍一种求逆矩阵的方法.

如果 $\boldsymbol{A}$ 可逆，则 $\boldsymbol{A}^{-1}$ 也可逆，根据上面的定理，存在初等矩阵 $\boldsymbol{G}_1$，$\boldsymbol{G}_2$，…，$\boldsymbol{G}_k$，使

$$\boldsymbol{A}^{-1}=\boldsymbol{G}_1\boldsymbol{G}_2\cdots\boldsymbol{G}_k$$

那么有 $\boldsymbol{A}^{-1}\boldsymbol{A}=\boldsymbol{G}_1\boldsymbol{G}_2\cdots\boldsymbol{G}_k\boldsymbol{A}$

即

$$\boldsymbol{I}=\boldsymbol{G}_1\boldsymbol{G}_2\cdots\boldsymbol{G}_k\boldsymbol{A}\quad ①$$

$$\boldsymbol{A}^{-1}=\boldsymbol{G}_1\boldsymbol{G}_2\cdots\boldsymbol{G}_k\boldsymbol{I}\quad ②$$

① 式表示对 $\boldsymbol{A}$ 施以若干次初等行变换化为 $\boldsymbol{I}$，② 式表示对 $\boldsymbol{I}$ 施以同样的初等行变换化为 $\boldsymbol{A}^{-1}$. 于是可以得出一种求逆矩阵的方法，介绍如下：

作一个 $n\times 2n$ 的分块矩阵 $(\boldsymbol{A}\,\vdots\,\boldsymbol{I})$，然后对此矩阵施以仅限于行的初等变换，使子块 $\boldsymbol{A}$ 化

为 $\boldsymbol{I}$，同时子块 $\boldsymbol{I}$ 即化成 $\boldsymbol{A}^{-1}$ 了，即

$$(\boldsymbol{A} \mid \boldsymbol{I}) \xrightarrow{\text{初等行变换}} (\boldsymbol{I} \mid \boldsymbol{A}^{-1}) \tag{2.21}$$

例 3 求矩阵 $\boldsymbol{A}=\begin{pmatrix} 1 & 0 & 1 \\ 2 & 1 & 0 \\ -3 & 2 & -5 \end{pmatrix}$ 的逆矩阵.

解： 作 3×6 矩阵 $(\boldsymbol{A} \mid \boldsymbol{I}_3)$

$$(\boldsymbol{A} \mid \boldsymbol{I}_3)=\left(\begin{array}{ccc:ccc} 1 & 0 & 1 & 1 & 0 & 0 \\ 2 & 1 & 0 & 0 & 1 & 0 \\ -3 & 2 & -5 & 0 & 0 & 1 \end{array}\right) \begin{matrix} \times(-2),\ \times 3 \\ \leftarrow \\ \leftarrow \end{matrix}$$

$$\longrightarrow \left(\begin{array}{ccc:ccc} 1 & 0 & 1 & 1 & 0 & 0 \\ 0 & 1 & -2 & -2 & 1 & 0 \\ 0 & 2 & -2 & 3 & 0 & 1 \end{array}\right) \begin{matrix} \\ \times(-2) \\ \leftarrow \end{matrix}$$

$$\longrightarrow \left(\begin{array}{ccc:ccc} 1 & 0 & 1 & 1 & 0 & 0 \\ 0 & 1 & -2 & -2 & 1 & 0 \\ 0 & 0 & 2 & 7 & -2 & 1 \end{array}\right) \begin{matrix} \leftarrow \\ \leftarrow \\ \times 1,\ \times(-\frac{1}{2}) \end{matrix}$$

$$\longrightarrow \left(\begin{array}{ccc:ccc} 1 & 0 & 0 & -\frac{5}{2} & 1 & -\frac{1}{2} \\ 0 & 1 & 0 & 5 & -1 & 1 \\ 0 & 0 & 2 & 7 & -2 & 1 \end{array}\right) \begin{matrix} \\ \\ \times \frac{1}{2} \end{matrix}$$

$$\longrightarrow \left(\begin{array}{ccc:ccc} 1 & 0 & 0 & -\frac{5}{2} & 1 & -\frac{1}{2} \\ 0 & 1 & 0 & 5 & -1 & 1 \\ 0 & 0 & 1 & \frac{7}{2} & -1 & \frac{1}{2} \end{array}\right)$$

于是得到

$$\boldsymbol{A}^{-1}=\begin{pmatrix} -\frac{5}{2} & 1 & -\frac{1}{2} \\ 5 & -1 & 1 \\ \frac{7}{2} & -1 & \frac{1}{2} \end{pmatrix}$$

上面用初等变换求逆矩阵的方法，仅限于对矩阵的行施以初等变换，即施以初等行变换，不得出现列变换.

但同样的道理，亦可用对矩阵施以仅限于列的初等列变换求逆矩阵.

作 $2n\times n$ 的分块矩阵 $\begin{pmatrix} \boldsymbol{A} \\ \hdashline \boldsymbol{I} \end{pmatrix}$，然后对此矩阵施以初等列变换，不得出现行变换，使子块 $\boldsymbol{A}$ 化为 $\boldsymbol{I}$，同时子块 $\boldsymbol{I}$ 即化成 $\boldsymbol{A}^{-1}$，即

$$\begin{pmatrix} A \\ \hdashline I \end{pmatrix} \xrightarrow{\text{初等列变换}} \begin{pmatrix} I \\ \hdashline A^{-1} \end{pmatrix} \tag{2.22}$$

如果不知道矩阵 A 是否可逆，也可以用初等变换求逆矩阵的方法去判断，在分块矩阵 $(A \mid I)\left(\text{或}\begin{pmatrix} A \\ \hdashline I \end{pmatrix}\right)$ 中子块 A 处有一行（列）的元素全为零，即子块 A 处不能化成 I，则 A 不可逆.

例如 $A = \begin{pmatrix} 1 & 0 & 1 \\ 0 & -2 & 2 \\ 1 & 1 & 0 \end{pmatrix}$

$$(A \mid I) = \left(\begin{array}{ccc:ccc} 1 & 0 & 1 & 1 & 0 & 0 \\ 0 & -2 & 2 & 0 & 1 & 0 \\ 1 & 1 & 0 & 0 & 0 & 1 \end{array}\right) \times(-1)$$

$$\longrightarrow \left(\begin{array}{ccc:ccc} 1 & 0 & 1 & 1 & 0 & 0 \\ 0 & -2 & 2 & 0 & 1 & 0 \\ 0 & 1 & -1 & -1 & 0 & 1 \end{array}\right) \times \frac{1}{2}$$

$$\longrightarrow \left(\begin{array}{ccc:ccc} 1 & 0 & 1 & 1 & 0 & 0 \\ 0 & -2 & 2 & 0 & 1 & 0 \\ 0 & 0 & 0 & -1 & \frac{1}{2} & 1 \end{array}\right)$$

子块 A 不能经初等变换化为 I，所以 A 不可逆.

例 4 已知矩阵 $A = \begin{pmatrix} 1 & 0 & 1 \\ 2 & 1 & 0 \\ -3 & 2 & -5 \end{pmatrix}$ 与同阶矩阵 X 满足 $X - A = AX$，求 X.

解: 由 $X - A = AX$ 有

$$(I - A)X = A$$

$$I - A = \begin{pmatrix} 0 & 0 & -1 \\ -2 & 0 & 0 \\ 3 & -2 & 6 \end{pmatrix}, \ |I - A| = -4 \neq 0, \text{所以 } I - A \text{ 可逆.}$$

于是可得 $X = (I - A)^{-1}A$

下面求 $(I - A)^{-1}$.

$$(I - A \mid I) = \left(\begin{array}{ccc:ccc} 0 & 0 & -1 & 1 & 0 & 0 \\ -2 & 0 & 0 & 0 & 1 & 0 \\ 3 & -2 & 6 & 0 & 0 & 1 \end{array}\right)$$

$$\longrightarrow \left(\begin{array}{ccc:ccc} -2 & 0 & 0 & 0 & 1 & 0 \\ 0 & 0 & -1 & 1 & 0 & 0 \\ 3 & -2 & 6 & 0 & 0 & 1 \end{array}\right)$$

$$\longrightarrow \left(\begin{array}{ccc:ccc} -2 & 0 & 0 & 0 & 1 & 0 \\ 3 & -2 & 6 & 0 & 0 & 1 \\ 0 & 0 & -1 & 1 & 0 & 0 \end{array}\right) \begin{array}{l} \times(-\frac{1}{2}) \\ \\ \times(-1) \end{array}$$

$$\longrightarrow \left(\begin{array}{ccc:ccc} 1 & 0 & 0 & 0 & -\frac{1}{2} & 0 \\ 3 & -2 & 6 & 0 & 0 & 1 \\ 0 & 0 & 1 & -1 & 0 & 0 \end{array}\right) \times(-3)$$

$$\longrightarrow \left(\begin{array}{ccc:ccc} 1 & 0 & 0 & 0 & -\frac{1}{2} & 0 \\ 0 & -2 & 6 & 0 & \frac{3}{2} & 1 \\ 0 & 0 & 1 & -1 & 0 & 0 \end{array}\right) \times(-\frac{1}{2})$$

$$\longrightarrow \left(\begin{array}{ccc:ccc} 1 & 0 & 0 & 0 & -\frac{1}{2} & 0 \\ 0 & 1 & -3 & 0 & -\frac{3}{4} & -\frac{1}{2} \\ 0 & 0 & 1 & -1 & 0 & 0 \end{array}\right) \times 3$$

$$\longrightarrow \left(\begin{array}{ccc:ccc} 1 & 0 & 0 & 0 & -\frac{1}{2} & 0 \\ 0 & 1 & 0 & -3 & -\frac{3}{4} & -\frac{1}{2} \\ 0 & 0 & 1 & -1 & 0 & 0 \end{array}\right)$$

于是得到 $(\boldsymbol{I}-\boldsymbol{A})^{-1} = \begin{pmatrix} 0 & -\frac{1}{2} & 0 \\ -3 & -\frac{3}{4} & -\frac{1}{2} \\ -1 & 0 & 0 \end{pmatrix}$

所以 $\boldsymbol{X} = \begin{pmatrix} 0 & -\frac{1}{2} & 0 \\ -3 & -\frac{3}{4} & -\frac{1}{2} \\ -1 & 0 & 0 \end{pmatrix} \begin{pmatrix} 1 & 0 & 1 \\ 2 & 1 & 0 \\ -3 & 2 & -5 \end{pmatrix} = \begin{pmatrix} -1 & -\frac{1}{2} & 0 \\ -3 & -\frac{7}{4} & -\frac{1}{2} \\ -1 & 0 & -1 \end{pmatrix}$

§2.8 矩阵的秩

定义 2.12 设 $\boldsymbol{A}=(a_{ij})$ 是 $m\times n$ 矩阵，从 $\boldsymbol{A}$ 中任取 k 行 k 列 ($k\leqslant \min(m, n)$)，位于这些行和列的相交处的元素，保持它们原来的相对位置所构成的 k 阶行列式，称为矩阵 $\boldsymbol{A}$ 的一个 k 阶子式.

例如，设 $\boldsymbol{A} = \begin{pmatrix} 1 & 3 & 4 & 5 \\ -1 & 0 & 2 & 3 \\ 0 & 1 & -1 & 0 \end{pmatrix}$，矩阵 $\boldsymbol{A}$ 的第一、三行与第二、四列相交处的元素所构

成的二阶子式为

$$\begin{vmatrix} 3 & 5 \\ 1 & 0 \end{vmatrix}$$

设 $\boldsymbol{A}$ 为一个 $m\times n$ 矩阵. 当 $\boldsymbol{A}=\boldsymbol{O}$ 时，它的任何子式都为零；当 $\boldsymbol{A}\neq\boldsymbol{O}$ 时，它至少有一个元素不为零，即它至少有一个一阶子式不为零. 这时再考察二阶子式，如果 $\boldsymbol{A}$ 中有二阶子式不为零，则往下考察三阶子式，依此类推. 最后必达到 $\boldsymbol{A}$ 中有 r 阶子式不为零，而再没有比 r 更高阶的不为零的子式. 这个不为零的子式的阶数 r，反映了矩阵 $\boldsymbol{A}$ 内在的重要特性，在矩阵的理论与应用中都有重要意义.

例如，$\boldsymbol{A}=\begin{pmatrix} 1 & 2 & 3 & 0 \\ 0 & 1 & 2 & 1 \\ 2 & 4 & 6 & 0 \end{pmatrix}$，$\boldsymbol{A}$ 中有二阶子式 $\begin{vmatrix} 1 & 2 \\ 0 & 1 \end{vmatrix}=1\neq 0$，但它的任何三阶子式皆为零，即不为零的子式的最高阶数 $r=2$.

定义 2.13 设 $\boldsymbol{A}$ 为 $m\times n$ 矩阵. 如果 $\boldsymbol{A}$ 中不为零的子式的最高阶数为 r，即存在 r 阶子式不为零，而任何 $r+1$ 阶子式皆为零，则称 r 为矩阵 $\boldsymbol{A}$ 的秩，记作 $\mathrm{r}(\boldsymbol{A})=r$.

上例中 $\boldsymbol{A}=\begin{pmatrix} 1 & 2 & 3 & 0 \\ 0 & 1 & 2 & 1 \\ 2 & 4 & 6 & 0 \end{pmatrix}$，则有 $\mathrm{r}(\boldsymbol{A})=2$.

当 $\boldsymbol{A}=\boldsymbol{O}$ 时，规定 $\mathrm{r}(\boldsymbol{A})=0$.

因此，$0\leqslant r\leqslant \min(m, n)$.

当 $\boldsymbol{A}$ 为 n 阶矩阵，且 $\mathrm{r}(\boldsymbol{A})=n$ 时，称矩阵 $\boldsymbol{A}$ 为满秩矩阵.

例如，$\boldsymbol{A}=\begin{pmatrix} 2 & 3 & 0 \\ 1 & 0 & 1 \\ 0 & 1 & 0 \end{pmatrix}$，$\mathrm{r}(\boldsymbol{A})=3$，所以 $\boldsymbol{A}$ 是满秩矩阵.

用定义求行数、列数都很大的矩阵的秩是不方便的，下面介绍用初等变换求矩阵的秩.

定理 2.5 矩阵经初等变换后，其秩不变.

证： 仅考察经一次初等行变换的情形.

设 $\boldsymbol{A}_{m\times n}$ 经初等变换变为 $\boldsymbol{B}_{m\times n}$，且 $\mathrm{r}(\boldsymbol{A})=r_1$，$\mathrm{r}(\boldsymbol{B})=r_2$.

当对 $\boldsymbol{A}$ 施以互换两行或以某非零数乘某一行的变换时，矩阵 $\boldsymbol{B}$ 中任何 r_1+1 阶子式等于某一非零数 c 与 $\boldsymbol{A}$ 的某个 r_1+1 阶子式的乘积，其中 $c=\pm 1$ 或其他非零数. 因为 $\boldsymbol{A}$ 的任何 r_1+1 阶子式皆为零，因此 $\boldsymbol{B}$ 的任何 r_1+1 阶子式也都为零.

当对 $\boldsymbol{A}$ 施以第 i 行乘 l 后加于第 j 行的变换时，对于矩阵 $\boldsymbol{B}$ 的任意一个 r_1+1 阶子式 $|\boldsymbol{B}_1|$，如果它不含 $\boldsymbol{B}$ 的第 j 行或既含 $\boldsymbol{B}$ 的第 i 行又含第 j 行，则它即等于 $\boldsymbol{A}$ 的一个 r_1+1 阶子式；如果 $|\boldsymbol{B}_1|$ 含 $\boldsymbol{B}$ 的第 j 行但不含第 i 行，则 $|\boldsymbol{B}_1|=|\boldsymbol{A}_1|\pm l\,|\boldsymbol{A}_2|$，其中 $\boldsymbol{A}_1$，$\boldsymbol{A}_2$ 是 $\boldsymbol{A}$ 中的两个 r_1+1 阶子式. 由 $\boldsymbol{A}$ 的任何 r_1+1 阶子式均为零，可知 $\boldsymbol{B}$ 的每一个 r_1+1 阶子式也全为零.

由以上分析可知，对 $\boldsymbol{A}$ 施以一次初等行变换得到 $\boldsymbol{B}$ 时，有 $r_2<r_1+1$ 即 $r_2\leqslant r_1$.

$\boldsymbol{A}$ 经某种初等变换得 $\boldsymbol{B}$，$\boldsymbol{B}$ 也可以经相应的初等变换得 $\boldsymbol{A}$. 因此又有 $r_1 \leqslant r_2$.

故得 $r_1 = r_2$.

显然上述结论对初等列变换亦成立.

因此，对 $\boldsymbol{A}$ 每施以一次初等变换所得矩阵的秩与 $\boldsymbol{A}$ 的秩相同，因而对 $\boldsymbol{A}$ 施以有限次初等变换后所得矩阵的秩仍然等于 $\boldsymbol{A}$ 的秩.

于是我们得到一个用初等变换求矩阵的秩的方法：

对 $\boldsymbol{A}$ 作一系列初等行变换，将 $\boldsymbol{A}$ 化为阶梯形矩阵：

$$\boldsymbol{A} \xrightarrow{\text{初等行变换}} \begin{pmatrix} b_{11} & b_{12} & \cdots & b_{1r} & \cdots & b_{1n} \\ 0 & b_{22} & \cdots & b_{2r} & \cdots & b_{2n} \\ \vdots & \vdots & & \vdots & & \vdots \\ 0 & 0 & \cdots & b_{rr} & \cdots & b_{rn} \\ 0 & 0 & \cdots & 0 & \cdots & 0 \\ \vdots & \vdots & & \vdots & & \vdots \\ 0 & 0 & \cdots & 0 & \cdots & 0 \end{pmatrix} \tag{2.23}$$

阶梯形矩阵中非零行的行数 r 即是矩阵 $\boldsymbol{A}$ 的秩 $\mathrm{r}(\boldsymbol{A})$.

例 1 求矩阵 $\boldsymbol{A} = \begin{pmatrix} 1 & 3 & -1 & -2 \\ 2 & -1 & 2 & 3 \\ 3 & 2 & 1 & 1 \\ 1 & -4 & 3 & 5 \end{pmatrix}$的秩.

解:

$$\boldsymbol{A} = \begin{pmatrix} 1 & 3 & -1 & -2 \\ 2 & -1 & 2 & 3 \\ 3 & 2 & 1 & 1 \\ 1 & -4 & 3 & 5 \end{pmatrix} \begin{matrix} \times(-2) \ \times(-3) \ \times(-1) \\ \\ \\ \\ \end{matrix}$$

$$\longrightarrow \begin{pmatrix} 1 & 3 & -1 & -2 \\ 0 & -7 & 4 & 7 \\ 0 & -7 & 4 & 7 \\ 0 & -7 & 4 & 7 \end{pmatrix} \begin{matrix} \\ \times(-1) \\ \\ \\ \end{matrix}$$

$$\longrightarrow \begin{pmatrix} 1 & 3 & -1 & -2 \\ 0 & -7 & 4 & 7 \\ 0 & 0 & 0 & 0 \\ 0 & 0 & 0 & 0 \end{pmatrix}$$

阶梯矩阵中非零行的行数为 2，故 $\mathrm{r}(\boldsymbol{A}) = 2$.

例 2 求矩阵 $\boldsymbol{A} = \begin{pmatrix} 1 & 0 & 1 & -1 & 2 \\ 2 & 1 & 3 & -1 & 6 \\ 1 & 1 & 2 & -2 & 5 \\ -1 & -1 & 1 & 0 & -1 \end{pmatrix}$的秩.

解：$A=\begin{pmatrix}1&0&1&-1&2\\2&1&3&-1&6\\1&1&2&-2&5\\-1&-1&1&0&-1\end{pmatrix}$ （第1行 $\times(-2)$ 加到第2行，$\times(-1)$ 加到第3行，$\times 1$ 加到第4行）

$$\rightarrow\begin{pmatrix}1&0&1&-1&2\\0&1&1&1&2\\0&1&1&-1&3\\0&-1&2&-1&1\end{pmatrix}$$ （第2行 $\times(-1)$ 加到第3行，$\times 1$ 加到第4行）

$$\rightarrow\begin{pmatrix}1&0&1&-1&2\\0&1&1&1&2\\0&0&0&-2&1\\0&0&3&0&3\end{pmatrix}\rightarrow\begin{pmatrix}1&0&1&-1&2\\0&1&1&1&2\\0&0&3&0&3\\0&0&0&-2&1\end{pmatrix}$$

阶梯矩阵中非零行的行数为 4，故 $r(\boldsymbol{A})=4$.

例 3　设 $\boldsymbol{A}=\begin{pmatrix}\lambda&1&1\\-1&1&0\\1&2&1\end{pmatrix}$，$\boldsymbol{B}=\begin{pmatrix}1&2&0\\2&1&0\\0&0&1\end{pmatrix}$，已知 $r(\boldsymbol{AB})=2$，求 λ 的值.

解：

$$\boldsymbol{AB}=\begin{pmatrix}\lambda&1&1\\-1&1&0\\1&2&1\end{pmatrix}\begin{pmatrix}1&2&0\\2&1&0\\0&0&1\end{pmatrix}=\begin{pmatrix}\lambda+2&2\lambda+1&1\\1&-1&0\\5&4&1\end{pmatrix}$$

若 $r(\boldsymbol{AB})=2$，则 $|\boldsymbol{AB}|=0$，即

$$|\boldsymbol{AB}|=\begin{vmatrix}\lambda+2&2\lambda+1&1\\1&-1&0\\5&4&1\end{vmatrix}=-3\lambda+6=0$$

所以 $\lambda=2$.

亦可用初等变换求解：

$$\boldsymbol{AB}=\begin{pmatrix}\lambda+2&2\lambda+1&1\\1&-1&0\\5&4&1\end{pmatrix}$$ （交换第1、2行）

$$\rightarrow\begin{pmatrix}1&-1&0\\\lambda+2&2\lambda+1&1\\5&4&1\end{pmatrix}$$ （第1行 $\times[-(\lambda+2)]$ 加到第2行，$\times(-5)$ 加到第3行）

$$\rightarrow\begin{pmatrix}1 & -1 & 0\\0 & 3(\lambda+1) & 1\\0 & 9 & 1\end{pmatrix}\times\frac{1}{9}$$

$$\rightarrow\begin{pmatrix}1 & -1 & 0\\0 & 3(\lambda+1) & 1\\0 & 1 & \frac{1}{9}\end{pmatrix}$$

$$\rightarrow\begin{pmatrix}1 & -1 & 0\\0 & 1 & \frac{1}{9}\\0 & 3(\lambda+1) & 1\end{pmatrix}\times[-3(\lambda+1)]$$

$$\rightarrow\begin{pmatrix}1 & -1 & 0\\0 & 1 & \frac{1}{9}\\0 & 0 & -\frac{1}{3}(\lambda-2)\end{pmatrix}$$

由 $r(\boldsymbol{AB})=2$ 可知，所得阶梯矩阵中只能有两个非零行，第一、二两行已不可能是非零行，故第三行必须全为零，因此可得 $\lambda=2$.

例 4 设 $\boldsymbol{A}$ 为 n 阶非奇异矩阵，$\boldsymbol{B}$ 为 $n\times m$ 矩阵. 试证：$r(\boldsymbol{AB})=r(\boldsymbol{A})$.

证：因为 $\boldsymbol{A}$ 非奇异，故可表示成若干个初等矩阵之积，$\boldsymbol{A}=\boldsymbol{P}_1\boldsymbol{P}_2\cdots\boldsymbol{P}_s$，$\boldsymbol{P}_i$ $(i=1,2,\cdots,s)$ 皆为初等矩阵. $\boldsymbol{AB}=\boldsymbol{P}_1\boldsymbol{P}_2\cdots\boldsymbol{P}_s\boldsymbol{B}$，即 $\boldsymbol{AB}$ 是 $\boldsymbol{B}$ 经过 s 次初等行变换后得出的，因而 $r(\boldsymbol{AB})=r(\boldsymbol{B})$.

由矩阵的秩及 n 阶矩阵满秩的定义，显然，如果一个 n 阶矩阵 $\boldsymbol{A}$ 是满秩的，则 $|\boldsymbol{A}|\neq 0$，因而 $\boldsymbol{A}$ 可逆；反之亦然. 所以 $\boldsymbol{A}$ 可逆的充分必要条件是 $\boldsymbol{A}$ 满秩.

习题二

(A)

1. 计算：

(1) $\begin{pmatrix}1 & 6 & 4\\-4 & 2 & 8\end{pmatrix}+\begin{pmatrix}-2 & 0 & 1\\2 & -3 & 4\end{pmatrix}$

(2) $\begin{pmatrix}1 & 2\\0 & 1\end{pmatrix}-\begin{pmatrix}2 & -2\\0 & 3\end{pmatrix}$

(3) $2\begin{pmatrix}1 & 0\\0 & 0\end{pmatrix}+4\begin{pmatrix}0 & 1\\0 & 0\end{pmatrix}+6\begin{pmatrix}0 & 0\\1 & 0\end{pmatrix}+8\begin{pmatrix}0 & 0\\0 & 1\end{pmatrix}$

(4) $a\begin{pmatrix}2 & 0\\0 & 1\\3 & -1\end{pmatrix}-b\begin{pmatrix}0 & 4\\2 & -1\\1 & 5\end{pmatrix}+c\begin{pmatrix}3 & 1\\-1 & 0\\8 & 0\end{pmatrix}$

2. 设

$$\boldsymbol{A}=\begin{pmatrix}1 & 2 & 1 & 2\\2 & 1 & 2 & 1\\1 & 2 & 3 & 4\end{pmatrix},\ \boldsymbol{B}=\begin{pmatrix}4 & 3 & 2 & 1\\-2 & 1 & -2 & 1\\0 & -1 & 0 & -1\end{pmatrix}$$

(1) 求 $3\boldsymbol{A}-\boldsymbol{B}$.

(2) 求 $2\boldsymbol{A}+3\boldsymbol{B}$.

(3) 若 $\boldsymbol{X}$ 满足 $\boldsymbol{A}+\boldsymbol{X}=\boldsymbol{B}$, 求 $\boldsymbol{X}$.

(4) 若 $\boldsymbol{Y}$ 满足 $(2\boldsymbol{A}-\boldsymbol{Y})+2(\boldsymbol{B}-\boldsymbol{Y})=\boldsymbol{O}$, 求 $\boldsymbol{Y}$.

3. 设

$$\boldsymbol{A}=\begin{pmatrix}x & 0\\7 & y\end{pmatrix},\ \boldsymbol{B}=\begin{pmatrix}u & v\\y & 2\end{pmatrix},\ \boldsymbol{C}=\begin{pmatrix}3 & -4\\x & v\end{pmatrix}$$

且 $\boldsymbol{A}+2\boldsymbol{B}-\boldsymbol{C}=\boldsymbol{O}$, 求 x, y, u, v 的值.

4. 设 $\boldsymbol{A}=\begin{pmatrix}1 & 0\\2 & 1\end{pmatrix}$, $\boldsymbol{B}=\begin{pmatrix}1 & 1\\3 & 0\end{pmatrix}$, $\boldsymbol{C}=\begin{pmatrix}-1 & 0\\1 & -1\end{pmatrix}$, $\boldsymbol{I}=\begin{pmatrix}1 & 0\\0 & 1\end{pmatrix}$, 且 $a\boldsymbol{A}+b\boldsymbol{B}+c\boldsymbol{C}=\boldsymbol{I}$, 求 a, b, c 的值.

5. 计算:

(1) $\begin{pmatrix}3 & -2\\5 & -4\end{pmatrix}\begin{pmatrix}3 & 4\\2 & 5\end{pmatrix}$

(2) $\begin{pmatrix}1 & 2 & 3\\-2 & 1 & 2\end{pmatrix}\begin{pmatrix}1 & 2 & 0\\0 & 1 & 1\\3 & 0 & -1\end{pmatrix}$

(3) $\begin{pmatrix}1\\2\\3\end{pmatrix}(1\ 2\ 3)$ 与 $(1\ 2\ 3)\begin{pmatrix}1\\2\\3\end{pmatrix}$

(4) $\begin{pmatrix}1 & 2\\0 & 1\end{pmatrix}\begin{pmatrix}3 & 1\\0 & 3\end{pmatrix}$ 与 $\begin{pmatrix}3 & 1\\0 & 3\end{pmatrix}\begin{pmatrix}1 & 2\\0 & 1\end{pmatrix}$

(5) $\begin{pmatrix}1 & 0 & 1\\0 & 1 & 0\end{pmatrix}\begin{pmatrix}1 & 0\\5 & 1\\6 & 3\end{pmatrix}$ 与 $\begin{pmatrix}1 & 0 & 1\\0 & 1 & 0\end{pmatrix}\begin{pmatrix}4 & 0\\5 & 1\\3 & 3\end{pmatrix}$

(6) $\begin{pmatrix}1 & 2 & 3\\2 & 4 & 6\\3 & 6 & 9\end{pmatrix}\begin{pmatrix}-1 & -2 & -4\\-1 & -2 & -4\\1 & 2 & 4\end{pmatrix}$

(7) $\begin{pmatrix} 3 & 1 & 2 & -1 \\ 0 & 3 & 1 & 0 \end{pmatrix}\begin{pmatrix} 1 & 0 & 5 \\ 0 & 2 & 0 \\ 1 & 0 & 1 \\ 0 & 3 & 0 \end{pmatrix}\begin{pmatrix} -1 & 0 \\ 1 & 5 \\ 0 & 2 \end{pmatrix}$

6. 设 $\boldsymbol{A}=\begin{pmatrix} a_{11} & a_{12} & a_{13} & a_{14} \\ a_{21} & a_{22} & a_{23} & a_{24} \\ a_{31} & a_{32} & a_{33} & a_{34} \end{pmatrix}$，计算：

(1) $\begin{pmatrix} 1 & 0 & 0 \\ 0 & 1 & 0 \\ 0 & 0 & 1 \end{pmatrix}\boldsymbol{A}$　　(2) $\begin{pmatrix} 0 & 0 & 1 \\ 0 & 1 & 0 \\ 1 & 0 & 0 \end{pmatrix}\boldsymbol{A}$

(3) $\boldsymbol{A}\begin{pmatrix} 1 & 0 & 0 & 0 \\ 0 & 1 & 0 & 0 \\ 0 & 0 & 1 & 0 \\ 0 & 0 & 0 & 1 \end{pmatrix}$　　(4) $\begin{pmatrix} 1 & 0 & 0 \\ 0 & 0 & 1 \\ 0 & 1 & 0 \end{pmatrix}\boldsymbol{A}$

(5) $\boldsymbol{A}\begin{pmatrix} 1 & 0 & 0 & 0 \\ 0 & 1 & 0 & 0 \\ 0 & 0 & k & 0 \\ 0 & 0 & 0 & 1 \end{pmatrix}$　　(6) $\begin{pmatrix} k & 0 & 0 \\ 0 & 1 & 0 \\ 0 & 0 & 1 \end{pmatrix}\boldsymbol{A}$

(7) $\begin{pmatrix} 1 & 0 & 0 \\ l & 1 & 0 \\ 0 & 0 & 1 \end{pmatrix}\boldsymbol{A}$

7. 用矩阵乘法求连续施行下列线性变换的结果：

$$\begin{cases} x_1 = y_1 - y_2 + 2y_3 \\ x_2 = y_1 + 3y_2 \\ x_3 = 4y_2 - y_3 \end{cases}$$

$$\begin{cases} y_1 = z_1 + z_3 \\ y_2 = 2z_2 - 5z_3 \\ y_3 = 3z_1 + 7z_2 \end{cases}$$

将下列第 8 ～ 10 题用矩阵表示，并用矩阵的运算求出各题要求的结果.

8. 某厂生产五种产品，1 ～ 3 月份的生产数量及产品的单位价格如表 2—5 所示：

表 2—5

产量 \ 产品 / 月份	Ⅰ	Ⅱ	Ⅲ	Ⅳ	Ⅴ
1	50	30	25	10	5
2	30	60	25	20	10
3	50	60	0	25	5
单位价格(单位:万元)	0.95	1.2	2.35	3	5.2

(1) 作矩阵 $\boldsymbol{A}=(a_{ij})_{3\times5}$，$a_{ij}$ 表示 i 月份生产 j 种产品的数量；$\boldsymbol{B}=(b_j)_{5\times1}$，$b_j$ 表示 j 种产品的单位价格；计算该厂各月份的总产值.

（2）作矩阵 $\boldsymbol{A}^{\mathrm{T}}=(a_{ji})_{5\times3}$，$a_{ji}$ 表示 i 月份生产 j 种产品的数量；$\boldsymbol{B}^{\mathrm{T}}=(b_j)_{1\times5}$，$b_j$ 表示 j 种产品的单位价格；计算该厂各月份的总产值.

9. 某两种合金均含有某三种金属，其成分如表 2—6 所示：

表 2—6

含量比例 金属 / 合金	Ⅰ	Ⅱ	Ⅲ
甲	0.8	0.1	0.1
乙	0.4	0.3	0.3

现有甲种合金 30 吨，乙种合金 20 吨，求三种金属的数量.

10. 四个工厂均能生产甲、乙、丙三种产品，其单位成本如表 2—7 所示：

表 2—7

单位成本 产品 / 工厂	甲	乙	丙
Ⅰ	3	5	6
Ⅱ	2	4	8
Ⅲ	4	5	5
Ⅳ	4	3	7

现要生产产品甲 600 件，产品乙 500 件，产品丙 200 件，问由哪个工厂生产成本最低？

11. 甲、乙、丙三个书店均销售时下最畅销的四本书 A，B，C，D. 在某一段时间内，统计了其销售量及价格，见表 2—8.

表 2—8

销售量（百本） 书 / 书店	A	B	C	D
甲	3	4	6	3
乙	3	5	5	4
丙	5	6	4	5
价格（元／本）	25	30	10	20

试计算在此统计期间内，在这四本书的销售上哪家书店收入最多？哪本书总销售收入最多？

12. 解下列矩阵方程，求出未知矩阵 $\boldsymbol{X}$.

（1）$\begin{pmatrix}2 & 5\\ 1 & 3\end{pmatrix}\boldsymbol{X}=\begin{pmatrix}4 & -6\\ 2 & 1\end{pmatrix}$

（2）$\boldsymbol{X}\begin{pmatrix}1 & 1 & -1\\ 2 & 1 & 0\\ 1 & -1 & 1\end{pmatrix}=\begin{pmatrix}1 & 1 & 3\\ 4 & 3 & 2\\ 1 & 2 & 5\end{pmatrix}$

（3）$\begin{pmatrix}1 & 1 & -1\\ -2 & 1 & 1\\ 1 & 1 & 1\end{pmatrix}\boldsymbol{X}=\begin{pmatrix}2\\ 3\\ 6\end{pmatrix}$

13. 设 $\begin{pmatrix} a & 2 & -1 \\ -1 & 0 & 1 \\ 0 & 3 & -2 \end{pmatrix}\begin{pmatrix} 3 \\ b \\ a \end{pmatrix} = \begin{pmatrix} a \\ b \\ -7 \end{pmatrix}$，求 a，b 的值.

14. 设 $\boldsymbol{A} = \begin{pmatrix} 1 & 1 \\ 0 & 1 \end{pmatrix}$，求所有与 $\boldsymbol{A}$ 可交换的矩阵.

15. 用矩阵 $\boldsymbol{A} = \begin{pmatrix} 1 & 1 \\ 0 & 3 \end{pmatrix}$，$\boldsymbol{B} = \begin{pmatrix} 1 & 0 \\ 2 & 1 \end{pmatrix}$，验证 $(\boldsymbol{AB})^{\mathrm{T}} = \boldsymbol{B}^{\mathrm{T}}\boldsymbol{A}^{\mathrm{T}}$.

16. 已知 $\boldsymbol{A} = (a_{ij})$ 为 n 阶矩阵，写出：

(1) $\boldsymbol{A}^2$ 的第 k 行第 l 列的元素；

(2) $\boldsymbol{AA}^{\mathrm{T}}$ 的第 k 行第 l 列的元素；

(3) $\boldsymbol{A}^{\mathrm{T}}\boldsymbol{A}$ 的第 k 行第 l 列的元素.

17. 计算下列矩阵的幂（其中 n 为正整数）：

(1) $\begin{pmatrix} 1 & 1 & 1 \\ 0 & 1 & 1 \\ 0 & 0 & 1 \end{pmatrix}^2$　　(2) $\begin{pmatrix} 1 & -2 \\ 3 & 4 \end{pmatrix}^3$

(3) $\begin{pmatrix} 1 & 1 \\ 0 & 0 \end{pmatrix}^n$　　(4) $\begin{pmatrix} 1 & 1 \\ 0 & 1 \end{pmatrix}^n$

(5) $\begin{pmatrix} 1 & 1 \\ 1 & 1 \end{pmatrix}^n$　　(6) $\begin{pmatrix} a & 0 & 0 \\ 0 & b & 0 \\ 0 & 0 & c \end{pmatrix}^n$

(7) $\begin{pmatrix} 0 & 0 & 0 \\ a & 0 & 0 \\ b & c & 0 \end{pmatrix}^5$

18. 已知 $\boldsymbol{A} = \begin{pmatrix} 1 & 0 & 3 \\ 0 & 2 & 1 \\ 0 & 0 & 1 \end{pmatrix}$，$\boldsymbol{B} = \begin{pmatrix} 1 & 0 & 0 \\ 0 & 2 & 1 \\ 3 & 0 & 1 \end{pmatrix}$，求：

(1) $(\boldsymbol{A}+\boldsymbol{B})(\boldsymbol{A}-\boldsymbol{B})$　　(2) $\boldsymbol{A}^2 - \boldsymbol{B}^2$

19. 设矩阵 $\boldsymbol{A} = \begin{pmatrix} 1 & 1 \\ -1 & 0 \end{pmatrix}$，$\boldsymbol{B} = \begin{pmatrix} 1 & -1 \\ -1 & 1 \end{pmatrix}$，求 $(\boldsymbol{AB})^2$ 与 $\boldsymbol{A}^2\boldsymbol{B}^2$.

20. 设有 n 阶矩阵 $\boldsymbol{A}$ 与 $\boldsymbol{B}$，证明 $(\boldsymbol{A}+\boldsymbol{B})(\boldsymbol{A}-\boldsymbol{B}) = \boldsymbol{A}^2 - \boldsymbol{B}^2$ 的充要条件是 $\boldsymbol{AB} = \boldsymbol{BA}$.

21. 设 $\boldsymbol{A}$ 为三阶矩阵，若已知 $|\boldsymbol{A}| = m$，求 $|-m\boldsymbol{A}|$.

22. 设 $\boldsymbol{A}$ 为 n 阶矩阵，若已知 $|\boldsymbol{A}| = m$，求 $\left|2|\boldsymbol{A}|\boldsymbol{A}^{\mathrm{T}}\right|$.

23. 证明数量矩阵与同阶矩阵相乘，满足交换律，且乘积等于数量矩阵中的数乘该矩阵.

24. 已知 $\boldsymbol{A} = \begin{pmatrix} 2 & 3 \\ 1 & 4 \end{pmatrix}$，$\boldsymbol{B} = \begin{pmatrix} 0 & 1 \\ 1 & 0 \end{pmatrix}$，求 $\boldsymbol{B}^{10}\boldsymbol{AB}^{11}$.

25. 设 $f(x) = ax^2 + bx + c$，$\boldsymbol{A}$ 为 n 阶矩阵，$\boldsymbol{I}$ 为 n 阶单位矩阵. 定义 $f(\boldsymbol{A}) = a\boldsymbol{A}^2 +$

$b\boldsymbol{A}+c\boldsymbol{I}$.

(1) 已知 $f(x)=x^2-x-1$，$\boldsymbol{A}=\begin{pmatrix}3&1&1\\3&1&2\\1&-1&0\end{pmatrix}$，求 $f(\boldsymbol{A})$.

(2) 已知 $f(x)=x^2-5x+3$，$\boldsymbol{A}=\begin{pmatrix}2&-1\\-3&3\end{pmatrix}$，求 $f(\boldsymbol{A})$.

26. 验证：

(1) 设 $\boldsymbol{A}=\begin{pmatrix}1&1\\1&1\end{pmatrix}$，用 $\boldsymbol{A}$ 验证：

$$(2\boldsymbol{A}^2-\boldsymbol{A}+\boldsymbol{I})(\boldsymbol{A}-\boldsymbol{I})=(\boldsymbol{A}-\boldsymbol{I})(2\boldsymbol{A}^2-\boldsymbol{A}+\boldsymbol{I})$$

(2) 设 $\boldsymbol{A}=\begin{pmatrix}1&1\\1&1\end{pmatrix}$，$\boldsymbol{B}=\begin{pmatrix}1&1\\0&1\end{pmatrix}$，用 $\boldsymbol{A}$，$\boldsymbol{B}$ 验证：

$$\boldsymbol{A}^2(\boldsymbol{B}+\boldsymbol{I})\neq(\boldsymbol{B}+\boldsymbol{I})\boldsymbol{A}^2$$

27. 设 $\boldsymbol{A}$，$\boldsymbol{B}$ 均为 n 阶矩阵，且 $\boldsymbol{A}=\dfrac{1}{2}(\boldsymbol{B}+\boldsymbol{I})$，证明：$\boldsymbol{A}^2=\boldsymbol{A}$，当且仅当 $\boldsymbol{B}^2=\boldsymbol{I}$.

28. 设 $\boldsymbol{A}=\begin{pmatrix}a_{11}&a_{12}&a_{13}\\&a_{22}&a_{23}\\&&a_{33}\end{pmatrix}$，$\boldsymbol{B}=\begin{pmatrix}b_{11}&b_{12}&b_{13}\\&b_{22}&b_{23}\\&&b_{33}\end{pmatrix}$，验证 $a\boldsymbol{A}$（a 为常数），$\boldsymbol{A}+\boldsymbol{B}$，$\boldsymbol{AB}$ 仍为同阶同结构的上三角形矩阵.

29. 证明：对任意 $m\times n$ 矩阵 $\boldsymbol{A}$，$\boldsymbol{A}^{\mathrm{T}}\boldsymbol{A}$ 及 $\boldsymbol{A}\boldsymbol{A}^{\mathrm{T}}$ 都是对称矩阵.

30. 设 $\boldsymbol{A}$，$\boldsymbol{B}$ 均为 n 阶反对称矩阵（即 $\boldsymbol{A}^{\mathrm{T}}=-\boldsymbol{A}$，$\boldsymbol{B}^{\mathrm{T}}=-\boldsymbol{B}$），证明当且仅当 $\boldsymbol{AB}=-\boldsymbol{BA}$ 时，$\boldsymbol{AB}$ 是反对称矩阵.

31. 证明：对任意的 n 阶矩阵 $\boldsymbol{A}$，$\boldsymbol{A}+\boldsymbol{A}^{\mathrm{T}}$ 为对称矩阵，$\boldsymbol{A}-\boldsymbol{A}^{\mathrm{T}}$ 为反对称矩阵.

32. 按指定分块的方法，用分块矩阵乘法求下列矩阵的乘积.

(1) $\left(\begin{array}{cc:c}1&-2&0\\-1&1&1\\\hdashline 0&3&2\end{array}\right)\left(\begin{array}{c:c}0&1\\1&0\\\hdashline 0&-1\end{array}\right)$ (2) $\left(\begin{array}{ccc}2&1&-1\\\hdashline 3&0&-2\\\hdashline 1&-1&1\end{array}\right)\left(\begin{array}{c:c:c}1&1&0\\0&0&-1\\-1&2&1\end{array}\right)$

(3) $\left(\begin{array}{cc:cc}a&0&0&0\\0&a&0&0\\\hdashline 1&0&b&0\\0&1&0&b\end{array}\right)\left(\begin{array}{cc:cc}1&0&c&0\\0&1&0&c\\\hdashline 0&0&d&0\\0&0&0&d\end{array}\right)$

33. 设有矩阵 $\boldsymbol{A}=\begin{pmatrix}-1&0&2&0\\0&-1&0&2\\0&0&4&3\end{pmatrix}$，$\boldsymbol{B}=\begin{pmatrix}2&0&-1\\1&1&0\\0&1&0\\0&0&1\end{pmatrix}$，用分块矩阵乘法求 $\boldsymbol{AB}$.

34. 设 $\boldsymbol{A}$ 为 3×3 矩阵，且 $|\boldsymbol{A}|=1$，把 $\boldsymbol{A}$ 按列分块为 $\boldsymbol{A}=(\boldsymbol{A}_1,\boldsymbol{A}_2,\boldsymbol{A}_3)$，求

$|\boldsymbol{A}_3, 4\boldsymbol{A}_1, -2\boldsymbol{A}_2-\boldsymbol{A}_3|$.

35. 判断下列矩阵是否可逆，如可逆，求其逆矩阵.

(1) $\begin{pmatrix}2&1\\3&4\end{pmatrix}$　　(2) $\begin{pmatrix}a&b\\c&d\end{pmatrix}$　$(ad-bc\neq 0)$

(3) $\begin{pmatrix}1&0&0\\1&2&0\\1&2&3\end{pmatrix}$　　(4) $\begin{pmatrix}2&2&3\\1&-1&0\\-1&2&1\end{pmatrix}$

(5) $\begin{pmatrix}1&2&3&4\\0&1&2&3\\0&0&1&2\\0&0&0&1\end{pmatrix}$　　(6) $\begin{pmatrix}a_1&&&\\&a_2&&\\&&\ddots&\\&&&a_n\end{pmatrix}$　$(a_i\neq 0, i=1, 2, \cdots, n)$

36. 当 a 为何值时，矩阵 $\boldsymbol{A}=\begin{pmatrix}a&-1&1\\0&1&2\\1&0&3\end{pmatrix}$可逆，并在可逆时，求 $\boldsymbol{A}^{-1}$.

37. 讨论矩阵 $\boldsymbol{A}=\begin{pmatrix}-1&0&1\\a&3&b\\2&0&-2\end{pmatrix}$的可逆性.

38. 用分块矩阵求矩阵$\begin{pmatrix}2&1&0&0\\1&1&0&0\\0&0&2&5\\0&0&1&3\end{pmatrix}$的逆矩阵.

39. 按下列不同的分块方法，求下列矩阵的逆矩阵.

(1) $\left(\begin{array}{cc:cc}1&2&3&4\\0&1&2&3\\\hdashline 0&0&1&2\\0&0&0&1\end{array}\right)$　　(2) $\left(\begin{array}{ccc:c}1&2&3&4\\0&1&2&3\\0&0&1&2\\\hdashline 0&0&0&1\end{array}\right)$

40. 用分块矩阵求矩阵$\begin{pmatrix}4&0&0&0&0\\0&1&2&0&0\\0&1&1&0&0\\0&0&0&3&1\\0&0&0&5&2\end{pmatrix}$的逆矩阵.

41. 用逆矩阵解矩阵方程：

(1) $\begin{pmatrix}2&5\\1&3\end{pmatrix}\boldsymbol{X}=\begin{pmatrix}4&-6\\2&1\end{pmatrix}$

(2) $\boldsymbol{X}\begin{pmatrix}1&1&-1\\2&1&0\\1&-1&1\end{pmatrix}=\begin{pmatrix}1&1&3\\4&3&2\\1&2&5\end{pmatrix}$

(3) $\begin{pmatrix} 1 & 1 & -1 \\ -2 & 1 & 1 \\ 1 & 1 & 1 \end{pmatrix}\boldsymbol{X}=\begin{pmatrix} 2 \\ 3 \\ 6 \end{pmatrix}$

42. 解矩阵方程 $\boldsymbol{AX}+\boldsymbol{B}=\boldsymbol{X}$，其中 $\boldsymbol{A}=\begin{pmatrix} 0 & 1 & 0 \\ -1 & 1 & 1 \\ -1 & 0 & -1 \end{pmatrix}$，$\boldsymbol{B}=\begin{pmatrix} 1 & -1 \\ 2 & 0 \\ 5 & -3 \end{pmatrix}$.

43. 设矩阵 $\boldsymbol{A}=\begin{pmatrix} 1 & 0 & -1 \\ 1 & 3 & 0 \\ 0 & 2 & 1 \end{pmatrix}$，$\boldsymbol{X}$ 为三阶矩阵，且满足矩阵方程 $\boldsymbol{AX}+\boldsymbol{I}=\boldsymbol{A}^2+\boldsymbol{X}$，求矩阵 $\boldsymbol{X}$.

44. 设 $\boldsymbol{A}$，$\boldsymbol{B}$，$\boldsymbol{C}$ 为同阶矩阵，且 $\boldsymbol{C}$ 非奇异，满足 $\boldsymbol{C}^{-1}\boldsymbol{AC}=\boldsymbol{B}$，求证：$\boldsymbol{C}^{-1}\boldsymbol{A}^m\boldsymbol{C}=\boldsymbol{B}^m$（$m$ 是正整数）.

45. 若 $\boldsymbol{A}^k=\boldsymbol{O}$（$k$ 是正整数），求证：$(\boldsymbol{I}-\boldsymbol{A})^{-1}=\boldsymbol{I}+\boldsymbol{A}+\boldsymbol{A}^2+\cdots+\boldsymbol{A}^{k-1}$.

46. 若 n 阶矩阵 $\boldsymbol{A}$ 满足 $\boldsymbol{A}^2-2\boldsymbol{A}-4\boldsymbol{I}=\boldsymbol{O}$，试证 $\boldsymbol{A}+\boldsymbol{I}$ 可逆，并求 $(\boldsymbol{A}+\boldsymbol{I})^{-1}$.

47. 若 n 阶矩阵 $\boldsymbol{A}$ 满足 $\boldsymbol{A}^3=3\boldsymbol{A}(\boldsymbol{A}-\boldsymbol{I})$，试证 $\boldsymbol{I}-\boldsymbol{A}$ 可逆，并求 $(\boldsymbol{I}-\boldsymbol{A})^{-1}$.

48. 已知矩阵 $\boldsymbol{A}=\begin{pmatrix} 1 & 1 & -1 \\ 0 & 1 & 1 \\ 0 & 0 & -1 \end{pmatrix}$，$\boldsymbol{B}$ 为三阶矩阵，且满足 $\boldsymbol{A}^2-\boldsymbol{AB}=\boldsymbol{I}$，求矩阵 $\boldsymbol{B}$.

49. 已知矩阵 $\boldsymbol{A}=\begin{pmatrix} 3 & -1 & 0 \\ 0 & 4 & 5 \\ 2 & 1 & 2 \end{pmatrix}$，$\boldsymbol{B}$ 为三阶矩阵，且满足 $\boldsymbol{A}^2+3\boldsymbol{B}=\boldsymbol{AB}+9\boldsymbol{I}$，求矩阵 $\boldsymbol{B}$.

50. 设 $\boldsymbol{A}$ 是 $n(n\geqslant 2)$ 阶可逆矩阵，$\boldsymbol{A}^*$ 是 $\boldsymbol{A}$ 的伴随矩阵，证明：(1) $(\boldsymbol{A}^*)^{-1}=(\boldsymbol{A}^{-1})^*$. (2) $(\boldsymbol{A}^*)^*=|\boldsymbol{A}|^{n-2}\boldsymbol{A}$.

51. 设 $\boldsymbol{A}$，$\boldsymbol{B}$ 均为 n 阶可逆矩阵，证明：$(\boldsymbol{AB})^*=\boldsymbol{B}^*\boldsymbol{A}^*$.

52. 设 $\boldsymbol{A}$ 为三阶矩阵，且 $|\boldsymbol{A}|=\dfrac{1}{2}$，求 $|(3\boldsymbol{A})^{-1}-2\boldsymbol{A}^*|$ 的值.

53. 设 $\boldsymbol{A}$，$\boldsymbol{B}$ 为三阶矩阵，且 $|\boldsymbol{A}|=2$，$|\boldsymbol{B}|=3$，求 $|-2(\boldsymbol{A}^{\mathrm{T}}\boldsymbol{B}^{-1})^{-1}|$.

54. 用初等变换将下列矩阵化为矩阵 $\boldsymbol{D}=\begin{pmatrix} \boldsymbol{I}_r & \boldsymbol{O} \\ \boldsymbol{O} & \boldsymbol{O} \end{pmatrix}$ 的标准形式.

(1) $\begin{pmatrix} 1 & -1 \\ 3 & 2 \end{pmatrix}$　　(2) $\begin{pmatrix} 0 & -1 \\ 3 & 2 \end{pmatrix}$

(3) $\begin{pmatrix} 1 & -1 & 2 \\ 3 & 2 & 1 \\ 1 & -2 & 0 \end{pmatrix}$　　(4) $\begin{pmatrix} 1 & -1 & 2 \\ 3 & -3 & 1 \\ -2 & 2 & -4 \end{pmatrix}$

(5) $\begin{pmatrix} 1 & -1 & 2 \\ 3 & -3 & 1 \end{pmatrix}$　　(6) $\begin{pmatrix} 1 & 3 \\ -1 & -3 \\ 2 & 1 \end{pmatrix}$

55. 用初等变换判定下列矩阵是否可逆，如可逆，求其逆矩阵.

(1) $\begin{pmatrix} 2 & 2 & 3 \\ 1 & -1 & 0 \\ -1 & 2 & 1 \end{pmatrix}$　　(2) $\begin{pmatrix} a & b \\ c & d \end{pmatrix}$ $(ad-bc\neq 0)$

(3) $\begin{pmatrix} 1 & 1 & 1 & 1 \\ -1 & 1 & 1 & 1 \\ -1 & -1 & 1 & 1 \\ -1 & -1 & -1 & 1 \end{pmatrix}$　　(4) $\begin{pmatrix} 1 & 3 & -5 & 7 \\ 0 & 1 & 2 & 3 \\ 0 & 0 & 1 & 2 \\ 0 & 0 & 0 & 1 \end{pmatrix}$

(5) $\begin{pmatrix} a_1 & & & \\ & a_2 & & \\ & & \ddots & \\ & & & a_n \end{pmatrix}$ $(a_i\neq 0,\ i=1,\ 2,\ \cdots,\ n)$

(6) $\begin{pmatrix} 0 & a_1 & 0 & \cdots & 0 \\ 0 & 0 & a_2 & \cdots & 0 \\ \vdots & \vdots & \vdots & & \vdots \\ 0 & 0 & 0 & \cdots & a_{n-1} \\ a_n & 0 & 0 & \cdots & 0 \end{pmatrix}$ $(a_i\neq 0,\ i=1,\ 2,\ \cdots,\ n)$

(7) $\begin{pmatrix} 1 & 0 & 3 & 1 \\ 0 & 1 & 6 & 2 \\ 0 & 0 & 3 & 1 \\ 1 & -1 & 0 & 0 \end{pmatrix}$

56. 用初等变换解下列矩阵方程 $\boldsymbol{AX}=\boldsymbol{B}$.

(1) $\boldsymbol{A}=\begin{pmatrix} 4 & 1 \\ 6 & 1 \end{pmatrix}$, $\boldsymbol{B}=\begin{pmatrix} 5 & 4 \\ 5 & 8 \end{pmatrix}$

(2) $\boldsymbol{A}=\begin{pmatrix} 1 & 1 & -1 \\ 0 & 2 & -5 \\ 1 & 0 & 1 \end{pmatrix}$, $\boldsymbol{B}=\begin{pmatrix} 1 \\ 2 \\ 3 \end{pmatrix}$

57. 设 $\boldsymbol{A}=\begin{pmatrix} 3 & 0 & 1 \\ 1 & 1 & 0 \\ 0 & 1 & 4 \end{pmatrix}$, 且满足 $\boldsymbol{AB}=\boldsymbol{A}+2\boldsymbol{B}$, 求矩阵 $\boldsymbol{B}$.

58. 求下列矩阵的秩.

(1) $\begin{pmatrix} 1 & 2 & 3 & 4 \\ 1 & -2 & 4 & 5 \\ 1 & 10 & 1 & 2 \end{pmatrix}$　　(2) $\begin{pmatrix} 0 & 1 & 1 & -1 & 2 \\ 0 & 2 & 2 & 2 & 0 \\ 0 & -1 & -1 & 1 & 1 \\ 1 & 1 & 0 & 0 & -1 \end{pmatrix}$

(3) $\begin{pmatrix} 1 & -1 & 2 & 1 & 0 \\ 2 & -2 & 4 & 2 & 0 \\ 3 & 0 & 6 & -1 & 1 \\ 0 & 3 & 0 & 0 & 1 \end{pmatrix}$　　(4) $\begin{pmatrix} 1 & 0 & 0 & 1 & 4 \\ 0 & 1 & 0 & 2 & 5 \\ 0 & 0 & 1 & 3 & 6 \\ 1 & 2 & 3 & 14 & 32 \\ 4 & 5 & 6 & 32 & 77 \end{pmatrix}$

(5) $\begin{pmatrix} 2 & 4 & 1 & 0 \\ 1 & 0 & 3 & 2 \\ -1 & 5 & -3 & 1 \\ 0 & 1 & 0 & 2 \end{pmatrix}$

59. 已知矩阵 $\boldsymbol{A}=\begin{pmatrix} 1 & 1 & 1 \\ 1 & 2 & 1 \\ 2 & 3 & \lambda+1 \end{pmatrix}$ 的秩 $r(\boldsymbol{A})=2$，求 λ.

60. 已知矩阵 $\boldsymbol{A}=\begin{pmatrix} 1 & 1 & 1 \\ 1 & 1 & 2 \\ a+1 & 2 & 3 \end{pmatrix}$，问 a 为何值时，$r(\boldsymbol{A})=2$；a 为何值时，$r(\boldsymbol{A})=3$.

61. 设 $\boldsymbol{A}=\begin{pmatrix} 1 & -1 & 2 & 1 \\ -1 & a & 2 & 1 \\ 3 & 1 & b & -1 \end{pmatrix}$，$r(\boldsymbol{A})=2$，求 a，b 的值.

(B)

1. 有矩阵 $\boldsymbol{A}_{3\times2}$，$\boldsymbol{B}_{2\times3}$，$\boldsymbol{C}_{3\times3}$，下列矩阵运算可行的是 [　　].

(A) $\boldsymbol{AC}$　　(B) $\boldsymbol{ABC}$　　(C) $\boldsymbol{BAC}$　　(D) $\boldsymbol{AB}-\boldsymbol{BC}$

2. $\boldsymbol{A}$，$\boldsymbol{B}$ 均为 n 阶矩阵，若 $(\boldsymbol{A}+\boldsymbol{B})(\boldsymbol{A}-\boldsymbol{B})=\boldsymbol{A}^2-\boldsymbol{B}^2$ 成立，则 $\boldsymbol{A}$，$\boldsymbol{B}$ 必须满足 [　　].

(A) $\boldsymbol{A}=\boldsymbol{I}$ 或 $\boldsymbol{B}=\boldsymbol{I}$　　(B) $\boldsymbol{A}=\boldsymbol{O}$ 或 $\boldsymbol{B}=\boldsymbol{O}$

(C) $\boldsymbol{A}=\boldsymbol{B}$　　(D) $\boldsymbol{AB}=\boldsymbol{BA}$

3. 下列命题一定成立的是 [　　].

(A) 若 $\boldsymbol{AB}=\boldsymbol{AC}$，则 $\boldsymbol{B}=\boldsymbol{C}$

(B) 若 $\boldsymbol{AB}=\boldsymbol{O}$，则 $\boldsymbol{A}=\boldsymbol{O}$ 或 $\boldsymbol{B}=\boldsymbol{O}$

(C) 若 $\boldsymbol{A}\neq\boldsymbol{O}$，则 $|\boldsymbol{A}|\neq0$

(D) 若 $|\boldsymbol{A}|\neq0$，则 $\boldsymbol{A}\neq\boldsymbol{O}$

4. 设 $\boldsymbol{A}$，$\boldsymbol{B}$，$\boldsymbol{C}$ 均为 n 阶矩阵，且 $\boldsymbol{AB}=\boldsymbol{BA}$，$\boldsymbol{AC}=\boldsymbol{CA}$，则 $\boldsymbol{ABC}=$ [　　].

(A) $\boldsymbol{ACB}$　　(B) $\boldsymbol{CBA}$　　(C) $\boldsymbol{BCA}$　　(D) $\boldsymbol{CAB}$

5. 设 $\boldsymbol{A}=\begin{pmatrix} 1 & 2 \\ 4 & 3 \end{pmatrix}$，$\boldsymbol{B}=\begin{pmatrix} x & 1 \\ 2 & y \end{pmatrix}$，则 $\boldsymbol{A}$ 与 $\boldsymbol{B}$ 可交换的充分必要条件是 [　　].

(A) $x-y=1$　　(B) $x-y=-1$

(C) $x=y$　　(D) $x=2y$

6. 满足矩阵方程 $\begin{pmatrix} 1 & 2 & 0 \\ 1 & -1 & 2 \\ 1 & 0 & 1 \end{pmatrix}\boldsymbol{X}=\begin{pmatrix} 2 & 1 \\ 1 & 0 \\ 0 & 2 \end{pmatrix}$ 的矩阵 $\boldsymbol{X}=$ [　　].

(A) $\begin{pmatrix} 3 \\ 2 \\ 0 \end{pmatrix}$　　(B) $\begin{pmatrix} -4 & 7 \\ 3 & -3 \\ 4 & -5 \end{pmatrix}$

(C) $\begin{pmatrix}1 & 2 & 3\\0 & 1 & 4\\1 & -1 & 0\end{pmatrix}$ (D) $\begin{pmatrix}2 & 0\\-1 & 3\\1 & 1\end{pmatrix}$

7. 设 $\boldsymbol{C}$ 是 $m\times n$ 矩阵，若有矩阵 $\boldsymbol{A}$, $\boldsymbol{B}$, 使 $\boldsymbol{AC}=\boldsymbol{C}^{\mathrm{T}}\boldsymbol{B}$, 则 $\boldsymbol{A}$ 的行数×列数为 [　　].

(A) $m\times n$ (B) $n\times m$ (C) $m\times m$ (D) $n\times n$

8. 设有矩阵 $\boldsymbol{A}_{m\times l}$, $\boldsymbol{B}_{l\times n}$, $\boldsymbol{C}_{m\times n}$, 则下列运算可行的是 [　　].

(A) $\boldsymbol{ABC}$ (B) $\boldsymbol{A}^{\mathrm{T}}\boldsymbol{CB}$ (C) $\boldsymbol{ABC}^{\mathrm{T}}$ (D) $\boldsymbol{CB}^{\mathrm{T}}\boldsymbol{A}$

9. 设 $\boldsymbol{A}$, $\boldsymbol{B}$ 均为 n 阶矩阵，下列关系一定成立的是 [　　].

(A) $(\boldsymbol{AB})^2=\boldsymbol{A}^2\boldsymbol{B}^2$ (B) $(\boldsymbol{AB})^{\mathrm{T}}=\boldsymbol{A}^{\mathrm{T}}\boldsymbol{B}^{\mathrm{T}}$

(C) $|\boldsymbol{A}+\boldsymbol{B}|=|\boldsymbol{A}|+|\boldsymbol{B}|$ (D) $|\boldsymbol{AB}|=|\boldsymbol{BA}|$

10. 设 $\boldsymbol{A}$ 为 n 阶矩阵，下列命题成立的是 [　　].

(A) 若 $\boldsymbol{A}^2=\boldsymbol{O}$, 则 $\boldsymbol{A}=\boldsymbol{O}$

(B) 若 $\boldsymbol{A}^2=\boldsymbol{A}$, 则 $\boldsymbol{A}=\boldsymbol{O}$ 或 $\boldsymbol{A}=\boldsymbol{I}$

(C) 若 $\boldsymbol{A}\neq\boldsymbol{O}$, 则 $|\boldsymbol{A}|\neq 0$

(D) 若 $|\boldsymbol{A}|\neq 0$, 则 $\boldsymbol{A}\neq\boldsymbol{O}$

11. $\boldsymbol{I}$ 为四阶单位矩阵，下列选项中的矩阵 $\boldsymbol{A}$, 不满足 $\boldsymbol{A}^2=\boldsymbol{I}$ 的是 [　　].

(A) $\boldsymbol{A}=\begin{pmatrix}0 & 0 & 0 & 1\\0 & 0 & 1 & 0\\0 & 1 & 0 & 0\\1 & 0 & 0 & 0\end{pmatrix}$ (B) $\boldsymbol{A}=\begin{pmatrix}0 & 0 & 1 & 0\\0 & 0 & 0 & 1\\1 & 0 & 0 & 0\\0 & 1 & 0 & 0\end{pmatrix}$

(C) $\boldsymbol{A}=\begin{pmatrix}0 & 1 & 0 & 0\\1 & 0 & 0 & 0\\0 & 0 & -1 & 0\\0 & 0 & 0 & -1\end{pmatrix}$ (D) $\boldsymbol{A}=\begin{pmatrix}1 & 1 & 1 & 1\\1 & 1 & 1 & 1\\1 & 1 & 1 & 1\\1 & 1 & 1 & 1\end{pmatrix}$

12. 设 $\boldsymbol{A}$, $\boldsymbol{B}$, $\boldsymbol{C}$ 均为 n 阶矩阵，$\boldsymbol{I}$ 为 n 阶单位矩阵，则下列结论错误的是 [　　].

(A) $\boldsymbol{I}-\boldsymbol{A}^2=(\boldsymbol{I}+\boldsymbol{A})(\boldsymbol{I}-\boldsymbol{A})$

(B) 如果 $\boldsymbol{A}^2=\boldsymbol{B}^2$, 则 $\boldsymbol{A}=\boldsymbol{B}$ 或 $\boldsymbol{A}=-\boldsymbol{B}$

(C) $|(\boldsymbol{AB})^k|=|\boldsymbol{A}|^k\,|\boldsymbol{B}|^k$

(D) $|\boldsymbol{A}^{\mathrm{T}}+\boldsymbol{B}^{\mathrm{T}}|=|\boldsymbol{A}+\boldsymbol{B}|$

13. 设 $\boldsymbol{A}$ 为 n 阶可逆矩阵，下列结论错误的是 [　　].

(A) $[(\boldsymbol{A}^{-1})^{-1}]^{\mathrm{T}}=[(\boldsymbol{A}^{\mathrm{T}})^{-1}]^{-1}$

(B) $[(\boldsymbol{A}^{\mathrm{T}})^{\mathrm{T}}]^{-1}=[(\boldsymbol{A}^{-1})^{-1}]^{\mathrm{T}}$

(C) $(\boldsymbol{A}^k)^{-1}=(\boldsymbol{A}^{-1})^k$ （k 为正整数）

(D) $|\boldsymbol{A}^{-1}|=|\boldsymbol{A}|^{-1}$

14. 设 $\boldsymbol{A}$ 为非零 n 阶矩阵，则下列矩阵中不是对称矩阵的是 [　　].

(A) $\boldsymbol{AA}^{\mathrm{T}}$ (B) $\boldsymbol{A}^{\mathrm{T}}\boldsymbol{A}$ (C) $\boldsymbol{A}-\boldsymbol{A}^{\mathrm{T}}$ (D) $\boldsymbol{A}+\boldsymbol{A}^{\mathrm{T}}$

15. 设 $\boldsymbol{A}$, $\boldsymbol{B}$, $\boldsymbol{C}$ 均为 n 阶矩阵，若由 $\boldsymbol{AB}=\boldsymbol{AC}$ 能推出 $\boldsymbol{B}=\boldsymbol{C}$, 则 $\boldsymbol{A}$ 应满足 [　　].

(A) $\boldsymbol{A}\neq\boldsymbol{O}$ (B) $\boldsymbol{A}=\boldsymbol{O}$ (C) $|\boldsymbol{A}|\neq 0$ (D) $|\boldsymbol{A}|=0$

16. 矩阵 $\boldsymbol{A}=\begin{pmatrix}1&4&0&2\\0&1&-1&x\\3&10&y&4\\2&7&1&3\end{pmatrix}$ 可逆的充分必要条件是［　　］.

(A) $x\neq 1$ 或 $y\neq 2$　　　　(B) $x\neq 1$ 且 $y\neq 2$

(C) $x=1$ 或 $y=2$　　　　(D) $x=1$ 且 $y=2$

17. 设 $\boldsymbol{A}$, $\boldsymbol{B}$ 为同阶可逆矩阵，则下列结论错误的是［　　］.

(A) $(k\boldsymbol{A})^{-1}=k^{-1}\boldsymbol{A}^{-1}$　（k 为不等于零的数）

(B) $|\boldsymbol{A}^{-1}|=|\boldsymbol{A}|^{-1}$

(C) $\boldsymbol{A}+\boldsymbol{B}$ 可逆，且 $(\boldsymbol{A}+\boldsymbol{B})^{-1}=\boldsymbol{A}^{-1}+\boldsymbol{B}^{-1}$

(D) $\boldsymbol{A}+\boldsymbol{B}$ 不一定可逆，即使 $\boldsymbol{A}+\boldsymbol{B}$ 可逆，一般地，$(\boldsymbol{A}+\boldsymbol{B})^{-1}\neq\boldsymbol{A}^{-1}+\boldsymbol{B}^{-1}$

18. 设 $\boldsymbol{A}$, $\boldsymbol{B}$, $\boldsymbol{C}$ 均为 n 阶矩阵，$\boldsymbol{I}$ 为 n 阶单位矩阵，且 $\boldsymbol{ABC}=\boldsymbol{I}$，则下列矩阵乘积一定等于 $\boldsymbol{I}$ 的是［　　］.

(A) $\boldsymbol{ACB}$　　(B) $\boldsymbol{BAC}$　　(C) $\boldsymbol{CAB}$　　(D) $\boldsymbol{CBA}$

19. 设 $\boldsymbol{A}$, $\boldsymbol{B}$ 为 n 阶可逆矩阵，$\boldsymbol{O}$ 为 n 阶零矩阵，则 $\begin{pmatrix}\boldsymbol{O}&\boldsymbol{A}\\\boldsymbol{B}&\boldsymbol{O}\end{pmatrix}^{-1}=$［　　］.

(A) $\begin{pmatrix}\boldsymbol{O}&\boldsymbol{A}^{-1}\\\boldsymbol{B}^{-1}&\boldsymbol{O}\end{pmatrix}$　　　　(B) $\begin{pmatrix}\boldsymbol{O}&\boldsymbol{B}^{-1}\\\boldsymbol{A}^{-1}&\boldsymbol{O}\end{pmatrix}$

(C) $\begin{pmatrix}\boldsymbol{O}&-\boldsymbol{B}^{-1}\\-\boldsymbol{A}^{-1}&\boldsymbol{O}\end{pmatrix}$　　　　(D) $\begin{pmatrix}\boldsymbol{A}^{-1}&\boldsymbol{O}\\\boldsymbol{O}&\boldsymbol{B}^{-1}\end{pmatrix}$

20. 设 $\boldsymbol{A}$, $\boldsymbol{B}$ 为 n 阶可逆矩阵，$\boldsymbol{O}$ 为 n 阶零矩阵，则 $\left|-2\begin{pmatrix}\boldsymbol{A}^{\mathrm{T}}&\boldsymbol{O}\\\boldsymbol{O}&\boldsymbol{B}^{-1}\end{pmatrix}\right|=$［　　］.

(A) $\dfrac{4^n\ |\boldsymbol{A}|}{|\boldsymbol{B}|}$　　　　(B) $\dfrac{(-2)^n\ |\boldsymbol{A}|}{|\boldsymbol{B}|}$

(C) $4^n\ |\boldsymbol{A}|\,|\boldsymbol{B}|$　　　　(D) $(-2)^n\ |\boldsymbol{A}|\,|\boldsymbol{B}|$

21. $\boldsymbol{A}$, $\boldsymbol{B}$, $\boldsymbol{X}$ 为同阶矩阵，且 $\boldsymbol{A}$, $\boldsymbol{B}$ 可逆，则下列结论错误的是［　　］.

(A) 若 $\boldsymbol{AX}=\boldsymbol{B}$，则 $\boldsymbol{X}=\boldsymbol{A}^{-1}\boldsymbol{B}$

(B) 若 $\boldsymbol{XA}=\boldsymbol{B}$，则 $\boldsymbol{X}=\boldsymbol{BA}^{-1}$

(C) 若 $\boldsymbol{AXB}=\boldsymbol{C}$，则 $\boldsymbol{X}=\boldsymbol{A}^{-1}\boldsymbol{CB}^{-1}$

(D) 若 $\boldsymbol{ABX}=\boldsymbol{C}$，则 $\boldsymbol{X}=\boldsymbol{A}^{-1}\boldsymbol{B}^{-1}\boldsymbol{C}$

22. 设 $\boldsymbol{A}$ 为 n 阶可逆矩阵，$\boldsymbol{A}^*$ 是 $\boldsymbol{A}$ 的伴随矩阵，则 $|\boldsymbol{A}^*|=$［　　］.

(A) $|\boldsymbol{A}|$　　(B) $\dfrac{1}{|\boldsymbol{A}|}$　　(C) $|\boldsymbol{A}|^{n-1}$　　(D) $|\boldsymbol{A}|^n$

23. 下列矩阵不是初等矩阵的是［　　］.

(A) $\begin{pmatrix}1&0&0\\0&0&1\\0&1&0\end{pmatrix}$　　　　(B) $\begin{pmatrix}0&0&1\\0&-1&0\\1&0&0\end{pmatrix}$

(C) $\begin{pmatrix}1 & 0 & 0\\0 & -\frac{1}{2} & 0\\0 & 0 & 1\end{pmatrix}$　　(D) $\begin{pmatrix}1 & 0 & 0\\0 & 1 & -4\\0 & 0 & 1\end{pmatrix}$

24. 已知 $\boldsymbol{A}\begin{pmatrix}a_{11} & a_{12} & a_{13}\\a_{21} & a_{22} & a_{23}\\a_{31} & a_{32} & a_{33}\end{pmatrix}=\begin{pmatrix}a_{11}-3a_{31} & a_{12}-3a_{32} & a_{13}-3a_{33}\\a_{21} & a_{22} & a_{23}\\a_{31} & a_{32} & a_{33}\end{pmatrix}$，则 $\boldsymbol{A}=$[　　].

(A) $\begin{pmatrix}1 & 0 & 0\\0 & 0 & 1\\-3 & 0 & 1\end{pmatrix}$　　(B) $\begin{pmatrix}1 & 0 & -3\\0 & 1 & 0\\0 & 0 & 1\end{pmatrix}$

(C) $\begin{pmatrix}0 & 0 & -3\\0 & 1 & 0\\1 & 0 & 1\end{pmatrix}$　　(D) $\begin{pmatrix}1 & 0 & 0\\0 & 1 & 0\\0 & 0 & -3\end{pmatrix}$

25. 下列矩阵中与矩阵 $\boldsymbol{A}=\begin{pmatrix}1 & 3 & 0\\2 & 1 & 2\\4 & 0 & 1\end{pmatrix}$ 同秩的矩阵是[　　].

(A) $(3\quad 1\quad 6)$　　(B) $\begin{pmatrix}2 & 4 & 0\\1 & 5 & -1\end{pmatrix}$

(C) $\begin{pmatrix}1 & 1 & 0\\1 & 0 & 3\\0 & -1 & 3\end{pmatrix}$　　(D) $\begin{pmatrix}2 & 1 & 0\\1 & 0 & 3\\0 & -1 & 2\end{pmatrix}$

26. 已知矩阵 $\boldsymbol{A}=\begin{pmatrix}2 & 1 & 1\\4 & 2 & a+1\\2 & 1 & 1\end{pmatrix}$，且 $\mathrm{r}(\boldsymbol{A})=2$，则 $a\neq$[　　].

(A) 1　　(B) -1　　(C) 0　　(D) 2

27. 设 $m\times n$ 矩阵 $\boldsymbol{A}$ 的秩等于 n，则必有[　　].

(A) $m=n$　　(B) $m<n$　　(C) $m>n$　　(D) $m\geqslant n$

第三章　线性方程组

§3.1　线性方程组的消元解法

考虑一般的线性方程组

$$\begin{cases} a_{11}x_1+a_{12}x_2+\cdots+a_{1n}x_n=b_1 \\ a_{21}x_1+a_{22}x_2+\cdots+a_{2n}x_n=b_2 \\ \qquad\cdots\cdots \\ a_{m1}x_1+a_{m2}x_2+\cdots+a_{mn}x_n=b_m \end{cases} \tag{3.1}$$

的求解问题. 记

$$\boldsymbol{A}=\begin{pmatrix} a_{11} & a_{12} & \cdots & a_{1n} \\ a_{21} & a_{22} & \cdots & a_{2n} \\ \vdots & \vdots & & \vdots \\ a_{m1} & a_{m2} & \cdots & a_{mn} \end{pmatrix},\quad \boldsymbol{x}=\begin{pmatrix} x_1 \\ x_2 \\ \vdots \\ x_n \end{pmatrix},\quad \boldsymbol{b}=\begin{pmatrix} b_1 \\ b_2 \\ \vdots \\ b_m \end{pmatrix}$$

则方程组(3.1)的矩阵形式为

$$\boldsymbol{A}\boldsymbol{x}=\boldsymbol{b}$$

其中 $\boldsymbol{A}$ 称为方程组(3.1)的系数矩阵，$\boldsymbol{b}$ 称为方程组(3.1)的常数项矩阵，$\boldsymbol{x}$ 称为 n 元未知量矩阵.

我们把方程组(3.1)的系数矩阵 $\boldsymbol{A}$ 与常数项矩阵 $\boldsymbol{b}$ 放在一起构成的矩阵

$$(\boldsymbol{A} \,\vdots\, \boldsymbol{b})=\left(\begin{array}{cccc:c} a_{11} & a_{12} & \cdots & a_{1n} & b_1 \\ a_{21} & a_{22} & \cdots & a_{2n} & b_2 \\ \vdots & \vdots & & \vdots & \vdots \\ a_{m1} & a_{m2} & \cdots & a_{mn} & b_m \end{array}\right) \tag{3.2}$$

称为线性方程组(3.1)的增广矩阵.

在中学代数中，已经学过用消元法解简单的线性方程组，这一方法也适用于求解一般的线性方程组(3.1)，并可用其增广矩阵的初等行变换表示其求解过程.

例 1　解线性方程组

$$\begin{cases} 2x_1+2x_2-x_3=6 \\ x_1-2x_2+4x_3=3 \\ 5x_1+7x_2+x_3=28 \end{cases} \tag*{①}$$

解：方程组 ① 中第一个方程分别乘以$\left(-\frac{1}{2}\right)$和$\left(-\frac{5}{2}\right)$加于第二个方程和第三个方程，得

$$\begin{cases} 2x_1+2x_2-\quad x_3=6 \\ \quad -3x_2+\frac{9}{2}x_3=0 \\ \quad\quad 2x_2+\frac{7}{2}x_3=13 \end{cases} \tag{②}$$

再将方程组 ② 中第二个方程乘以$\frac{2}{3}$加于第三个方程，得

$$\begin{cases} 2x_1+2x_2-\quad x_3=6 \\ \quad -3x_2+\frac{9}{2}x_3=0 \\ \quad\quad\quad \frac{13}{2}x_3=13 \end{cases} \tag{③}$$

方程组 ③ 是一个阶梯形方程组，从方程组 ③ 的第三个方程可以得到 x_3 的值，然后再逐次代入前两个方程，求出 x_2，x_1，则得到方程组 ① 的解. 现将其方法叙述如下：

将方程组 ③ 中第三个方程乘以$\frac{2}{13}$，得

$$\begin{cases} 2x_1+2x_2-\quad x_3=6 \\ \quad -3x_2+\frac{9}{2}x_3=0 \\ \quad\quad\quad\quad x_3=2 \end{cases} \tag{④}$$

将方程组 ④ 中第三个方程分别乘以 1 和$\left(-\frac{9}{2}\right)$加于第一个方程和第二个方程，得

$$\begin{cases} 2x_1+2x_2\quad=8 \\ \quad -3x_2\quad=-9 \\ \quad\quad\quad x_3=2 \end{cases} \tag{⑤}$$

将方程组 ⑤ 中第二个方程乘以$\left(-\frac{1}{3}\right)$，得

$$\begin{cases} 2x_1+2x_2\quad=8 \\ \quad\quad x_2\quad=3 \\ \quad\quad\quad x_3=2 \end{cases} \tag{⑥}$$

将方程组 ⑥ 中第二个方程乘以(-2) 加于第一个方程，得

$$\begin{cases} 2x_1\quad\quad=2 \\ \quad x_2\quad=3 \\ \quad\quad x_3=2 \end{cases} \tag{⑦}$$

最后以$\frac{1}{2}$乘方程组⑦中第一个方程，得

$$\begin{cases}x_1=1\\x_2=3\\x_3=2\end{cases} \tag{8}$$

显然，方程组①～⑧都是同解方程组，因而⑧是方程组①的解.

这种解法称为消元法，①～④是消元过程，⑤～⑧是回代过程.

上面的求解过程，可以用方程组①的增广矩阵的初等行变换表示：

$$(\boldsymbol{A} \vdots \boldsymbol{b})=\left(\begin{array}{ccc:c}2 & 2 & -1 & 6\\1 & -2 & 4 & 3\\5 & 7 & 1 & 28\end{array}\right)\longrightarrow\left(\begin{array}{ccc:c}2 & 2 & -1 & 6\\0 & -3 & \frac{9}{2} & 0\\0 & 2 & \frac{7}{2} & 13\end{array}\right)$$

$$\longrightarrow\left(\begin{array}{ccc:c}2 & 2 & -1 & 6\\0 & -3 & \frac{9}{2} & 0\\0 & 0 & \frac{13}{2} & 13\end{array}\right)\longrightarrow\left(\begin{array}{ccc:c}2 & 2 & -1 & 6\\0 & -3 & \frac{9}{2} & 0\\0 & 0 & 1 & 2\end{array}\right)$$

$$\longrightarrow\left(\begin{array}{ccc:c}2 & 2 & 0 & 8\\0 & -3 & 0 & -9\\0 & 0 & 1 & 2\end{array}\right)\longrightarrow\left(\begin{array}{ccc:c}2 & 2 & 0 & 8\\0 & 1 & 0 & 3\\0 & 0 & 1 & 2\end{array}\right)$$

$$\longrightarrow\left(\begin{array}{ccc:c}2 & 0 & 0 & 2\\0 & 1 & 0 & 3\\0 & 0 & 1 & 2\end{array}\right)\longrightarrow\left(\begin{array}{ccc:c}1 & 0 & 0 & 1\\0 & 1 & 0 & 3\\0 & 0 & 1 & 2\end{array}\right) \tag{*}$$

由最后一个矩阵得到方程组的解

$$x_1=1,\ x_2=3,\ x_3=2$$

由前面的例子可以看出，用消元法解线性方程组的过程，实质上就是对该方程组的增广矩阵施以仅限于行的初等变换(称为初等行变换)的过程. 解线性方程组时，为了书写简便，只写出方程组的增广矩阵的变换过程即可.

在例1的求解过程中，阶梯形方程组③所对应的增广矩阵称为阶梯形矩阵. 一般地，如果一个矩阵满足条件：

(1) 矩阵自上而下的各行中，每一非零行的第一个非零元素的下方全是零.

(2) 元素全为零的行(如果有的话)都在非零行的下边，则称该矩阵为阶梯形矩阵. 例如，矩阵

$$\boldsymbol{A}=\begin{pmatrix}0 & 1 & 2 & -1\\0 & 0 & -1 & 0\\0 & 0 & 0 & 0\end{pmatrix},\qquad \boldsymbol{B}=\begin{pmatrix}2 & -3 & 1 & 0 & 5\\0 & 1 & 0 & -1 & -2\\0 & 0 & 0 & 2 & 1\\0 & 0 & 0 & 0 & 0\end{pmatrix}$$

都是阶梯形矩阵.

在求解例1的回代过程中，阶梯形方程组⑧所对应的增广矩阵(*)称为简化的阶梯形矩阵. 一般地，如果一个阶梯形矩阵满足条件：每一非零行的第一个非零元素为1，且它所在列的其他元素全是0，则称该矩阵为简化的阶梯形矩阵. 例如，矩阵

$$A=\begin{pmatrix} 0 & 1 & 0 & 3 \\ 0 & 0 & 1 & -2 \\ 0 & 0 & 0 & 0 \end{pmatrix}, \qquad B=\begin{pmatrix} 1 & 0 & 0 & 2 \\ 0 & 1 & 0 & -1 \\ 0 & 0 & 1 & 1 \end{pmatrix}$$

都是简化的阶梯形矩阵.

对方程组的增广矩阵施以初等行变换，相当于把原方程组变换成一个新的方程组. 下面对一般的线性方程组(3.1)论证新方程组是原方程组的同解方程组.

对增广矩阵的行施以第(1)，(2)种初等变换，分别相当于交换两个方程的次序及用非零数 k 乘某一方程的两边，显然不会改变方程组的解.

对增广矩阵的行施以第(3)种初等变换，如将 $(\boldsymbol{A} \mid \boldsymbol{b})$ 的第 i 行的 k 倍加于第 j 行，这相当于将原方程组的第 i 个方程乘以 k 加于第 j 个方程，于是第 j 个方程

$$a_{j1}x_1 + a_{j2}x_2 + \cdots + a_{jn}x_n = b_j$$

改变为

$$(a_{j1} + ka_{i1})x_1 + (a_{j2} + ka_{i2})x_2 + \cdots + (a_{jn} + ka_{in})x_n = b_j + kb_i$$

即

$$a_{j1}x_1 + a_{j2}x_2 + \cdots + a_{jn}x_n + k(a_{i1}x_1 + a_{i2}x_2 + \cdots + a_{in}x_n) = b_j + kb_i$$

显然，满足原方程组的解必满足新方程组，反之，满足新方程组的解必满足原方程组.

于是，新方程组与原方程组是同解方程组.

用消元法解线性方程组的一般步骤如下：

首先写出方程组(3.1)的增广矩阵 $(\boldsymbol{A} \mid \boldsymbol{b})$.

第一步，设 $a_{11} \neq 0$，否则，将 $(\boldsymbol{A} \mid \boldsymbol{b})$ 的第一行与另一行交换，使第一行第一列的元素不为0.

第二步，第一行乘 $\left(-\frac{a_{i1}}{a_{11}}\right)$ 再加到第 i 行上 $(i=2, 3, \cdots, m)$，将 $(\boldsymbol{A} \mid \boldsymbol{b})$ 化为

$$\begin{pmatrix} a_{11} & a_{12} & \cdots & a_{1n} & b_1 \\ 0 & a_{22}^{(1)} & \cdots & a_{2n}^{(1)} & b_2^{(1)} \\ \vdots & \vdots & & \vdots & \vdots \\ 0 & a_{m2}^{(1)} & \cdots & a_{mn}^{(1)} & b_m^{(1)} \end{pmatrix}$$

对这个矩阵的第二行到第 m 行，第二列到第 n 列再按以上步骤进行，如果有必要，可重新安排方程中未知量的次序，最后可以得到如下形状的阶梯形矩阵

$$\begin{pmatrix} a'_{11} & a'_{12} & \cdots & a'_{1r} & a'_{1\,r+1} & \cdots & a'_{1n} & d_1 \\ 0 & a'_{22} & \cdots & a'_{2r} & a'_{2\,r+1} & \cdots & a'_{2n} & d_2 \\ \vdots & \vdots & & \vdots & \vdots & & \vdots & \vdots \\ 0 & 0 & \cdots & a'_{rr} & a'_{r\,r+1} & \cdots & a'_{rn} & d_r \\ 0 & 0 & \cdots & 0 & 0 & \cdots & 0 & d_{r+1} \\ 0 & 0 & \cdots & 0 & 0 & \cdots & 0 & 0 \\ \vdots & \vdots & & \vdots & \vdots & & \vdots & \vdots \\ 0 & 0 & \cdots & 0 & 0 & \cdots & 0 & 0 \end{pmatrix} \tag{3.3}$$

其中 $a'_{ii} \neq 0 \quad (i=1, 2, \cdots, r)$.

其相应的阶梯形方程组为

$$\begin{cases} a'_{11}x_1 + a'_{12}x_2 + \cdots + a'_{1r}x_r + a'_{1\,r+1}x_{r+1} + \cdots + a'_{1n}x_n = d_1 \\ \qquad a'_{22}x_2 + \cdots + a'_{2r}x_r + a'_{2\,r+1}x_{r+1} + \cdots + a'_{2n}x_n = d_2 \\ \qquad\qquad \cdots \qquad \cdots \\ \qquad\qquad a'_{rr}x_r + a'_{r\,r+1}x_{r+1} + \cdots + a'_{rn}x_n = d_r \\ \qquad\qquad\qquad 0 = d_{r+1} \\ \qquad\qquad\qquad 0 = 0 \\ \qquad\qquad\qquad \cdots \\ \qquad\qquad\qquad 0 = 0 \end{cases} \tag{3.4}$$

其中 $a'_{ii} \neq 0 \quad (i=1, 2, \cdots, r)$.

从上面的讨论易知，方程组 (3.4) 与原方程组 (3.1) 是同解的方程组.

由方程组 (3.4) 可见，化为“$0=0$”形式的方程是多余的方程，去掉它们不影响方程组的解.

我们只需讨论阶梯形方程组 (3.4) 的解的各种情形，便可知道原方程组 (3.1) 的解的情形.

1. 如果方程组(3.4) 中 $d_{r+1} \neq 0$，则满足前 r 个方程的任何一组数 $k_1, k_2, \cdots, k_n$ 都不能满足“$0=d_{r+1}$”这个方程，所以方程组 (3.4) 无解，从而方程组 (3.1) 也无解.

2. 如果方程组 (3.4) 中 $d_{r+1}=0$，又有以下两种情况.

(1) 当 $r=n$ 时，方程组 (3.4) 可写成

$$\begin{cases} a'_{11}x_1 + a'_{12}x_2 + \cdots + a'_{1n}x_n = d_1 \\ \qquad a'_{22}x_2 + \cdots + a'_{2n}x_n = d_2 \\ \qquad\qquad \cdots \qquad \cdots \\ \qquad\qquad a'_{nn}x_n = d_n \end{cases} \tag{3.5}$$

因 $a'_{ii} \neq 0 \quad (i=1, 2, \cdots, n)$，所以它有唯一解. 从方程组 (3.5) 中最后一个方程解出 x_n，再代入第 $n-1$ 个方程，求出 x_{n-1}. 如此继续下去，则可求出其他未知量，得出它的唯一解，从而得出方程组 (3.1) 的唯一解.

(2) 当 $r < n$ 时，方程组 (3.4) 可写成

$$\begin{cases} a'_{11}x_1 + a'_{12}x_2 + \cdots + a'_{1r}x_r = d_1 - a'_{1\,r+1}x_{r+1} - \cdots - a'_{1n}x_n \\ \qquad\quad a'_{22}x_2 + \cdots + a'_{2r}x_r = d_2 - a'_{2\,r+1}x_{r+1} - \cdots - a'_{2n}x_n \\ \qquad\qquad \cdots \qquad\qquad\qquad \cdots \\ \qquad\qquad\qquad a'_{rr}x_r = d_r - a'_{r\,r+1}x_{r+1} - \cdots - a'_{rn}x_n \end{cases} \tag{3.6}$$

同样对它进行回代过程，则可求出关于 x_1，x_2，…，x_r 的含有 $n-r$ 个未知量 x_{r+1}，…，x_n(称为自由未知量) 的表达式

$$\begin{cases} x_1 = k_1 - k_{1\,r+1}x_{r+1} - \cdots - k_{1n}x_n \\ x_2 = k_2 - k_{2\,r+1}x_{r+1} - \cdots - k_{2n}x_n \\ \qquad \cdots\cdots \\ x_r = k_r - k_{r\,r+1}x_{r+1} - \cdots - k_{rn}x_n \end{cases} \tag{3.7}$$

它由 $n-r$ 个自由未知量 x_{r+1}，…，x_n 取不同值而得不同的解. 如果取 $x_{r+1} = c_1$，$x_{r+2} = c_2$，…，$x_n = c_{n-r}$，其中 c_1，c_2，…，c_{n-r} 为任意常数，则方程组(3.7) 有如下无穷多个解：

$$\begin{cases} x_1 = k_1 - k_{1r+1}c_1 - \cdots - k_{1n}c_{n-r} \\ x_2 = k_2 - k_{2r+1}c_1 - \cdots - k_{2n}c_{n-r} \\ \qquad \cdots\cdots \\ x_r = k_r - k_{rr+1}c_1 - \cdots - k_{rn}c_{n-r} \\ x_{r+1} = c_1 \\ x_{r+2} = c_2 \\ \cdots\cdots \\ x_n = c_{n-r} \end{cases} \tag{3.8}$$

它是方程组 (3.4) 的无穷多个解的一般形式，也是方程组 (3.1) 的无穷多个解的一般形式. 一般称式 (3.8) 为方程组 (3.1) 的全部解 (或通解).

总之，解线性方程组的步骤是：用初等行变换化方程组 (3.1) 的增广矩阵为阶梯形矩阵，根据 d_{r+1} 不等于零或等于零判断原方程组是否有解. 如果 $d_{r+1} \neq 0$，则有 $\mathrm{r}(\boldsymbol{A}) = r$，而 $\mathrm{r}(\boldsymbol{A}, \boldsymbol{b}) = r+1$，即 $\mathrm{r}(\boldsymbol{A}) \neq \mathrm{r}(\boldsymbol{A}, \boldsymbol{b})$，此时方程组 (3.1) 无解；如果 $d_{r+1} = 0$，则有 $\mathrm{r}(\boldsymbol{A}) = \mathrm{r}(\boldsymbol{A}, \boldsymbol{b}) = r$，此时方程组 (3.1) 有解. 而当 $r = n$ 时，有唯一解；当 $r < n$ 时，有无穷多个解. 然后，继续进行初等行变换，将增广矩阵化为简化的阶梯形矩阵，求出解. 由以上讨论可得出以下定理.

定理 3.1 线性方程组 (3.1) 有解的充分必要条件是：$\mathrm{r}(\boldsymbol{A}, \boldsymbol{b}) = \mathrm{r}(\boldsymbol{A})$，且当 $\mathrm{r}(\boldsymbol{A}, \boldsymbol{b}) = n$ 时方程组有唯一解；当 $\mathrm{r}(\boldsymbol{A}, \boldsymbol{b}) < n$ 时方程组有无穷多解.

例 1 中的线性方程组是三元方程组，由于 $\mathrm{r}(\boldsymbol{A}) = \mathrm{r}(\boldsymbol{A}, \boldsymbol{b}) = 3$，所以方程组有唯一解.

例 2 解线性方程组

$$\begin{cases} x_1 + 5x_2 - x_3 - x_4 = -1 \\ x_1 - 2x_2 + x_3 + 3x_4 = 3 \\ 3x_1 + 8x_2 - x_3 + x_4 = 1 \\ x_1 - 9x_2 + 3x_3 + 7x_4 = 7 \end{cases}$$

解：对方程组的增广矩阵 $(A \vdots b)$ 施以初等行变换，化为阶梯形矩阵：

$$(A \vdots b)=\left(\begin{array}{cccc:c}1 & 5 & -1 & -1 & -1\\ 1 & -2 & 1 & 3 & 3\\ 3 & 8 & -1 & 1 & 1\\ 1 & -9 & 3 & 7 & 7\end{array}\right)$$

$$\longrightarrow\left(\begin{array}{cccc:c}1 & 5 & -1 & -1 & -1\\ 0 & -7 & 2 & 4 & 4\\ 0 & -7 & 2 & 4 & 4\\ 0 & -14 & 4 & 8 & 8\end{array}\right)$$

$$\longrightarrow\left(\begin{array}{cccc:c}1 & 5 & -1 & -1 & -1\\ 0 & -7 & 2 & 4 & 4\\ 0 & 0 & 0 & 0 & 0\\ 0 & 0 & 0 & 0 & 0\end{array}\right)$$

$$\longrightarrow\left(\begin{array}{cccc:c}1 & 5 & -1 & -1 & -1\\ 0 & 1 & -\frac{2}{7} & -\frac{4}{7} & -\frac{4}{7}\\ 0 & 0 & 0 & 0 & 0\\ 0 & 0 & 0 & 0 & 0\end{array}\right)$$

因为 $r(A \vdots b)=r(A)=2<4$，故方程组有无穷多解. 接上式进行回代有

$$\xrightarrow{\text{回代}}\left(\begin{array}{cccc:c}1 & 0 & \frac{3}{7} & \frac{13}{7} & \frac{13}{7}\\ 0 & 1 & -\frac{2}{7} & -\frac{4}{7} & -\frac{4}{7}\\ 0 & 0 & 0 & 0 & 0\\ 0 & 0 & 0 & 0 & 0\end{array}\right)$$

即

$$\begin{cases}x_1=\frac{13}{7}-\frac{3}{7}x_3-\frac{13}{7}x_4\\ x_2=-\frac{4}{7}+\frac{2}{7}x_3+\frac{4}{7}x_4\end{cases}$$

取 $x_3=c_1$，$x_4=c_2$ （其中 c_1，c_2 为任意常数)，则方程组的全部解为

$$\begin{cases}x_1=\frac{13}{7}-\frac{3}{7}c_1-\frac{13}{7}c_2\\ x_2=-\frac{4}{7}+\frac{2}{7}c_1+\frac{4}{7}c_2\\ x_3=c_1\\ x_4=c_2\end{cases}$$

例 3 解线性方程组

$$\begin{cases} x_1+\ x_2+2x_3+3x_4=1 \\ \qquad x_2+\ x_3-4x_4=1 \\ x_1+2x_2+3x_3-\ x_4=4 \\ 2x_1+3x_2-\ x_3-\ x_4=-6 \end{cases}$$

解:

$$(\boldsymbol{A} \vdots \boldsymbol{b})=\left(\begin{array}{cccc:c} 1 & 1 & 2 & 3 & 1 \\ 0 & 1 & 1 & -4 & 1 \\ 1 & 2 & 3 & -1 & 4 \\ 2 & 3 & -1 & -1 & -6 \end{array}\right) \longrightarrow \left(\begin{array}{cccc:c} 1 & 1 & 2 & 3 & 1 \\ 0 & 1 & 1 & -4 & 1 \\ 0 & 1 & 1 & -4 & 3 \\ 0 & 1 & -5 & -7 & -8 \end{array}\right)$$

$$\longrightarrow \left(\begin{array}{cccc:c} 1 & 1 & 2 & 3 & 1 \\ 0 & 1 & 1 & -4 & 1 \\ 0 & 0 & 0 & 0 & 2 \\ 0 & 0 & -6 & -3 & -9 \end{array}\right) \longrightarrow \left(\begin{array}{cccc:c} 1 & 1 & 2 & 3 & 1 \\ 0 & 1 & 1 & -4 & 1 \\ 0 & 0 & 6 & 3 & 9 \\ 0 & 0 & 0 & 0 & 2 \end{array}\right)$$

因为 $r(\boldsymbol{A})=3$, $r(\boldsymbol{A} \vdots \boldsymbol{b})=4$, $r(\boldsymbol{A} \vdots \boldsymbol{b}) \neq r(\boldsymbol{A})$, 所以原方程组无解.

例 4 当 a, b 为何值时, 线性方程组

$$\begin{cases} x_1+\ x_2+\qquad\quad x_3+\ x_4=0 \\ \qquad x_2+\qquad 2x_3+2x_4=1 \\ \quad -x_2+(a-3)x_3-2x_4=b \\ 3x_1+2x_2+\qquad\quad x_3+a x_4=-1 \end{cases}$$

有唯一解? 无解? 有无穷多解? 当方程组有解时, 求出它的解.

解: 对方程组的增广矩阵施以初等行变换, 化为阶梯形矩阵:

$$(\boldsymbol{A} \vdots \boldsymbol{b})=\left(\begin{array}{cccc:c} 1 & 1 & 1 & 1 & 0 \\ 0 & 1 & 2 & 2 & 1 \\ 0 & -1 & a-3 & -2 & b \\ 3 & 2 & 1 & a & -1 \end{array}\right)$$

$$\longrightarrow \left(\begin{array}{cccc:c} 1 & 1 & 1 & 1 & 0 \\ 0 & 1 & 2 & 2 & 1 \\ 0 & -1 & a-3 & -2 & b \\ 0 & -1 & -2 & a-3 & -1 \end{array}\right)$$

$$\longrightarrow \left(\begin{array}{cccc:c} 1 & 1 & 1 & 1 & 0 \\ 0 & 1 & 2 & 2 & 1 \\ 0 & 0 & a-1 & 0 & b+1 \\ 0 & 0 & 0 & a-1 & 0 \end{array}\right) \qquad (*)$$

由最后一个矩阵可得:

(1) 当 $a \neq 1$ 时, 方程组有唯一解. 接矩阵 (*) 进行回代, 有

$$\xrightarrow{\text{回代}}\left(\begin{array}{cccc:c}1&1&1&0&0\\0&1&2&0&1\\0&0&1&0&\dfrac{b+1}{a-1}\\0&0&0&1&0\end{array}\right)$$

$$\longrightarrow\left(\begin{array}{cccc:c}1&1&0&0&-\dfrac{b+1}{a-1}\\0&1&0&0&\dfrac{a-2b-3}{a-1}\\0&0&1&0&\dfrac{b+1}{a-1}\\0&0&0&1&0\end{array}\right)\longrightarrow\left(\begin{array}{cccc:c}1&0&0&0&\dfrac{b-a+2}{a-1}\\0&1&0&0&\dfrac{a-2b-3}{a-1}\\0&0&1&0&\dfrac{b+1}{a-1}\\0&0&0&1&0\end{array}\right)$$

由此可得方程组的解

$$\begin{cases}x_1=\dfrac{b-a+2}{a-1}\\x_2=\dfrac{a-2b-3}{a-1}\\x_3=\dfrac{b+1}{a-1}\\x_4=0\end{cases}$$

(2) 当 $a=1$，$b\neq-1$ 时，由矩阵(*)可知，$r(\boldsymbol{A})=2$，$r(\boldsymbol{A}\,\vdots\,\boldsymbol{b})=3$，故方程组无解.

(3) 当 $a=1$，$b=-1$ 时，由矩阵(*)可知，$r(\boldsymbol{A})=r(\boldsymbol{A}\,\vdots\,\boldsymbol{b})=2$，方程组有无穷多组解. 这时，将最后的阶梯形矩阵(*)继续施以初等行变换，回代后化为

$$\left(\begin{array}{cccc:c}1&1&1&1&0\\0&1&2&2&1\\0&0&0&0&0\\0&0&0&0&0\end{array}\right)\longrightarrow\left(\begin{array}{cccc:c}1&0&-1&-1&-1\\0&1&2&2&1\\0&0&0&0&0\\0&0&0&0&0\end{array}\right)$$

对应的方程组

$$\begin{cases}x_1=-1+x_3+x_4\\x_2=1-2x_3-2x_4\end{cases}$$

与原方程组同解. 令自由未知量 $x_3=c_1$，$x_4=c_2$，则原方程组的全部解为

$$\begin{cases}x_1=-1+c_1+c_2\\x_2=1-2c_1-2c_2\\x_3=c_1\\x_4=c_2\end{cases}\quad(c_1,\ c_2\text{ 为任意常数})$$

当线性方程组 (3.1) 中的常数项均为零时，这样的线性方程组称为齐次线性方程组，其一般形式为

$$\begin{cases} a_{11}x_1 + a_{12}x_2 + \cdots + a_{1n}x_n = 0 \\ a_{21}x_1 + a_{22}x_2 + \cdots + a_{2n}x_n = 0 \\ \qquad \cdots\cdots \\ a_{m1}x_1 + a_{m2}x_2 + \cdots + a_{mn}x_n = 0 \end{cases} \tag{3.9}$$

记其系数矩阵、常数项矩阵分别为

$$\boldsymbol{A} = \begin{pmatrix} a_{11} & a_{12} & \cdots & a_{1n} \\ a_{21} & a_{22} & \cdots & a_{2n} \\ \vdots & \vdots & & \vdots \\ a_{m1} & a_{m2} & \cdots & a_{mn} \end{pmatrix}, \quad \boldsymbol{0} = \begin{pmatrix} 0 \\ 0 \\ \vdots \\ 0 \end{pmatrix}$$

则方程组 (3.9) 可写成矩阵形式

$$\boldsymbol{A}\boldsymbol{x} = \boldsymbol{0}$$

方程组 (3.9) 恒有解，因为它至少有零解. 由定理 3.1 可知，当 $r(\boldsymbol{A}) = n$ 时，方程组 (3.9) 只有零解；当 $r(\boldsymbol{A}) < n$ 时，方程组 (3.9) 有无穷多个解，即除零解外还有非零解. 于是有以下定理.

定理 3.2 齐次线性方程组 (3.9) 有非零解的充分必要条件是：$r(\boldsymbol{A}) < n$.

推论 当 $m < n$ 时，齐次线性方程组 (3.9) 有非零解.

证：因为 $r(\boldsymbol{A}) \leqslant \min(m, n) = m < n$，由定理 3.2 知方程组 (3.9) 有非零解.

例 5 解齐次线性方程组

$$\begin{cases} x_1 - x_2 + 5x_3 - x_4 = 0 \\ x_1 + x_2 - 2x_3 + 3x_4 = 0 \\ 3x_1 - x_2 + 8x_3 + x_4 = 0 \\ x_1 + 3x_2 - 9x_3 + 7x_4 = 0 \end{cases}$$

解：$$(\boldsymbol{A} \mid \boldsymbol{0}) = \left(\begin{array}{cccc|c} 1 & -1 & 5 & -1 & 0 \\ 1 & 1 & -2 & 3 & 0 \\ 3 & -1 & 8 & 1 & 0 \\ 1 & 3 & -9 & 7 & 0 \end{array}\right) \longrightarrow \left(\begin{array}{cccc|c} 1 & -1 & 5 & -1 & 0 \\ 0 & 2 & -7 & 4 & 0 \\ 0 & 2 & -7 & 4 & 0 \\ 0 & 4 & -14 & 8 & 0 \end{array}\right)$$

$$\longrightarrow \left(\begin{array}{cccc|c} 1 & -1 & 5 & -1 & 0 \\ 0 & 2 & -7 & 4 & 0 \\ 0 & 0 & 0 & 0 & 0 \\ 0 & 0 & 0 & 0 & 0 \end{array}\right)$$

因 $r(\boldsymbol{A}) = 2 < 4$，所以方程组有非零解. 对增广矩阵继续施以初等行变换，接上式有

$$\longrightarrow \left(\begin{array}{cccc|c} 1 & 0 & \frac{3}{2} & 1 & 0 \\ 0 & 1 & -\frac{7}{2} & 2 & 0 \\ 0 & 0 & 0 & 0 & 0 \\ 0 & 0 & 0 & 0 & 0 \end{array}\right)$$

得出原方程组的同解方程组

$$\begin{cases} x_1 \quad + \dfrac{3}{2}x_3 + \ x_4 = 0 \\ \quad x_2 - \dfrac{7}{2}x_3 + 2x_4 = 0 \end{cases}$$

设 $x_3 = c_1$，$x_4 = c_2$ （c_1，c_2 为任意常数），于是得到方程组的全部解为

$$\begin{cases} x_1 = -\dfrac{3}{2}c_1 - c_2 \\ x_2 = \dfrac{7}{2}c_1 - 2c_2 \\ x_3 = c_1 \\ x_4 = c_2 \end{cases}$$

§3.2 向量与向量组的线性组合

(一) 向量及其线性运算

为了深入讨论线性方程组的问题，我们来介绍 n 维向量的有关概念.

一个 $m \times n$ 矩阵的每一行都是由 n 个数组成的有序数组，其每一列都是由 m 个数组成的有序数组. 在研究其他问题时也常遇到有序数组. 例如平面上一点的坐标和空间中一点的坐标分别是二元和三元有序数组 (x, y)，(x, y, z). 又如把组成社会生产的各部门的产品或劳务的数量，按一定次序排列起来，就得到关于国民经济各部门产品或劳务的有序数组.

定义 3.1 n 个实数组成的有序数组称为 n 维向量，一般用 $\boldsymbol{\alpha}$，$\boldsymbol{\beta}$，$\boldsymbol{\gamma}$ 等希腊字母表示，有时也用 $\boldsymbol{a}$，$\boldsymbol{b}$，$\boldsymbol{c}$，$\boldsymbol{u}$，$\boldsymbol{v}$，$\boldsymbol{x}$，$\boldsymbol{y}$ 等拉丁字母表示.

$$\boldsymbol{\alpha} = (a_1, a_2, \cdots, a_n)$$

称为 n 维行向量，其中 a_i $(1 \leqslant i \leqslant n)$ 称为向量 $\boldsymbol{\alpha}$ 的第 i 个分量.

$$\boldsymbol{\beta} = \begin{pmatrix} b_1 \\ b_2 \\ \vdots \\ b_n \end{pmatrix}$$

称为 n 维列向量. b_i $(1 \leqslant i \leqslant n)$ 称为 $\boldsymbol{\beta}$ 的第 i 个分量. 要把列（行）向量写成行（列）的形式可用转置记号，例如

$$\boldsymbol{\beta} = \begin{pmatrix} b_1 \\ b_2 \\ \vdots \\ b_n \end{pmatrix} \quad 可写成 \quad \boldsymbol{\beta} = (b_1, b_2, \cdots, b_n)^{\mathrm{T}}$$

矩阵 $\mathbf{A}=\begin{pmatrix} a_{11} & a_{12} & \cdots & a_{1n} \\ a_{21} & a_{22} & \cdots & a_{2n} \\ \vdots & \vdots & & \vdots \\ a_{m1} & a_{m2} & \cdots & a_{mn} \end{pmatrix}$ 中的每一行 $(a_{i1},\ a_{i2},\ \cdots,\ a_{in})$ $(i=1,\ 2,\ \cdots,\ m)$ 都是 n 维行向量，每一列 $\begin{pmatrix} a_{1j} \\ a_{2j} \\ \vdots \\ a_{mj} \end{pmatrix}$ $(j=1,\ 2,\ \cdots,\ n)$ 都是 m 维列向量.

两个 n 维向量当且仅当它们各对应分量都相等时，才是相等的，即对 n 维向量 $\boldsymbol{\alpha}=(a_1,\ a_2,\ \cdots,\ a_n)$，$\boldsymbol{\beta}=(b_1,\ b_2,\ \cdots,\ b_n)$，当且仅当 $a_i=b_i$ $(i=1,\ 2,\ \cdots,\ n)$ 时 $\boldsymbol{\alpha}=\boldsymbol{\beta}$.

所有分量均为零的向量称为零向量，记为

$$\mathbf{0}=(0,\ 0,\ \cdots,\ 0)$$

n 维向量 $\boldsymbol{\alpha}=(a_1,\ a_2,\ \cdots,\ a_n)$ 的各分量的相反数组成的 n 维向量，称为 $\boldsymbol{\alpha}$ 的负向量，记为 $-\boldsymbol{\alpha}$，即 $-\boldsymbol{\alpha}=(-a_1,\ -a_2,\ \cdots,\ -a_n)$.

定义 3.2 两个 n 维向量 $\boldsymbol{\alpha}=(a_1,\ a_2,\ \cdots,\ a_n)$ 与 $\boldsymbol{\beta}=(b_1,\ b_2,\ \cdots,\ b_n)$ 的各对应分量之和所组成的向量，称为向量 $\boldsymbol{\alpha}$ 与 $\boldsymbol{\beta}$ 的和，记为 $\boldsymbol{\alpha}+\boldsymbol{\beta}$，即 $\boldsymbol{\alpha}+\boldsymbol{\beta}=(a_1+b_1,\ a_2+b_2,\ \cdots,\ a_n+b_n)$.

由向量加法及负向量的定义，可定义向量减法：

$$\begin{aligned}\boldsymbol{\alpha}-\boldsymbol{\beta}&=\boldsymbol{\alpha}+(-\boldsymbol{\beta})\\&=(a_1,\ a_2,\ \cdots,\ a_n)+(-b_1,\ -b_2,\ \cdots,\ -b_n)\\&=(a_1-b_1,\ a_2-b_2,\ \cdots,\ a_n-b_n)\end{aligned}$$

定义 3.3 n 维向量 $\boldsymbol{\alpha}=(a_1,\ a_2,\ \cdots,\ a_n)$ 的各个分量都乘以 k（k 为一实数）所组成的向量，称为数 k 与向量 $\boldsymbol{\alpha}$ 的乘积，记为 $k\boldsymbol{\alpha}$，即 $k\boldsymbol{\alpha}=(ka_1,\ ka_2,\ \cdots,\ ka_n)$.

向量的加、减及数乘运算统称为向量的线性运算.

定义 3.4 所有 n 维实向量的集合记为 $\mathbf{R}^n$，我们称 $\mathbf{R}^n$ 为实 n 维向量空间，它是指在 $\mathbf{R}^n$ 中定义了加法及数乘这两种运算，并且这两种运算满足以下 8 条规律：

(1) $\boldsymbol{\alpha}+\boldsymbol{\beta}=\boldsymbol{\beta}+\boldsymbol{\alpha}$

(2) $\boldsymbol{\alpha}+(\boldsymbol{\beta}+\boldsymbol{\gamma})=(\boldsymbol{\alpha}+\boldsymbol{\beta})+\boldsymbol{\gamma}$

(3) $\boldsymbol{\alpha}+\mathbf{0}=\boldsymbol{\alpha}$

(4) $\boldsymbol{\alpha}+(-\boldsymbol{\alpha})=\mathbf{0}$

(5) $(k+l)\boldsymbol{\alpha}=k\boldsymbol{\alpha}+l\boldsymbol{\alpha}$

(6) $k(\boldsymbol{\alpha}+\boldsymbol{\beta})=k\boldsymbol{\alpha}+k\boldsymbol{\beta}$

(7) $(kl)\boldsymbol{\alpha}=k(l\boldsymbol{\alpha})$

(8) $1\cdot\boldsymbol{\alpha}=\boldsymbol{\alpha}$

其中 $\boldsymbol{\alpha}$，$\boldsymbol{\beta}$，$\boldsymbol{\gamma}$ 都是 n 维向量，k，l 为实数.

例 1 设 $\boldsymbol{\alpha}_1=(2,\ -4,\ 1,\ -1)$，$\boldsymbol{\alpha}_2=\left(-3,\ -1,\ 2,\ -\frac{5}{2}\right)$，如果向量 $\boldsymbol{\beta}$ 满足 $3\boldsymbol{\alpha}_1-$

$2(\boldsymbol{\beta}+\boldsymbol{\alpha}_2)=\mathbf{0}$，求 $\boldsymbol{\beta}$.

解：由题设条件，有

$$3\boldsymbol{\alpha}_1-2\boldsymbol{\beta}-2\boldsymbol{\alpha}_2=\mathbf{0}$$

所以

$$\begin{aligned}\boldsymbol{\beta}&=-\frac{1}{2}(2\boldsymbol{\alpha}_2-3\boldsymbol{\alpha}_1)=-\boldsymbol{\alpha}_2+\frac{3}{2}\boldsymbol{\alpha}_1\\&=-\left(-3,-1,2,-\frac{5}{2}\right)+\frac{3}{2}(2,-4,1,-1)\\&=\left(6,-5,-\frac{1}{2},1\right)\end{aligned}$$

(二) 向量组的线性组合

线性方程组 (3.1) 可以写成常数列向量与系数列向量如下的线性关系

$$x_1\boldsymbol{\alpha}_1+x_2\boldsymbol{\alpha}_2+\cdots+x_n\boldsymbol{\alpha}_n=\boldsymbol{\beta}$$

它称为方程组 (3.1) 的向量形式，其中

$$\boldsymbol{\alpha}_j=\begin{pmatrix}a_{1j}\\a_{2j}\\\vdots\\a_{mj}\end{pmatrix}\quad(j=1,2,\cdots,n),\quad\boldsymbol{\beta}=\begin{pmatrix}b_1\\b_2\\\vdots\\b_m\end{pmatrix}$$

都是 m 维列向量. 于是，线性方程组 (3.1) 是否有解，就相当于是否存在一组数：$x_1=k_1$，$x_2=k_2$，…，$x_n=k_n$，使线性关系式

$$k_1\boldsymbol{\alpha}_1+k_2\boldsymbol{\alpha}_2+\cdots+k_n\boldsymbol{\alpha}_n=\boldsymbol{\beta}$$

成立，即常数列向量 $\boldsymbol{\beta}$ 是否可以表示成上述系数列向量组 $\boldsymbol{\alpha}_1$，$\boldsymbol{\alpha}_2$，…，$\boldsymbol{\alpha}_n$ 的线性关系式. 如果可以，则方程组有解；否则，方程组无解. $\boldsymbol{\beta}$ 可以表示成上述关系式时，称向量 $\boldsymbol{\beta}$ 是向量组 $\boldsymbol{\alpha}_1$，$\boldsymbol{\alpha}_2$，…，$\boldsymbol{\alpha}_n$ 的线性组合，或者称 $\boldsymbol{\beta}$ 可由向量组 $\boldsymbol{\alpha}_1$，$\boldsymbol{\alpha}_2$，…，$\boldsymbol{\alpha}_n$ 线性表示.

定义 3.5　对于给定向量 $\boldsymbol{\beta}$，$\boldsymbol{\alpha}_1$，$\boldsymbol{\alpha}_2$，…，$\boldsymbol{\alpha}_s$，如果存在一组数 k_1，k_2，…，k_s，使关系式

$$\boldsymbol{\beta}=k_1\boldsymbol{\alpha}_1+k_2\boldsymbol{\alpha}_2+\cdots+k_s\boldsymbol{\alpha}_s\tag{3.10}$$

成立，则称向量 $\boldsymbol{\beta}$ 是向量组 $\boldsymbol{\alpha}_1$，$\boldsymbol{\alpha}_2$，…，$\boldsymbol{\alpha}_s$ 的线性组合，或称向量 $\boldsymbol{\beta}$ 可以由向量组 $\boldsymbol{\alpha}_1$，$\boldsymbol{\alpha}_2$，…，$\boldsymbol{\alpha}_s$ 线性表示.

例如，$\boldsymbol{\beta}=(2,-1,1)$，$\boldsymbol{\alpha}_1=(1,0,0)$，$\boldsymbol{\alpha}_2=(0,1,0)$，$\boldsymbol{\alpha}_3=(0,0,1)$，显然有 $\boldsymbol{\beta}=2\boldsymbol{\alpha}_1-\boldsymbol{\alpha}_2+\boldsymbol{\alpha}_3$，即 $\boldsymbol{\beta}$ 是 $\boldsymbol{\alpha}_1$，$\boldsymbol{\alpha}_2$，$\boldsymbol{\alpha}_3$ 的线性组合，或说 $\boldsymbol{\beta}$ 可由 $\boldsymbol{\alpha}_1$，$\boldsymbol{\alpha}_2$，$\boldsymbol{\alpha}_3$ 线性表示.

定理 3.3　设向量 $\boldsymbol{\beta}=\begin{pmatrix}b_1\\b_2\\\vdots\\b_m\end{pmatrix}$，向量 $\boldsymbol{\alpha}_j=\begin{pmatrix}a_{1j}\\a_{2j}\\\vdots\\a_{mj}\end{pmatrix}$ $(j=1,2,\cdots,n)$，则向量 $\boldsymbol{\beta}$ 可由向量组 $\boldsymbol{\alpha}_1$，$\boldsymbol{\alpha}_2$，…，$\boldsymbol{\alpha}_n$ 线性表示的充分必要条件是：以 $\boldsymbol{\alpha}_1$，$\boldsymbol{\alpha}_2$，…，$\boldsymbol{\alpha}_n$ 为列向量的矩阵与以 $\boldsymbol{\alpha}_1$，$\boldsymbol{\alpha}_2$，…，$\boldsymbol{\alpha}_n$，$\boldsymbol{\beta}$ 为列向量的矩阵有相同的秩.

证：线性方程组

$$x_1\boldsymbol{\alpha}_1+x_2\boldsymbol{\alpha}_2+\cdots+x_n\boldsymbol{\alpha}_n=\boldsymbol{\beta}$$

有解的充分必要条件是：系数矩阵与增广矩阵的秩相同. 这就是说，$\boldsymbol{\beta}$ 可由 $\boldsymbol{\alpha}_1, \boldsymbol{\alpha}_2, \cdots, \boldsymbol{\alpha}_n$ 线性表示的充分必要条件是：以 $\boldsymbol{\alpha}_1, \boldsymbol{\alpha}_2, \cdots, \boldsymbol{\alpha}_n$ 为列向量的矩阵与以 $\boldsymbol{\alpha}_1, \boldsymbol{\alpha}_2, \cdots, \boldsymbol{\alpha}_n, \boldsymbol{\beta}$ 为列向量的矩阵有相同的秩，即 $\mathrm{r}(\boldsymbol{\alpha}_1,\boldsymbol{\alpha}_2,\cdots,\boldsymbol{\alpha}_n)=\mathrm{r}(\boldsymbol{\alpha}_1,\boldsymbol{\alpha}_2,\cdots,\boldsymbol{\alpha}_n,\boldsymbol{\beta})$.

定理 3.3 也可以叙述为：对于行向量 $\boldsymbol{\beta}$ 和行向量组 $\boldsymbol{\alpha}_1, \boldsymbol{\alpha}_2, \cdots, \boldsymbol{\alpha}_n$，其中 $\boldsymbol{\beta}=(b_1, b_2, \cdots, b_m)$，$\boldsymbol{\alpha}_j=(a_{1j}, a_{2j}, \cdots, a_{mj})$ $(j=1, 2, \cdots, n)$，向量 $\boldsymbol{\beta}$ 可由向量组 $\boldsymbol{\alpha}_1, \boldsymbol{\alpha}_2, \cdots, \boldsymbol{\alpha}_n$ 线性表示的充分必要条件是以 $\boldsymbol{\alpha}_1^{\mathrm{T}}, \boldsymbol{\alpha}_2^{\mathrm{T}}, \cdots, \boldsymbol{\alpha}_n^{\mathrm{T}}$ 为列向量的矩阵与以 $\boldsymbol{\alpha}_1^{\mathrm{T}}, \boldsymbol{\alpha}_2^{\mathrm{T}}, \cdots, \boldsymbol{\alpha}_n^{\mathrm{T}}, \boldsymbol{\beta}^{\mathrm{T}}$ 为列向量的矩阵有相同的秩，即 $\mathrm{r}(\boldsymbol{\alpha}_1^{\mathrm{T}},\boldsymbol{\alpha}_2^{\mathrm{T}},\cdots,\boldsymbol{\alpha}_n^{\mathrm{T}})=\mathrm{r}(\boldsymbol{\alpha}_1^{\mathrm{T}},\boldsymbol{\alpha}_2^{\mathrm{T}},\cdots,\boldsymbol{\alpha}_n^{\mathrm{T}},\boldsymbol{\beta}^{\mathrm{T}})$.

例 2　任何一个 n 维向量 $\boldsymbol{\alpha}=(a_1, a_2, \cdots, a_n)$ 都是 n 维向量组 $\boldsymbol{\varepsilon}_1=(1, 0, \cdots, 0)$，$\boldsymbol{\varepsilon}_2=(0, 1, 0, \cdots, 0)$，$\cdots$，$\boldsymbol{\varepsilon}_n=(0, 0, \cdots, 0, 1)$ 的线性组合.

因为 $\boldsymbol{\alpha}=a_1\boldsymbol{\varepsilon}_1+a_2\boldsymbol{\varepsilon}_2+\cdots+a_n\boldsymbol{\varepsilon}_n$.

$\boldsymbol{\varepsilon}_1, \boldsymbol{\varepsilon}_2, \cdots, \boldsymbol{\varepsilon}_n$ 称为 $\mathbf{R}^n$ 的初始单位向量组.

例 3　零向量是任何一组向量的线性组合.

因为 $\mathbf{0}=0\cdot\boldsymbol{\alpha}_1+0\cdot\boldsymbol{\alpha}_2+\cdots+0\cdot\boldsymbol{\alpha}_s$.

例 4　向量组 $\boldsymbol{\alpha}_1, \boldsymbol{\alpha}_2, \cdots, \boldsymbol{\alpha}_s$ 中的任一向量 $\boldsymbol{\alpha}_j$ $(1\leqslant j\leqslant s)$ 都是此向量组的线性组合.

因为 $\boldsymbol{\alpha}_j=0\cdot\boldsymbol{\alpha}_1+\cdots+1\cdot\boldsymbol{\alpha}_j+\cdots+0\cdot\boldsymbol{\alpha}_s$.

例 5　判断向量 $\boldsymbol{\beta}_1=(4, 3, -1, 11)$ 与 $\boldsymbol{\beta}_2=(4, 3, 0, 11)$ 是否各为向量组 $\boldsymbol{\alpha}_1=(1, 2, -1, 5)$，$\boldsymbol{\alpha}_2=(2, -1, 1, 1)$ 的线性组合. 若是，写出表示式.

解：设 $k_1\boldsymbol{\alpha}_1+k_2\boldsymbol{\alpha}_2=\boldsymbol{\beta}_1$，对矩阵 $(\boldsymbol{\alpha}_1^{\mathrm{T}}, \boldsymbol{\alpha}_2^{\mathrm{T}}, \boldsymbol{\beta}_1^{\mathrm{T}})$ 施以初等行变换：

$$\begin{pmatrix}1&2&4\\2&-1&3\\-1&1&-1\\5&1&11\end{pmatrix}\longrightarrow\begin{pmatrix}1&2&4\\0&-5&-5\\0&3&3\\0&-9&-9\end{pmatrix}\longrightarrow\begin{pmatrix}1&2&4\\0&1&1\\0&0&0\\0&0&0\end{pmatrix}\longrightarrow\begin{pmatrix}1&0&2\\0&1&1\\0&0&0\\0&0&0\end{pmatrix}$$

所以秩 $\begin{pmatrix}1&2&4\\2&-1&3\\-1&1&-1\\5&1&11\end{pmatrix}=$ 秩 $\begin{pmatrix}1&2\\2&-1\\-1&1\\5&1\end{pmatrix}=2$. 因此 $\boldsymbol{\beta}_1$ 可由 $\boldsymbol{\alpha}_1, \boldsymbol{\alpha}_2$ 线性表示，且由上面的初等变换可知 $k_1=2$，$k_2=1$ 时，$\boldsymbol{\beta}_1=2\boldsymbol{\alpha}_1+\boldsymbol{\alpha}_2$.

类似地，对矩阵 $(\boldsymbol{\alpha}_1^{\mathrm{T}}, \boldsymbol{\alpha}_2^{\mathrm{T}}, \boldsymbol{\beta}_2^{\mathrm{T}})$ 施以初等行变换：

$$\begin{pmatrix}1&2&4\\2&-1&3\\-1&1&0\\5&1&11\end{pmatrix}\longrightarrow\begin{pmatrix}1&2&4\\0&-5&-5\\0&3&4\\0&-9&-9\end{pmatrix}\longrightarrow\begin{pmatrix}1&2&4\\0&1&1\\0&0&1\\0&0&0\end{pmatrix}$$

$$\text{秩}\begin{pmatrix} 1 & 2 & 4 \\ 2 & -1 & 3 \\ -1 & 1 & 0 \\ 5 & 1 & 11 \end{pmatrix} = 3\text{，而秩}\begin{pmatrix} 1 & 2 \\ 2 & -1 \\ -1 & 1 \\ 5 & 1 \end{pmatrix} = 2.$$ 因此 $\boldsymbol{\beta}_2$ 不能由 $\boldsymbol{\alpha}_1$，$\boldsymbol{\alpha}_2$ 线性表示.

(三) 向量组等价

设有两个向量组

$$\boldsymbol{\alpha}_1, \boldsymbol{\alpha}_2, \cdots, \boldsymbol{\alpha}_s \qquad (A)$$

及

$$\boldsymbol{\beta}_1, \boldsymbol{\beta}_2, \cdots, \boldsymbol{\beta}_t \qquad (B)$$

如果组 (A) 中每一向量都可由组 (B) 线性表示，则称向量组 (A) 可由向量组 (B) 线性表示.

定理 3.4 如果向量组 (A) 可由向量组 (B) 线性表示，而向量组 (B) 又可由向量组 (C) 线性表示，则向量组 (A) 也可由向量组 (C) 线性表示.

证: 设有向量组 $\boldsymbol{\alpha}_1, \boldsymbol{\alpha}_2, \cdots, \boldsymbol{\alpha}_s$ (A)

$\boldsymbol{\beta}_1, \boldsymbol{\beta}_2, \cdots, \boldsymbol{\beta}_t$ (B)

$\boldsymbol{\gamma}_1, \boldsymbol{\gamma}_2, \cdots, \boldsymbol{\gamma}_p$ (C)

如果 $\boldsymbol{\alpha}_i = b_{i1}\boldsymbol{\beta}_1 + b_{i2}\boldsymbol{\beta}_2 + \cdots + b_{it}\boldsymbol{\beta}_t \quad (i = 1, 2, \cdots, s)$ ①

$\boldsymbol{\beta}_k = c_{k1}\boldsymbol{\gamma}_1 + c_{k2}\boldsymbol{\gamma}_2 + \cdots + c_{kp}\boldsymbol{\gamma}_p \quad (k = 1, 2, \cdots, t)$ ②

将 ② 式代入 ① 式可得

$$\begin{aligned} \boldsymbol{\alpha}_i = & b_{i1}(c_{11}\boldsymbol{\gamma}_1 + c_{12}\boldsymbol{\gamma}_2 + \cdots + c_{1p}\boldsymbol{\gamma}_p) \\ & + b_{i2}(c_{21}\boldsymbol{\gamma}_1 + c_{22}\boldsymbol{\gamma}_2 + \cdots + c_{2p}\boldsymbol{\gamma}_p) \\ & + \cdots\cdots \\ & + b_{it}(c_{t1}\boldsymbol{\gamma}_1 + c_{t2}\boldsymbol{\gamma}_2 + \cdots + c_{tp}\boldsymbol{\gamma}_p) \quad (i = 1, 2, \cdots, s) \end{aligned}$$

整理后得

$$\begin{aligned} \boldsymbol{\alpha}_i = & (b_{i1}c_{11} + b_{i2}c_{21} + \cdots + b_{it}c_{t1})\boldsymbol{\gamma}_1 \\ & + (b_{i1}c_{12} + b_{i2}c_{22} + \cdots + b_{it}c_{t2})\boldsymbol{\gamma}_2 \\ & + \cdots\cdots \\ & + (b_{i1}c_{1p} + b_{i2}c_{2p} + \cdots + b_{it}c_{tp})\boldsymbol{\gamma}_p \quad (i = 1, 2, \cdots, s) \end{aligned}$$

即向量组(A) 可由向量组(C) 线性表示.

定义 3.6 设有两个向量组

$$\boldsymbol{\alpha}_1, \boldsymbol{\alpha}_2, \cdots, \boldsymbol{\alpha}_s \qquad (A)$$

及

$$\boldsymbol{\beta}_1, \boldsymbol{\beta}_2, \cdots, \boldsymbol{\beta}_t \qquad (B)$$

如果向量组(A)，(B) 可以相互线性表示，则称向量组(A) 与(B) 等价.

根据定义 3.6 和定理 3.4，可以得到向量组等价的性质：

(1) 自反性　任一向量组与其自身等价.

(2) 对称性　如果向量组 (A) 与 (B) 等价，则向量组 (B) 与(A) 等价.

(3) 传递性　如果向量组 (A) 与 (B) 等价，向量组 (B) 与 (C) 等价，则向量组 (A) 与 (C) 等价.

例 6　设向量组

(A) $\boldsymbol{\varepsilon}_1=(1,0,0)^{\mathrm{T}}$，$\boldsymbol{\varepsilon}_2=(0,1,0)^{\mathrm{T}}$，$\boldsymbol{\varepsilon}_3=(0,0,1)^{\mathrm{T}}$

(B) $\boldsymbol{\alpha}_1=(1,0,0)^{\mathrm{T}}$，$\boldsymbol{\alpha}_2=(1,1,0)^{\mathrm{T}}$，$\boldsymbol{\alpha}_3=(1,1,1)^{\mathrm{T}}$

(C) $\boldsymbol{\beta}_1=(0,0,0)^{\mathrm{T}}$，$\boldsymbol{\beta}_2=(1,1,0)^{\mathrm{T}}$，$\boldsymbol{\beta}_3=(1,0,0)^{\mathrm{T}}$

试判断三个向量组是否相互等价.

解：因为 $\boldsymbol{\alpha}_1=\boldsymbol{\varepsilon}_1$，$\boldsymbol{\alpha}_2=\boldsymbol{\varepsilon}_1+\boldsymbol{\varepsilon}_2$，$\boldsymbol{\alpha}_3=\boldsymbol{\varepsilon}_1+\boldsymbol{\varepsilon}_2+\boldsymbol{\varepsilon}_3$，所以向量组 (B) 可由向量组 (A) 线性表示.

又 $\boldsymbol{\varepsilon}_1=\boldsymbol{\alpha}_1$，$\boldsymbol{\varepsilon}_2=\boldsymbol{\alpha}_2-\boldsymbol{\alpha}_1$，$\boldsymbol{\varepsilon}_3=\boldsymbol{\alpha}_3-\boldsymbol{\alpha}_2$，所以向量组 (A) 可由向量组 (B) 线性表示，故向量组 (A) 与 (B) 等价.

向量组 (C) 可由向量组 (A) 线性表示：

$$\boldsymbol{\beta}_1=0\boldsymbol{\varepsilon}_1+0\boldsymbol{\varepsilon}_2+0\boldsymbol{\varepsilon}_3,\ \boldsymbol{\beta}_2=\boldsymbol{\varepsilon}_1+\boldsymbol{\varepsilon}_2,\ \boldsymbol{\beta}_3=\boldsymbol{\varepsilon}_1$$

但向量 $\boldsymbol{\varepsilon}_3$ 不能由向量组 (C) 线性表示，所以向量组 (A) 不能由向量组 (C) 线性表示. 故向量组 (A) 与 (C) 不等价，由此可知向量组 (B) 与 (C) 不等价.

例 7　已知向量组(A)：$\boldsymbol{\alpha}_1=(1,0,1)^{\mathrm{T}}$，$\boldsymbol{\alpha}_2=(1,1,2)^{\mathrm{T}}$，$\boldsymbol{\alpha}_3=(1,-1,a+1)^{\mathrm{T}}$ 和向量组(B)：$\boldsymbol{\beta}_1=(1,2,a+2)^{\mathrm{T}}$，$\boldsymbol{\beta}_2=(2,1,a+4)^{\mathrm{T}}$，$\boldsymbol{\beta}_3=(2,1,a+2)^{\mathrm{T}}$. 试问：当 a 为何值时，向量组(A) 与(B) 等价？当 a 为何值时，向量组(A) 与(B) 不等价？

解　根据定义 3.6，只需讨论 a 为何值时，线性方程组 $x_1\boldsymbol{\alpha}_1+x_2\boldsymbol{\alpha}_2+x_3\boldsymbol{\alpha}_3=\boldsymbol{\beta}_i(i=1,2,3)$ 有解，并且线性方程组 $y_1\boldsymbol{\beta}_1+y_2\boldsymbol{\beta}_2+y_3\boldsymbol{\beta}_3=\boldsymbol{\alpha}_i(i=1,2,3)$ 也有解. 逐个验证这六个线性方程组是否有解，过程十分烦琐. 我们可以直接对矩阵$(\boldsymbol{\alpha}_1,\boldsymbol{\alpha}_2,\boldsymbol{\alpha}_3\mid\boldsymbol{\beta}_1,\boldsymbol{\beta}_2,\boldsymbol{\beta}_3)$施以初等行变换，同时判断 a 为何值时，向量组(A) 与(B) 等价或不等价：

$$(\alpha_1,\alpha_2,\alpha_3\mid\beta_1,\beta_2,\beta_3)=\left(\begin{array}{ccc|ccc}1&1&1&1&2&2\\0&1&-1&2&1&1\\1&2&a+1&a+2&a+4&a+2\end{array}\right)\to\left(\begin{array}{ccc|ccc}1&0&2&-1&1&1\\0&1&-1&2&1&1\\0&0&a+1&a-1&a+1&a-1\end{array}\right)$$

由最后一个矩阵可得

(1) 当 $a\neq-1$ 时，矩阵$(\boldsymbol{\alpha}_1,\boldsymbol{\alpha}_2,\boldsymbol{\alpha}_3)$的秩 $\mathrm{r}(\boldsymbol{\alpha}_1,\boldsymbol{\alpha}_2,\boldsymbol{\alpha}_3)=3$，且 $\mathrm{r}(\boldsymbol{\alpha}_1,\boldsymbol{\alpha}_2,\boldsymbol{\alpha}_3,\boldsymbol{\beta}_i)=3,(i=1,2,3)$，根据定理 3.3，$\boldsymbol{\beta}_1,\boldsymbol{\beta}_2,\boldsymbol{\beta}_3$ 可由向量组(A) 线性表示.

同时，$a\neq-1$ 时，行列式 $|\boldsymbol{\beta}_1,\boldsymbol{\beta}_2,\boldsymbol{\beta}_3|=6\neq0$，所以 $\mathrm{r}(\boldsymbol{\beta}_1,\boldsymbol{\beta}_2,\boldsymbol{\beta}_3)=3$，也必有 $\mathrm{r}(\boldsymbol{\beta}_1,\boldsymbol{\beta}_2,\boldsymbol{\beta}_3,\boldsymbol{\alpha}_i)=3(i=1,2,3)$，根据定理 3.3，向量 $\boldsymbol{\alpha}_1,\boldsymbol{\alpha}_2,\boldsymbol{\alpha}_3$ 可由向量组(B) 线性表示. 由此，向量组(A) 与(B) 等价.

(2) 当 $a=-1$ 时，$\mathrm{r}(\boldsymbol{\alpha}_1,\boldsymbol{\alpha}_2,\boldsymbol{\alpha}_3)=2$，而 $\mathrm{r}(\boldsymbol{\alpha}_1,\boldsymbol{\alpha}_2,\boldsymbol{\alpha}_3,\boldsymbol{\beta}_1)=3$，$\mathrm{r}(\boldsymbol{\alpha}_1,\boldsymbol{\alpha}_2,\boldsymbol{\alpha}_3,\boldsymbol{\beta}_3)=3$，线性方程组 $x_1\boldsymbol{\alpha}_1+x_2\boldsymbol{\alpha}_2+x_3\boldsymbol{\alpha}_3=\boldsymbol{\beta}_i(i=1,3)$ 无解，即向量 $\boldsymbol{\beta}_1,\boldsymbol{\beta}_3$ 不能由向量 $\boldsymbol{\alpha}_1,\boldsymbol{\alpha}_2,\boldsymbol{\alpha}_3$ 线性表示. 因此，向量组(A) 与(B) 不等价.

§3.3 向量组的线性相关性

(一) 线性相关与线性无关

齐次线性方程组 (3.9) 可以写成零向量与系数列向量的如下线性关系式

$$x_1\boldsymbol{\alpha}_1+x_2\boldsymbol{\alpha}_2+\cdots+x_n\boldsymbol{\alpha}_n=\mathbf{0}$$

它称为齐次线性方程组 (3.9) 的向量形式. 其中

$$\boldsymbol{\alpha}_j=\begin{pmatrix}a_{1j}\\a_{2j}\\\vdots\\a_{mj}\end{pmatrix}\quad(j=1,2,\cdots,n),\quad \mathbf{0}=\begin{pmatrix}0\\0\\\vdots\\0\end{pmatrix}$$

都是 m 维列向量. 因为零向量是任意向量组的线性组合，所以齐次线性方程组一定有零解，即 $0\cdot\boldsymbol{\alpha}_1+0\cdot\boldsymbol{\alpha}_2+\cdots+0\cdot\boldsymbol{\alpha}_n=\mathbf{0}$ 总是成立的. 问题是齐次线性方程组 (3.9) 除零解外是否还有非零解，即是否存在一组不全为零的数 k_1，k_2，…，k_n 使关系式

$$k_1\boldsymbol{\alpha}_1+k_2\boldsymbol{\alpha}_2+\cdots+k_n\boldsymbol{\alpha}_n=\mathbf{0}$$

成立.

例如，齐次线性方程组

$$\begin{cases}3x_1-2x_2=0\\-6x_1+4x_2=0\end{cases}$$

除零解 $x_1=0$，$x_2=0$ 外，还有非零解，如 $x_1=2$，$x_2=3$. 因此，系数列向量组 $\boldsymbol{\alpha}_1=\begin{pmatrix}3\\-6\end{pmatrix}$，$\boldsymbol{\alpha}_2=\begin{pmatrix}-2\\4\end{pmatrix}$ 与零向量 $\begin{pmatrix}0\\0\end{pmatrix}$ 之间，除有关系 $0\cdot\boldsymbol{\alpha}_1+0\cdot\boldsymbol{\alpha}_2=\mathbf{0}$ 之外，还有 $2\boldsymbol{\alpha}_1+3\boldsymbol{\alpha}_2=\mathbf{0}$ 等关系.

而齐次线性方程组

$$\begin{cases}x_1-x_2=0\\2x_1+x_2=0\end{cases}$$

仅有零解，即系数列向量组 $\boldsymbol{\beta}_1=\begin{pmatrix}1\\2\end{pmatrix}$，$\boldsymbol{\beta}_2=\begin{pmatrix}-1\\1\end{pmatrix}$ 与零向量 $\begin{pmatrix}0\\0\end{pmatrix}$ 之间，仅有关系式 $0\cdot\boldsymbol{\beta}_1+0\cdot\boldsymbol{\beta}_2=\mathbf{0}$.

我们引入以下重要概念：

定义 3.7 对于向量组 $\boldsymbol{\alpha}_1$，$\boldsymbol{\alpha}_2$，…，$\boldsymbol{\alpha}_s$，如果存在一组不全为零的数 k_1，k_2，…，k_s 使关系式

$$k_1\boldsymbol{\alpha}_1+k_2\boldsymbol{\alpha}_2+\cdots+k_s\boldsymbol{\alpha}_s=\mathbf{0}\tag{3.11}$$

成立，则称向量组 $\boldsymbol{\alpha}_1$，$\boldsymbol{\alpha}_2$，…，$\boldsymbol{\alpha}_s$线性相关；如果式(3.11)当且仅当 $k_1=k_2=\cdots=k_s=0$ 时成立，则称向量组 $\boldsymbol{\alpha}_1$，$\boldsymbol{\alpha}_2$，…，$\boldsymbol{\alpha}_s$ 线性无关.

前面例中 $\boldsymbol{\alpha}_1=\begin{pmatrix}3\\-6\end{pmatrix}$，$\boldsymbol{\alpha}_2=\begin{pmatrix}-2\\4\end{pmatrix}$线性相关，而 $\boldsymbol{\beta}_1=\begin{pmatrix}1\\2\end{pmatrix}$与 $\boldsymbol{\beta}_2=\begin{pmatrix}-1\\1\end{pmatrix}$线性无关.

定理 3.5 对于 m 维列向量组 $\boldsymbol{\alpha}_1$，$\boldsymbol{\alpha}_2$，…，$\boldsymbol{\alpha}_n$，其中

$$\boldsymbol{\alpha}_j=\begin{pmatrix}a_{1j}\\a_{2j}\\\vdots\\a_{mj}\end{pmatrix}\ (j=1,\ 2,\ \cdots,\ n)$$

则 $\boldsymbol{\alpha}_1$，$\boldsymbol{\alpha}_2$，…，$\boldsymbol{\alpha}_n$ 线性相关的充分必要条件是：以 $\boldsymbol{\alpha}_1$，$\boldsymbol{\alpha}_2$，…，$\boldsymbol{\alpha}_n$ 为列向量的矩阵的秩小于向量的个数 n.

定理 3.5 也可以叙述为：对于 m 维行向量组 $\boldsymbol{\alpha}_1$，$\boldsymbol{\alpha}_2$，…，$\boldsymbol{\alpha}_n$，其中 $\boldsymbol{\alpha}_j=(a_{1j},\ a_{2j},\ \cdots,\ a_{mj})\ (j=1,\ 2,\ \cdots,\ n)$，则 $\boldsymbol{\alpha}_1$，$\boldsymbol{\alpha}_2$，…，$\boldsymbol{\alpha}_n$线性相关的充分必要条件是：以 $\boldsymbol{\alpha}_1^{\mathrm{T}}$，$\boldsymbol{\alpha}_2^{\mathrm{T}}$，…，$\boldsymbol{\alpha}_n^{\mathrm{T}}$ 为列向量的矩阵的秩小于向量的个数 n.

证：齐次线性方程组

$$x_1\boldsymbol{\alpha}_1+x_2\boldsymbol{\alpha}_2+\cdots+x_n\boldsymbol{\alpha}_n=\mathbf{0}$$

有非零解的充分必要条件是：系数矩阵的秩小于未知数的个数 n，由此定理得证.

此定理的另一说法是：m 维列向量组 $\boldsymbol{\alpha}_1$，$\boldsymbol{\alpha}_2$，…，$\boldsymbol{\alpha}_n$ 线性无关的充分必要条件是：以 $\boldsymbol{\alpha}_1$，$\boldsymbol{\alpha}_2$，…，$\boldsymbol{\alpha}_n$ 为列向量的矩阵的秩等于向量的个数 n.

这一结论对于行向量组显然也成立.

推论 1 设 n 个 n 维向量 $\boldsymbol{\alpha}_j=(a_{1j},\ a_{2j},\ \cdots,\ a_{nj})\ (j=1,\ 2,\ \cdots,\ n)$，则向量组 $\boldsymbol{\alpha}_1$，$\boldsymbol{\alpha}_2$，…，$\boldsymbol{\alpha}_n$ 线性相关的充分必要条件是：

$$\begin{vmatrix}a_{11}&a_{12}&\cdots&a_{1n}\\a_{21}&a_{22}&\cdots&a_{2n}\\\vdots&\vdots&&\vdots\\a_{n1}&a_{n2}&\cdots&a_{nn}\end{vmatrix}=0$$

或者说，设 n 个 n 维向量 $\boldsymbol{\alpha}_j=(a_{1j},\ a_{2j},\ \cdots,\ a_{nj})\ (j=1,\ 2,\ \cdots,\ n)$，则向量组 $\boldsymbol{\alpha}_1$，$\boldsymbol{\alpha}_2$，…，$\boldsymbol{\alpha}_n$ 线性无关的充分必要条件是：

$$\begin{vmatrix}a_{11}&a_{12}&\cdots&a_{1n}\\a_{21}&a_{22}&\cdots&a_{2n}\\\vdots&\vdots&&\vdots\\a_{n1}&a_{n2}&\cdots&a_{nn}\end{vmatrix}\neq 0$$

实际上，根据定理 3.5，n 维向量组 $\boldsymbol{\alpha}_1$，$\boldsymbol{\alpha}_2$，…，$\boldsymbol{\alpha}_n$ 线性无关的充分必要条件是矩阵 $(\boldsymbol{\alpha}_1^{\mathrm{T}},\ \boldsymbol{\alpha}_2^{\mathrm{T}},\ \cdots,\ \boldsymbol{\alpha}_n^{\mathrm{T}})$ 满秩，即

$$\begin{vmatrix} a_{11} & a_{21} & \cdots & a_{n1} \\ a_{12} & a_{22} & \cdots & a_{n2} \\ \vdots & \vdots & & \vdots \\ a_{1n} & a_{2n} & \cdots & a_{nn} \end{vmatrix} \neq 0，亦即 \begin{vmatrix} a_{11} & a_{12} & \cdots & a_{1n} \\ a_{21} & a_{22} & \cdots & a_{2n} \\ \vdots & \vdots & & \vdots \\ a_{n1} & a_{n2} & \cdots & a_{nn} \end{vmatrix} \neq 0$$

推论 2　当向量组中所含向量的个数大于向量的维数时，此向量组线性相关.

证: 设 $\boldsymbol{\alpha}_j=(a_{1j}, a_{2j}, \cdots, a_{mj})\ (j=1, 2, \cdots, n)$，齐次线性方程组

$$x_1\boldsymbol{\alpha}_1+x_2\boldsymbol{\alpha}_2+\cdots+x_n\boldsymbol{\alpha}_n=\mathbf{0}$$

由于 $m<n$，故有非零解，由此得证.

例 1　证明 $\mathbf{R}^n$ 中的初始单位向量组 $\boldsymbol{\varepsilon}_1, \boldsymbol{\varepsilon}_2, \cdots, \boldsymbol{\varepsilon}_n$ 线性无关.

因为 $|\boldsymbol{I}_n|=1\neq 0$，故 $\boldsymbol{\varepsilon}_1, \boldsymbol{\varepsilon}_2, \cdots, \boldsymbol{\varepsilon}_n$ 线性无关.

例 2　一个零向量线性相关；而一个非零向量线性无关.

因为当 $\boldsymbol{\alpha}=\mathbf{0}$ 时，对任意 $k\neq 0$，都有 $k\boldsymbol{\alpha}=\mathbf{0}$ 成立，而当 $\boldsymbol{\alpha}\neq\mathbf{0}$ 时，当且仅当 $k=0$ 时 $k\boldsymbol{\alpha}=\mathbf{0}$ 才成立.

例 3　判断向量组 $\boldsymbol{\alpha}_1=(1, 2, -1, 5)$，$\boldsymbol{\alpha}_2=(2, -1, 1, 1)$，$\boldsymbol{\alpha}_3=(4, 3, -1, 11)$ 是否线性相关.

解: 对矩阵 $(\boldsymbol{\alpha}_1^{\mathrm{T}}, \boldsymbol{\alpha}_2^{\mathrm{T}}, \boldsymbol{\alpha}_3^{\mathrm{T}})$ 施以初等变换化为阶梯形矩阵:

$$\begin{pmatrix} 1 & 2 & 4 \\ 2 & -1 & 3 \\ -1 & 1 & -1 \\ 5 & 1 & 11 \end{pmatrix} \to \begin{pmatrix} 1 & 2 & 4 \\ 0 & -5 & -5 \\ 0 & 3 & 3 \\ 0 & -9 & -9 \end{pmatrix} \to \begin{pmatrix} 1 & 2 & 4 \\ 0 & 1 & 1 \\ 0 & 0 & 0 \\ 0 & 0 & 0 \end{pmatrix}$$

$$秩\begin{pmatrix} 1 & 2 & 4 \\ 2 & -1 & 3 \\ -1 & 1 & -1 \\ 5 & 1 & 11 \end{pmatrix}=2<3$$

所以向量组 $\boldsymbol{\alpha}_1, \boldsymbol{\alpha}_2, \boldsymbol{\alpha}_3$ 线性相关.

例 4　判断向量组 $\boldsymbol{\alpha}_1=(1, 2, 0, 1)$，$\boldsymbol{\alpha}_2=(1, 3, 0, -1)$，$\boldsymbol{\alpha}_3=(-1, -1, 1, 0)$ 是否线性相关.

解: $\begin{pmatrix} 1 & 1 & -1 \\ 2 & 3 & -1 \\ 0 & 0 & 1 \\ 1 & -1 & 0 \end{pmatrix}$ 中有三阶子式 $\begin{vmatrix} 1 & 1 & -1 \\ 2 & 3 & -1 \\ 0 & 0 & 1 \end{vmatrix}=1\neq 0$，即这个矩阵的秩为 3，恰等于向量组中向量的个数，故向量组 $\boldsymbol{\alpha}_1, \boldsymbol{\alpha}_2, \boldsymbol{\alpha}_3$ 线性无关.

例 5　证明：如果向量组 $\boldsymbol{\alpha}, \boldsymbol{\beta}, \boldsymbol{\gamma}$ 线性无关，则向量组 $\boldsymbol{\alpha}+\boldsymbol{\beta}, \boldsymbol{\beta}+\boldsymbol{\gamma}, \boldsymbol{\gamma}+\boldsymbol{\alpha}$ 亦线性无关.

证: 方法一　设有一组数 k_1, k_2, k_3 使

$$k_1(\boldsymbol{\alpha}+\boldsymbol{\beta})+k_2(\boldsymbol{\beta}+\boldsymbol{\gamma})+k_3(\boldsymbol{\gamma}+\boldsymbol{\alpha})=\mathbf{0} \qquad ①$$

成立，整理得

$$(k_1+k_3)\boldsymbol{\alpha}+(k_1+k_2)\boldsymbol{\beta}+(k_2+k_3)\boldsymbol{\gamma}=\mathbf{0}$$

由 $\boldsymbol{\alpha}$, $\boldsymbol{\beta}$, $\boldsymbol{\gamma}$ 线性无关，故

$$\begin{cases} k_1 \quad\quad +k_3=0 \\ k_1+k_2 \quad\quad =0 \\ \quad\quad k_2+k_3=0 \end{cases} \qquad ②$$

因为 $\begin{vmatrix} 1 & 0 & 1 \\ 1 & 1 & 0 \\ 0 & 1 & 1 \end{vmatrix}=2\neq 0$，故方程组 ② 仅有零解，即只有 $k_1=k_2=k_3=0$ 时 ① 式才成立，因而向量组 $\boldsymbol{\alpha}+\boldsymbol{\beta}$, $\boldsymbol{\beta}+\boldsymbol{\gamma}$, $\boldsymbol{\gamma}+\boldsymbol{\alpha}$ 线性无关.

方法二 不妨设 $\boldsymbol{\alpha}$, $\boldsymbol{\beta}$, $\boldsymbol{\gamma}$ 均为同维列向量. 记 $\boldsymbol{\xi}_1=\boldsymbol{\alpha}+\boldsymbol{\beta}$, $\boldsymbol{\xi}_2=\boldsymbol{\beta}+\boldsymbol{\gamma}$, $\boldsymbol{\xi}_3=\boldsymbol{\gamma}+\boldsymbol{\alpha}$，则其矩阵形式为

$$(\boldsymbol{\xi}_1, \boldsymbol{\xi}_2, \boldsymbol{\xi}_3)=(\boldsymbol{\alpha}, \boldsymbol{\beta}, \boldsymbol{\gamma})\begin{pmatrix} 1 & 0 & 1 \\ 1 & 1 & 0 \\ 0 & 1 & 1 \end{pmatrix}$$

记矩阵 $\boldsymbol{A}=\begin{pmatrix} 1 & 0 & 1 \\ 1 & 1 & 0 \\ 0 & 1 & 1 \end{pmatrix}$, $\boldsymbol{B}=(\boldsymbol{\alpha}, \boldsymbol{\beta}, \boldsymbol{\gamma})$, $\boldsymbol{C}=(\boldsymbol{\xi}_1, \boldsymbol{\xi}_2, \boldsymbol{\xi}_3)$，则上式可写为 $\boldsymbol{C}=\boldsymbol{BA}$.

容易求得 $|\boldsymbol{A}|=2\neq 0$. 所以 $\boldsymbol{A}$ 可逆，根据 §2.8 的例 4，有 $\mathrm{r}(\boldsymbol{B})=\mathrm{r}(\boldsymbol{BA})$. 因 $\boldsymbol{\alpha}$, $\boldsymbol{\beta}$, $\boldsymbol{\gamma}$ 线性无关，由定理 3.5 知 $\mathrm{r}(\boldsymbol{B})=3$，所以 $\mathrm{r}(\boldsymbol{C})=\mathrm{r}(\boldsymbol{BA})=\mathrm{r}(\boldsymbol{B})=3$. 故 $\boldsymbol{\xi}_1$, $\boldsymbol{\xi}_2$, $\boldsymbol{\xi}_3$ 线性无关，即 $\boldsymbol{\alpha}+\boldsymbol{\beta}$, $\boldsymbol{\beta}+\boldsymbol{\gamma}$, $\boldsymbol{\gamma}+\boldsymbol{\alpha}$ 线性无关.

定理 3.6 如果向量组中有一部分向量(称为部分组)线性相关，则整个向量组线性相关.

证: 设向量组 $\boldsymbol{\alpha}_1, \boldsymbol{\alpha}_2, \cdots, \boldsymbol{\alpha}_s$ 中有 r 个 $(r\leqslant s)$ 向量的部分组线性相关，不妨设 $\boldsymbol{\alpha}_1, \boldsymbol{\alpha}_2, \cdots, \boldsymbol{\alpha}_r$ 线性相关，则存在不全为零的数 $k_1, k_2, \cdots, k_r$ 使

$$k_1\boldsymbol{\alpha}_1+k_2\boldsymbol{\alpha}_2+\cdots+k_r\boldsymbol{\alpha}_r=\mathbf{0}$$

成立，因而存在一组不全为零的数 $k_1, k_2, \cdots, k_r, 0, 0, \cdots, 0$ 使

$$k_1\boldsymbol{\alpha}_1+k_2\boldsymbol{\alpha}_2+\cdots+k_r\boldsymbol{\alpha}_r+0\cdot\boldsymbol{\alpha}_{r+1}+\cdots+0\cdot\boldsymbol{\alpha}_s=\mathbf{0}$$

成立，即 $\boldsymbol{\alpha}_1, \boldsymbol{\alpha}_2, \cdots, \boldsymbol{\alpha}_s$ 线性相关.

此定理也可叙述为：线性无关的向量组中任何一部分组皆线性无关.

例 6 含有零向量的向量组线性相关.

因零向量线性相关，由定理 3.6 可知，该向量组也线性相关.

(二) 关于线性组合与线性相关的定理

定理 3.7 向量组 $\boldsymbol{\alpha}_1, \boldsymbol{\alpha}_2, \cdots, \boldsymbol{\alpha}_s$ $(s\geqslant 2)$ 线性相关的充分必要条件是：其中至少有一个向量是其余 $s-1$ 个向量的线性组合.

证： 必要性

因为 $\boldsymbol{\alpha}_1, \boldsymbol{\alpha}_2, \cdots, \boldsymbol{\alpha}_s$ 线性相关，故存在一组不全为零的数 $k_1, k_2, \cdots, k_s$ 使

$$k_1\boldsymbol{\alpha}_1 + k_2\boldsymbol{\alpha}_2 + \cdots + k_s\boldsymbol{\alpha}_s = \mathbf{0}$$

成立. 不妨设 $k_1 \neq 0$，于是

$$\boldsymbol{\alpha}_1 = \left(-\frac{k_2}{k_1}\right)\boldsymbol{\alpha}_2 + \left(-\frac{k_3}{k_1}\right)\boldsymbol{\alpha}_3 + \cdots + \left(-\frac{k_s}{k_1}\right)\boldsymbol{\alpha}_s$$

即 $\boldsymbol{\alpha}_1$ 为 $\boldsymbol{\alpha}_2, \boldsymbol{\alpha}_3, \cdots, \boldsymbol{\alpha}_s$ 的线性组合.

充分性

如果 $\boldsymbol{\alpha}_1, \boldsymbol{\alpha}_2, \cdots, \boldsymbol{\alpha}_s$ 中至少有一个向量是其余 $s-1$ 个向量的线性组合，不妨设

$$\boldsymbol{\alpha}_1 = k_2\boldsymbol{\alpha}_2 + k_3\boldsymbol{\alpha}_3 + \cdots + k_s\boldsymbol{\alpha}_s$$

因此存在一组不全为零的数 $-1, k_2, k_3, \cdots, k_s$ 使

$$(-1)\boldsymbol{\alpha}_1 + k_2\boldsymbol{\alpha}_2 + \cdots + k_s\boldsymbol{\alpha}_s = \mathbf{0}$$

成立，即 $\boldsymbol{\alpha}_1, \boldsymbol{\alpha}_2, \cdots, \boldsymbol{\alpha}_s$ 线性相关.

例如，设有向量组 $\boldsymbol{\alpha}_1 = (1, -1, 1, 0)$，$\boldsymbol{\alpha}_2 = (1, 0, 1, 0)$，$\boldsymbol{\alpha}_3 = (0, 1, 0, 0)$，因为 $\boldsymbol{\alpha}_1 - \boldsymbol{\alpha}_2 + \boldsymbol{\alpha}_3 = \mathbf{0}$，故 $\boldsymbol{\alpha}_1, \boldsymbol{\alpha}_2, \boldsymbol{\alpha}_3$ 线性相关.

由 $\boldsymbol{\alpha}_1 - \boldsymbol{\alpha}_2 + \boldsymbol{\alpha}_3 = \mathbf{0}$ 可得

$$\boldsymbol{\alpha}_1 = \boldsymbol{\alpha}_2 - \boldsymbol{\alpha}_3,\ \boldsymbol{\alpha}_2 = \boldsymbol{\alpha}_1 + \boldsymbol{\alpha}_3,\ \boldsymbol{\alpha}_3 = -\boldsymbol{\alpha}_1 + \boldsymbol{\alpha}_2$$

又如，$\boldsymbol{\alpha}_1 = (1, -2)$，$\boldsymbol{\alpha}_2 = \left(-\frac{1}{2}, 1\right)$，有 $\boldsymbol{\alpha}_1 = -2\boldsymbol{\alpha}_2$，由此可得 $\boldsymbol{\alpha}_1 + 2\boldsymbol{\alpha}_2 = \mathbf{0}$，即 $\boldsymbol{\alpha}_1$，$\boldsymbol{\alpha}_2$ 线性相关.

定理 3.8　如果向量组 $\boldsymbol{\alpha}_1, \boldsymbol{\alpha}_2, \cdots, \boldsymbol{\alpha}_s, \boldsymbol{\beta}$ 线性相关，而 $\boldsymbol{\alpha}_1, \boldsymbol{\alpha}_2, \cdots, \boldsymbol{\alpha}_s$ 线性无关，则向量 $\boldsymbol{\beta}$ 可由向量组 $\boldsymbol{\alpha}_1, \boldsymbol{\alpha}_2, \cdots, \boldsymbol{\alpha}_s$ 线性表示且表示法唯一.

证： 先证 $\boldsymbol{\beta}$ 可由 $\boldsymbol{\alpha}_1, \boldsymbol{\alpha}_2, \cdots, \boldsymbol{\alpha}_s$ 线性表示.

因 $\boldsymbol{\alpha}_1, \boldsymbol{\alpha}_2, \cdots, \boldsymbol{\alpha}_s, \boldsymbol{\beta}$ 线性相关，因而存在一组不全为零的数 $k_1, k_2, \cdots, k_s$ 及 k，使

$$k_1\boldsymbol{\alpha}_1 + k_2\boldsymbol{\alpha}_2 + \cdots + k_s\boldsymbol{\alpha}_s + k\boldsymbol{\beta} = \mathbf{0}$$

成立. 其中必有 $k \neq 0$，否则，上式成为

$$k_1\boldsymbol{\alpha}_1 + k_2\boldsymbol{\alpha}_2 + \cdots + k_s\boldsymbol{\alpha}_s = \mathbf{0}$$

且 $k_1, k_2, \cdots, k_s$ 不全为零，这与 $\boldsymbol{\alpha}_1, \boldsymbol{\alpha}_2, \cdots, \boldsymbol{\alpha}_s$ 线性无关矛盾. 因此 $k \neq 0$. 故

$$\boldsymbol{\beta} = \left(-\frac{k_1}{k}\right)\boldsymbol{\alpha}_1 + \left(-\frac{k_2}{k}\right)\boldsymbol{\alpha}_2 + \cdots + \left(-\frac{k_s}{k}\right)\boldsymbol{\alpha}_s$$

即 $\boldsymbol{\beta}$ 是 $\boldsymbol{\alpha}_1, \boldsymbol{\alpha}_2, \cdots, \boldsymbol{\alpha}_s$ 的线性组合.

再证表示法唯一.

如果　$\boldsymbol{\beta} = h_1\boldsymbol{\alpha}_1 + h_2\boldsymbol{\alpha}_2 + \cdots + h_s\boldsymbol{\alpha}_s$

且 $$\boldsymbol{\beta}=l_1\boldsymbol{\alpha}_1+l_2\boldsymbol{\alpha}_2+\cdots+l_s\boldsymbol{\alpha}_s$$
则有 $$(h_1-l_1)\boldsymbol{\alpha}_1+(h_2-l_2)\boldsymbol{\alpha}_2+\cdots+(h_s-l_s)\boldsymbol{\alpha}_s=\mathbf{0}$$
成立. 由 $\boldsymbol{\alpha}_1,\boldsymbol{\alpha}_2,\cdots,\boldsymbol{\alpha}_s$ 线性无关可知

$$h_1-l_1=h_2-l_2=\cdots=h_s-l_s=0$$

即 $h_1=l_1,h_2=l_2,\cdots,h_s=l_s$，所以表示法是唯一的.

例如，任意一向量 $\boldsymbol{\alpha}=(a_1,a_2,\cdots,a_n)$ 可由初始单位向量组 $\boldsymbol{\varepsilon}_1,\boldsymbol{\varepsilon}_2,\cdots,\boldsymbol{\varepsilon}_n$ 唯一地线性表示，即

$$\boldsymbol{\alpha}=a_1\boldsymbol{\varepsilon}_1+a_2\boldsymbol{\varepsilon}_2+\cdots+a_n\boldsymbol{\varepsilon}_n$$

定理 3.9 设有两个向量组

$$\boldsymbol{\alpha}_1,\boldsymbol{\alpha}_2,\cdots,\boldsymbol{\alpha}_s \tag{A}$$

及 $$\boldsymbol{\beta}_1,\boldsymbol{\beta}_2,\cdots,\boldsymbol{\beta}_t \tag{B}$$

向量组 (B) 可由向量组 (A) 线性表示. 如果 $s<t$，则向量组 (B) 线性相关.

证: 由定理条件知

$$\boldsymbol{\beta}_j=a_{1j}\boldsymbol{\alpha}_1+a_{2j}\boldsymbol{\alpha}_2+\cdots+a_{sj}\boldsymbol{\alpha}_s\quad(j=1,2,\cdots,t) \tag{①}$$

如果有一组数 $k_1,k_2,\cdots,k_t$ 使

$$k_1\boldsymbol{\beta}_1+k_2\boldsymbol{\beta}_2+\cdots+k_t\boldsymbol{\beta}_t=\mathbf{0} \tag{②}$$

成立，我们需要证明 $k_1,k_2,\cdots,k_s$ 可以不全为零.

把 ① 式代入 ② 式得

$$\begin{aligned}&k_1(a_{11}\boldsymbol{\alpha}_1+a_{21}\boldsymbol{\alpha}_2+\cdots+a_{s1}\boldsymbol{\alpha}_s)\\&\quad+k_2(a_{12}\boldsymbol{\alpha}_1+a_{22}\boldsymbol{\alpha}_2+\cdots+a_{s2}\boldsymbol{\alpha}_2)\\&\quad+\cdots\cdots\\&\quad+k_t(a_{1t}\boldsymbol{\alpha}_1+a_{2t}\boldsymbol{\alpha}_2+\cdots+a_{st}\boldsymbol{\alpha}_s)=\mathbf{0}\end{aligned} \tag{③}$$

整理后得

$$\begin{aligned}&(a_{11}k_1+a_{12}k_2+\cdots+a_{1t}k_t)\boldsymbol{\alpha}_1\\&+(a_{21}k_1+a_{22}k_2+\cdots+a_{2t}k_t)\boldsymbol{\alpha}_2\\&+\cdots\cdots\\&+(a_{s1}k_1+a_{s2}k_2+\cdots+a_{st}k_t)\boldsymbol{\alpha}_t=\mathbf{0}\end{aligned} \tag{④}$$

因为 $s<t$，故齐次线性方程组

$$\begin{cases}a_{11}x_1+a_{12}x_2+\cdots+a_{1t}x_t=0\\a_{21}x_1+a_{22}x_2+\cdots+a_{2t}x_t=0\\\cdots\cdots\\a_{s1}x_1+a_{s2}x_2+\cdots+a_{st}x_t=0\end{cases} \tag{⑤}$$

有非零解. 因此可取 $k_1,k_2,\cdots,k_t$ 为上述齐次线性方程组 ⑤ 的一个非零解. 这个非零解可

使方程组④成立，因而可使方程组③成立，即有不全为零的一组数 $k_1, k_2, \cdots, k_t$ 使②式成立. 所以，向量组 (B) 线性相关.

这个定理的另一种说法是：如果向量组 (B) 可由向量组 (A) 线性表示，且向量组 (B) 线性无关，则 $t \leqslant s$.

推论　设向量组 (A) 与向量组 (B) 等价，如果向量组 (A)，(B) 都是线性无关的，则 $s=t$.

证：向量组(A) 线性无关且可由向量组 (B) 线性表示，则 $s \leqslant t$；向量组 (B) 线性无关且可由向量组 (A) 线性表示，则 $t \leqslant s$. 于是 $s=t$.

§3.4　向量组的秩

(一) 向量组的极大无关组

设有向量组 $\boldsymbol{\alpha}_1, \boldsymbol{\alpha}_2, \cdots, \boldsymbol{\alpha}_s$，只要组中的向量不全为零向量，则至少有一个向量不为零向量，因而它至少有一个向量的部分组线性无关；再考察两个向量的部分组，如果有两个向量的部分组线性无关，则往下考察三个向量的部分组；依此类推. 最后总能达到向量组中有 $r(\leqslant s)$ 个向量的部分组线性无关，而没有多于 $r(\leqslant s)$ 个向量的部分组线性无关，则含有 r 个向量的线性无关的部分组是最大的线性无关的部分组.

定义 3.8　如果 n 维向量组 $\boldsymbol{\alpha}_1, \boldsymbol{\alpha}_2, \cdots, \boldsymbol{\alpha}_s$ 中的一个线性无关的部分组 $\boldsymbol{\alpha}_{j_1}, \boldsymbol{\alpha}_{j_2}, \cdots, \boldsymbol{\alpha}_{j_r}(r \leqslant s)$，$r$ 已达到最大可能，即如果除这 r 个向量以外向量组中还有其他向量，那么任意 $r+1$ 个向量构成的部分组均线性相关，则 $\boldsymbol{\alpha}_{j_1}, \boldsymbol{\alpha}_{j_2}, \cdots, \boldsymbol{\alpha}_{j_r}$ 称为向量组 $\boldsymbol{\alpha}_1, \boldsymbol{\alpha}_2, \cdots, \boldsymbol{\alpha}_s$ 的一个极大线性无关部分组，简称极大无关组.

向量组的极大无关组可能不止一个，但由定义可知，其向量的个数是相同的.

例如，二维向量组 $\boldsymbol{\alpha}_1=(0, 1)$，$\boldsymbol{\alpha}_2=(1, 0)$，$\boldsymbol{\alpha}_3=(1, 1)$，$\boldsymbol{\alpha}_4=(0, 2)$. 因为任何三个二维向量的向量组必线性相关，又 $\boldsymbol{\alpha}_1, \boldsymbol{\alpha}_2$ 线性无关，故 $\boldsymbol{\alpha}_1, \boldsymbol{\alpha}_2$ 是 $\boldsymbol{\alpha}_1, \boldsymbol{\alpha}_2, \boldsymbol{\alpha}_3, \boldsymbol{\alpha}_4$ 的一个极大无关组，同样 $\boldsymbol{\alpha}_2, \boldsymbol{\alpha}_3$ 也是一个极大无关组.

如果向量组 $\boldsymbol{\alpha}_1, \boldsymbol{\alpha}_2, \cdots, \boldsymbol{\alpha}_s$ 线性无关，其极大无关组就是其自身. 仅含零向量的向量组不存在极大无关组.

定理 3.10　如果 $\boldsymbol{\alpha}_{j_1}, \boldsymbol{\alpha}_{j_2}, \cdots, \boldsymbol{\alpha}_{j_r}$ 是 $\boldsymbol{\alpha}_1, \boldsymbol{\alpha}_2, \cdots, \boldsymbol{\alpha}_s$ 的线性无关部分组，它是极大无关组的充分必要条件是：$\boldsymbol{\alpha}_1, \boldsymbol{\alpha}_2, \cdots, \boldsymbol{\alpha}_s$ 中每一个向量都可由 $\boldsymbol{\alpha}_{j_1}, \boldsymbol{\alpha}_{j_2}, \cdots, \boldsymbol{\alpha}_{j_r}$ 线性表示.

证：*必要性*

如果 $\boldsymbol{\alpha}_{j_1}, \boldsymbol{\alpha}_{j_2}, \cdots, \boldsymbol{\alpha}_{j_r}$ 是 $\boldsymbol{\alpha}_1, \boldsymbol{\alpha}_2, \cdots, \boldsymbol{\alpha}_s$ 的一个极大无关组，则当 j 是 $j_1, j_2, \cdots, j_r$ 中的数时，显然 $\boldsymbol{\alpha}_j$ $(1 \leqslant j \leqslant s)$ 可由 $\boldsymbol{\alpha}_{j_1}, \boldsymbol{\alpha}_{j_2}, \cdots, \boldsymbol{\alpha}_{j_r}$ 线性表示；当 j 不是 $j_1, j_2, \cdots, j_r$ 中的数时，$\boldsymbol{\alpha}_j, \boldsymbol{\alpha}_{j_1}, \boldsymbol{\alpha}_{j_2}, \cdots, \boldsymbol{\alpha}_{j_r}$ 线性相关，又因为 $\boldsymbol{\alpha}_{j_1}, \boldsymbol{\alpha}_{j_2}, \cdots, \boldsymbol{\alpha}_{j_r}$ 线性无关，根据定理 3.8，$\boldsymbol{\alpha}_j$ 可由 $\boldsymbol{\alpha}_{j_1}, \boldsymbol{\alpha}_{j_2}, \cdots, \boldsymbol{\alpha}_{j_r}$ 线性表示.

充分性

如果 $\boldsymbol{\alpha}_1, \boldsymbol{\alpha}_2, \cdots, \boldsymbol{\alpha}_s$ 可由线性无关部分组 $\boldsymbol{\alpha}_{j_1}, \boldsymbol{\alpha}_{j_2}, \cdots, \boldsymbol{\alpha}_{j_r}$ 线性表示，根据定理 3.9，$\boldsymbol{\alpha}_1, \boldsymbol{\alpha}_2, \cdots, \boldsymbol{\alpha}_s$ 中任何 $r+1$ $(s>r)$ 个向量的部分组都线性相关，那么 $\boldsymbol{\alpha}_{j_1}, \boldsymbol{\alpha}_{j_2}, \cdots, \boldsymbol{\alpha}_{j_r}$ 是极大无关组.

显然，向量组与其极大无关组可互相线性表示，即向量组与其极大无关组等价.

(二) 向量组的秩

定义 3.9 向量组 $\boldsymbol{\alpha}_1, \boldsymbol{\alpha}_2, \cdots, \boldsymbol{\alpha}_s$ 的极大无关组所含向量的个数，称为向量组的秩，记为

$$r(\boldsymbol{\alpha}_1, \boldsymbol{\alpha}_2, \cdots, \boldsymbol{\alpha}_s)$$

线性代数中一般规定，全由零向量组成的向量组的秩为零.

上例中二维向量组 $\boldsymbol{\alpha}_1=(0, 1)$，$\boldsymbol{\alpha}_2=(1, 0)$，$\boldsymbol{\alpha}_3=(1, 1)$，$\boldsymbol{\alpha}_4=(0, 2)$，其秩 $r(\boldsymbol{\alpha}_1, \boldsymbol{\alpha}_2, \boldsymbol{\alpha}_3, \boldsymbol{\alpha}_4)=2$.

我们把矩阵 $\boldsymbol{A}$ 的行向量组的秩称为矩阵 $\boldsymbol{A}$ 的行秩；把矩阵 $\boldsymbol{A}$ 的列向量组的秩称为矩阵 $\boldsymbol{A}$ 的列秩.

定理 3.11 $\boldsymbol{A}$ 为 $m\times n$ 矩阵，$r(\boldsymbol{A})=r$ 的充分必要条件是：$\boldsymbol{A}$ 的列(行) 秩为 r.

证： 必要性

设 $\boldsymbol{A}=(a_{ij})_{m\times n}$，如果 $r(\boldsymbol{A})=r$，则存在 $\boldsymbol{A}$ 的 r 阶子式不为零，不妨设

$$\begin{vmatrix} a_{11} & a_{12} & \cdots & a_{1r} \\ a_{21} & a_{22} & \cdots & a_{2r} \\ \vdots & \vdots & & \vdots \\ a_{r1} & a_{r2} & \cdots & a_{rr} \end{vmatrix} \neq 0$$

令
$$\boldsymbol{A}_1=\begin{pmatrix} a_{11} & a_{12} & \cdots & a_{1r} \\ a_{21} & a_{22} & \cdots & a_{2r} \\ \vdots & \vdots & & \vdots \\ a_{r1} & a_{r2} & \cdots & a_{rr} \end{pmatrix}$$

则由定义 2.13 知 $r(\boldsymbol{A}_1)=r$，又由定理 3.5 的另一说法知，$\boldsymbol{A}_1$ 的 r 个列向量线性无关，即 $\boldsymbol{A}$ 中有 r 个列向量线性无关.

再证明 $\boldsymbol{A}$ 的任何 $r+1$ 个列向量线性相关.

用反证法. 假设 $\boldsymbol{A}$ 中有 $r+1$ 个列向量线性无关，不妨设

$$\boldsymbol{A}_2=\begin{pmatrix} a_{11} & a_{12} & \cdots & a_{1r} & a_{1r+1} \\ a_{21} & a_{22} & \cdots & a_{2r} & a_{2r+1} \\ \vdots & \vdots & & \vdots & \vdots \\ a_{m1} & a_{m2} & \cdots & a_{mr} & a_{mr+1} \end{pmatrix}$$

为 $\boldsymbol{A}$ 的 $r+1$ 个线性无关的列向量组成的矩阵，则由定理 3.5 的另一说法知 $r(\boldsymbol{A}_2)=r+1$，由矩阵秩的定义知，$\boldsymbol{A}_2$ 有 $r+1$ 阶子式不为零，即 $\boldsymbol{A}$ 有 $r+1$ 阶子式不为零，这与 $r(\boldsymbol{A})=r$ 矛盾. 因此 $\boldsymbol{A}$ 的任何 $r+1$ 个列向量均线性相关. 于是知 $\boldsymbol{A}$ 的列秩为 r.

充分性

如果 $\boldsymbol{A}$ 的列秩为 r，不妨设 $\boldsymbol{A}$ 的前 r 列为 $\boldsymbol{A}$ 的列向量组的一个极大无关组.

$$\text{设}\quad \boldsymbol{A}_1=\begin{pmatrix} a_{11} & a_{12} & \cdots & a_{1r} \\ \vdots & \vdots & & \vdots \\ a_{r1} & a_{r2} & \cdots & a_{rr} \\ \vdots & \vdots & & \vdots \\ a_{m1} & a_{m2} & \cdots & a_{mr} \end{pmatrix}$$

由定理 3.5 的另一说法知 $\mathrm{r}(\boldsymbol{A}_1)=r$，故 $\boldsymbol{A}_1$ 中有 r 阶子式不为零，即 $\boldsymbol{A}$ 中有 r 阶子式不为零.

再证 $\boldsymbol{A}$ 中任何 $r+1$ 阶子式全为零.

用反证法. 假设 $\boldsymbol{A}$ 中有一个 $r+1$ 阶子式不为零，不妨设

$$\begin{vmatrix} a_{11} & a_{12} & \cdots & a_{1\,r+1} \\ a_{21} & a_{22} & \cdots & a_{2\,r+1} \\ \vdots & \vdots & & \vdots \\ a_{r+1\,1} & a_{r+1\,2} & \cdots & a_{r+1\,r+1} \end{vmatrix}\neq 0$$

$$\text{令}\quad \boldsymbol{A}_2=\begin{pmatrix} a_{11} & a_{12} & \cdots & a_{1\,r+1} \\ \vdots & \vdots & & \vdots \\ a_{r+1\,1} & a_{r+1\,2} & \cdots & a_{r+1\,r+1} \\ \vdots & \vdots & & \vdots \\ a_{m1} & a_{m2} & \cdots & a_{m\,r+1} \end{pmatrix}$$

则 $\mathrm{r}(\boldsymbol{A}_2)=r+1$，即 $\boldsymbol{A}_2$ 的 $r+1$ 个列向量线性无关，亦即 $\boldsymbol{A}$ 的前 $r+1$ 个列向量线性无关，这与 $\boldsymbol{A}$ 的列秩为 r 矛盾，故 $\boldsymbol{A}$ 的所有 $r+1$ 阶子式均为零，于是 $\mathrm{r}(\boldsymbol{A})=r$，即 $\mathrm{r}(\boldsymbol{A})$ 等于 $\boldsymbol{A}$ 的列秩.

通过类似的方法可证：$\mathrm{r}(\boldsymbol{A})=r$ 的充分必要条件是 $\boldsymbol{A}$ 的行秩为 r.

推论　矩阵 $\boldsymbol{A}$ 的行秩与列秩相等.

因为行秩、列秩均等于 $\mathrm{r}(\boldsymbol{A})$.

我们还可以证明：如果对矩阵 $\boldsymbol{A}$ 仅施以初等行变换化为矩阵 $\overline{\boldsymbol{A}}$，则 $\overline{\boldsymbol{A}}$ 的列向量组与 $\boldsymbol{A}$ 的列向量组间有相同的线性关系，即：

(1) 如果 $\boldsymbol{A}$ 的列向量组 $\boldsymbol{\alpha}_1,\boldsymbol{\alpha}_2,\cdots,\boldsymbol{\alpha}_n$ 中，部分组 $\boldsymbol{\alpha}_{j_1},\boldsymbol{\alpha}_{j_2},\cdots,\boldsymbol{\alpha}_{j_s}$ 线性无关，则 $\overline{\boldsymbol{A}}$ 的列向量组 $\bar{\boldsymbol{\alpha}}_1,\bar{\boldsymbol{\alpha}}_2,\cdots,\bar{\boldsymbol{\alpha}}_n$ 中，对应的 $\bar{\boldsymbol{\alpha}}_{j_1},\bar{\boldsymbol{\alpha}}_{j_2},\cdots,\bar{\boldsymbol{\alpha}}_{j_s}$ 也线性无关. 反之亦然.

(2) 如果 $\boldsymbol{A}$ 的列向量组 $\boldsymbol{\alpha}_1,\boldsymbol{\alpha}_2,\cdots,\boldsymbol{\alpha}_n$ 中，某个向量 $\boldsymbol{\alpha}_j$ 可由其中的 $\boldsymbol{\alpha}_{j_1},\boldsymbol{\alpha}_{j_2},\cdots,\boldsymbol{\alpha}_{j_s}$ 线性表示：

$$\boldsymbol{\alpha}_j=k_1\boldsymbol{\alpha}_{j_1}+k_2\boldsymbol{\alpha}_{j_2}+\cdots+k_s\boldsymbol{\alpha}_{j_s}$$

则 $\overline{\boldsymbol{A}}$ 的列向量组 $\bar{\boldsymbol{\alpha}}_1,\bar{\boldsymbol{\alpha}}_2,\cdots,\bar{\boldsymbol{\alpha}}_n$ 中，对应的 $\bar{\boldsymbol{\alpha}}_j$ 可由其中的 $\bar{\boldsymbol{\alpha}}_{j_1},\bar{\boldsymbol{\alpha}}_{j_2},\cdots,\bar{\boldsymbol{\alpha}}_{j_s}$ 线性表示：

$$\bar{\boldsymbol{\alpha}}_j=k_1\bar{\boldsymbol{\alpha}}_{j_1}+k_2\bar{\boldsymbol{\alpha}}_{j_2}+\cdots+k_s\bar{\boldsymbol{\alpha}}_{j_s}$$

类似地，如果对矩阵 $\boldsymbol{A}$ 仅施以初等列变换化为矩阵 $\overline{\boldsymbol{A}}$，则 $\overline{\boldsymbol{A}}$ 的行向量组与 $\boldsymbol{A}$ 的行向量组间有相同的线性关系(证明略).

简言之，矩阵的初等行(列)变换不改变其列(行)向量间的线性关系.

例 1　求向量组 $\boldsymbol{\alpha}_1=(2,4,2)$，$\boldsymbol{\alpha}_2=(1,1,0)$，$\boldsymbol{\alpha}_3=(2,3,1)$，$\boldsymbol{\alpha}_4=(3,5,2)$ 的一个极大无关组，并把其余向量用该极大无关组线性表示.

解：方法一　对矩阵 $\boldsymbol{A}=(\boldsymbol{\alpha}_1^{\mathrm{T}},\boldsymbol{\alpha}_2^{\mathrm{T}},\boldsymbol{\alpha}_3^{\mathrm{T}},\boldsymbol{\alpha}_4^{\mathrm{T}})$ 仅施以初等行变换：

$$\boldsymbol{A}=\begin{pmatrix}2&1&2&3\\4&1&3&5\\2&0&1&2\end{pmatrix}\longrightarrow\begin{pmatrix}2&1&2&3\\0&-1&-1&-1\\0&-1&-1&-1\end{pmatrix}$$

$$\longrightarrow\begin{pmatrix}2&1&2&3\\0&1&1&1\\0&0&0&0\end{pmatrix}\longrightarrow\begin{pmatrix}1&0&\frac{1}{2}&1\\0&1&1&1\\0&0&0&0\end{pmatrix}$$

由最后一个矩阵可知：$\boldsymbol{\alpha}_1$，$\boldsymbol{\alpha}_2$ 为一个极大无关组，且

$$\begin{cases}\boldsymbol{\alpha}_3=\frac{1}{2}\boldsymbol{\alpha}_1+\boldsymbol{\alpha}_2\\\boldsymbol{\alpha}_4=\boldsymbol{\alpha}_1+\boldsymbol{\alpha}_2\end{cases}$$

方法二　将 $\boldsymbol{\alpha}_1$，$\boldsymbol{\alpha}_2$，$\boldsymbol{\alpha}_3$，$\boldsymbol{\alpha}_4$ 作为矩阵的行向量组，得矩阵

$$\boldsymbol{A}=\begin{pmatrix}2&4&2\\1&1&0\\2&3&1\\3&5&2\end{pmatrix}\begin{matrix}\boldsymbol{\alpha}_1\\\boldsymbol{\alpha}_2\\\boldsymbol{\alpha}_3\\\boldsymbol{\alpha}_4\end{matrix}$$

对 $\boldsymbol{A}$ 施以初等行变换，化为阶梯形矩阵，并在矩阵右侧标注所作的变换：

$$\boldsymbol{A}\rightarrow\begin{pmatrix}2&4&2\\0&-1&-1\\0&-1&-1\\0&-1&-1\end{pmatrix}\begin{matrix}\boldsymbol{\alpha}_1\\\boldsymbol{\alpha}_2-\frac{1}{2}\boldsymbol{\alpha}_1\\\boldsymbol{\alpha}_3-\boldsymbol{\alpha}_1\\\boldsymbol{\alpha}_4-\frac{3}{2}\boldsymbol{\alpha}_1\end{matrix}$$

$$\longrightarrow\begin{pmatrix}2&4&2\\0&-1&-1\\0&0&0\\0&0&0\end{pmatrix}\begin{matrix}\boldsymbol{\alpha}_1\\\boldsymbol{\alpha}_2-\frac{1}{2}\boldsymbol{\alpha}_1\\\boldsymbol{\alpha}_3-\boldsymbol{\alpha}_1-\left(\boldsymbol{\alpha}_2-\frac{1}{2}\boldsymbol{\alpha}_1\right)\\\boldsymbol{\alpha}_4-\frac{3}{2}\boldsymbol{\alpha}_1-\left(\boldsymbol{\alpha}_2-\frac{1}{2}\boldsymbol{\alpha}_1\right)\end{matrix}$$

由最后的阶梯形矩阵可知，$\boldsymbol{\alpha}_1$，$\boldsymbol{\alpha}_2$ 是所求的极大无关组，且

$$\boldsymbol{\alpha}_3-\boldsymbol{\alpha}_1-\left(\boldsymbol{\alpha}_2-\frac{1}{2}\boldsymbol{\alpha}_1\right)=\boldsymbol{0}$$

$$\boldsymbol{\alpha}_4-\frac{3}{2}\boldsymbol{\alpha}_1-\left(\boldsymbol{\alpha}_2-\frac{1}{2}\boldsymbol{\alpha}_1\right)=\mathbf{0}$$

所以，$\boldsymbol{\alpha}_3=\frac{1}{2}\boldsymbol{\alpha}_1+\boldsymbol{\alpha}_2$，$\boldsymbol{\alpha}_4=\boldsymbol{\alpha}_1+\boldsymbol{\alpha}_2$.

由例 1 可以看出，如果需求出一个向量组的极大无关组或秩，并将其余向量用此极大无关组线性表示，只需由此向量组构造矩阵 $\boldsymbol{A}$. 其中方法一要求各向量作为 $\boldsymbol{A}$ 的列向量，并将 $\boldsymbol{A}$ 化为简化的阶梯形矩阵；而方法二要求各向量应作为 $\boldsymbol{A}$ 的行向量，在对 $\boldsymbol{A}$ 施以初等行变换时，要记录计算过程. 一般地，我们利用方法一计算这类问题.

例 2　设向量组 $\boldsymbol{\alpha}_1, \boldsymbol{\alpha}_2, \cdots, \boldsymbol{\alpha}_s$ 可以由向量组 $\boldsymbol{\beta}_1, \boldsymbol{\beta}_2, \cdots, \boldsymbol{\beta}_t$ 线性表示，证明

$$\mathrm{r}(\boldsymbol{\alpha}_1, \boldsymbol{\alpha}_2, \cdots, \boldsymbol{\alpha}_s)\leqslant \mathrm{r}(\boldsymbol{\beta}_1, \boldsymbol{\beta}_2, \cdots, \boldsymbol{\beta}_t)$$

证： 记 $\mathrm{r}(\boldsymbol{\alpha}_1, \boldsymbol{\alpha}_2, \cdots, \boldsymbol{\alpha}_s)=r_1$，$\mathrm{r}(\boldsymbol{\beta}_1, \boldsymbol{\beta}_2, \cdots, \boldsymbol{\beta}_t)=r_2$. 设两个向量组的极大无关组分别为 $\boldsymbol{\alpha}_{j_1}, \boldsymbol{\alpha}_{j_2}, \cdots, \boldsymbol{\alpha}_{j_{r_1}}$ 和 $\boldsymbol{\beta}_{j_1}, \boldsymbol{\beta}_{j_2}, \cdots, \boldsymbol{\beta}_{j_{r_2}}$，则向量组 $\boldsymbol{\alpha}_1, \boldsymbol{\alpha}_2, \cdots, \boldsymbol{\alpha}_s$ 与 $\boldsymbol{\alpha}_{j_1}, \boldsymbol{\alpha}_{j_2}, \cdots, \boldsymbol{\alpha}_{j_{r_1}}$ 等价；向量组 $\boldsymbol{\beta}_1, \boldsymbol{\beta}_2, \cdots, \boldsymbol{\beta}_t$ 与 $\boldsymbol{\beta}_{j_1}, \boldsymbol{\beta}_{j_2}, \cdots, \boldsymbol{\beta}_{j_{r_2}}$ 等价.

因为 $\boldsymbol{\alpha}_1, \boldsymbol{\alpha}_2, \cdots, \boldsymbol{\alpha}_s$ 可以由 $\boldsymbol{\beta}_1, \boldsymbol{\beta}_2, \cdots, \boldsymbol{\beta}_t$ 线性表示，所以 $\boldsymbol{\alpha}_{j_1}, \boldsymbol{\alpha}_{j_2}, \cdots, \boldsymbol{\alpha}_{j_{r_1}}$ 必可由 $\boldsymbol{\beta}_{j_1}, \boldsymbol{\beta}_{j_2}, \cdots, \boldsymbol{\beta}_{j_{r_2}}$ 线性表示，而 $\boldsymbol{\alpha}_{j_1}, \boldsymbol{\alpha}_{j_2}, \cdots, \boldsymbol{\alpha}_{j_{r_1}}$ 线性无关. 由定理 3.9，有 $r_1\leqslant r_2$，即 $\mathrm{r}(\boldsymbol{\alpha}_1, \boldsymbol{\alpha}_2, \cdots, \boldsymbol{\alpha}_s)\leqslant \mathrm{r}(\boldsymbol{\beta}_1, \boldsymbol{\beta}_2, \cdots, \boldsymbol{\beta}_t)$.

定理 3.12　设有向量组

$$\boldsymbol{\alpha}_1, \boldsymbol{\alpha}_2, \cdots, \boldsymbol{\alpha}_s \qquad \text{(A)}$$

和

$$\boldsymbol{\beta}_1, \boldsymbol{\beta}_2, \cdots, \boldsymbol{\beta}_t \qquad \text{(B)}$$

如果向量组 (A) 与 (B) 等价，则 $\mathrm{r}(\boldsymbol{\alpha}_1, \boldsymbol{\alpha}_2, \cdots, \boldsymbol{\alpha}_s)=\mathrm{r}(\boldsymbol{\beta}_1, \boldsymbol{\beta}_2, \cdots, \boldsymbol{\beta}_t)$.

证： 设 $\mathrm{r}(\boldsymbol{\alpha}_1, \boldsymbol{\alpha}_2, \cdots, \boldsymbol{\alpha}_s)=r_1$，$\mathrm{r}(\boldsymbol{\beta}_1, \boldsymbol{\beta}_2, \cdots, \boldsymbol{\beta}_t)=r_2$. 因为向量组 (A)，(B) 可以相互线性表示，利用上面的例 2，有 $r_1\leqslant r_2$ 且 $r_1\geqslant r_2$，故 $r_1=r_2$，即

$$\mathrm{r}(\boldsymbol{\alpha}_1, \boldsymbol{\alpha}_2, \cdots, \boldsymbol{\alpha}_s)=\mathrm{r}(\boldsymbol{\beta}_1, \boldsymbol{\beta}_2, \cdots, \boldsymbol{\beta}_t)$$

应注意，此定理的逆命题一般不正确. 即秩相等的两个向量组未必等价.

例 3　设 $\boldsymbol{A}_{m\times n}$ 及 $\boldsymbol{B}_{n\times s}$ 为两个矩阵，证明：$\boldsymbol{A}$ 与 $\boldsymbol{B}$ 乘积的秩不大于 $\boldsymbol{A}$ 的秩和 $\boldsymbol{B}$ 的秩，即

$$\mathrm{r}(\boldsymbol{AB})\leqslant \min(\mathrm{r}(\boldsymbol{A}), \mathrm{r}(\boldsymbol{B}))$$

证： 设 $\boldsymbol{A}=(a_{ij})_{m\times n}=(\boldsymbol{\alpha}_1, \boldsymbol{\alpha}_2, \cdots, \boldsymbol{\alpha}_n)$

$\boldsymbol{B}=(b_{ij})_{n\times s}$

$\boldsymbol{AB}=\boldsymbol{C}=(c_{ij})_{m\times s}=(\boldsymbol{\gamma}_1, \boldsymbol{\gamma}_2, \cdots, \boldsymbol{\gamma}_s)$

即

$$(\boldsymbol{\gamma}_1, \boldsymbol{\gamma}_2, \cdots, \boldsymbol{\gamma}_s)=(\boldsymbol{\alpha}_1, \boldsymbol{\alpha}_2, \cdots, \boldsymbol{\alpha}_n)\begin{pmatrix} b_{11} & \cdots & b_{1j} & \cdots & b_{1s} \\ b_{21} & \cdots & b_{2j} & \cdots & b_{2s} \\ \vdots & & \vdots & & \vdots \\ b_{n1} & \cdots & b_{nj} & \cdots & b_{ns} \end{pmatrix}$$

因此有 $\boldsymbol{\gamma}_j=b_{1j}\boldsymbol{\alpha}_1+b_{2j}\boldsymbol{\alpha}_2+\cdots+b_{nj}\boldsymbol{\alpha}_n \quad (j=1, 2, \cdots, s)$，即 $\boldsymbol{AB}$ 的列向量组 $\boldsymbol{\gamma}_1, \boldsymbol{\gamma}_2, \cdots, \boldsymbol{\gamma}_s$ 可由 $\boldsymbol{A}$ 的列向量组 $\boldsymbol{\alpha}_1, \boldsymbol{\alpha}_2, \cdots, \boldsymbol{\alpha}_n$ 线性表示，由定理 3.11 及例 2 有：$\mathrm{r}(\boldsymbol{AB})\leqslant \mathrm{r}(\boldsymbol{A})$.

类似方法：设 $\boldsymbol{B}=(b_{ij})=\begin{pmatrix}\boldsymbol{\beta}_1\\\boldsymbol{\beta}_2\\\vdots\\\boldsymbol{\beta}_n\end{pmatrix}$，$\boldsymbol{AB}=(a_{ij})\begin{pmatrix}\boldsymbol{\beta}_1\\\boldsymbol{\beta}_2\\\vdots\\\boldsymbol{\beta}_n\end{pmatrix}$，可以证明：$\mathrm{r}(\boldsymbol{AB})\leqslant\mathrm{r}(\boldsymbol{B})$.

因此，$\mathrm{r}(\boldsymbol{AB})\leqslant\min(\mathrm{r}(\boldsymbol{A}),\ \mathrm{r}(\boldsymbol{B}))$.

例 3 的结论可以作为定理使用.

§3.5　线性方程组解的结构

对于线性方程组 (3.1)，当 $\mathrm{r}(\boldsymbol{A},\boldsymbol{b})=\mathrm{r}(\boldsymbol{A})=r<n$ 时，$\boldsymbol{A}$ 中不为零的 r 阶子式所含的 r 个列以外的 $n-r$ 个列对应的未知量称为自由未知量；当 $r<m$ 时，$\boldsymbol{A}$ 中不为零的 r 阶子式所含的 r 个行所对应的 r 个方程以外的 $m-r$ 个方程是多余的，可删去而不影响方程组 (3.1) 的解.

又 $\mathrm{r}(\boldsymbol{A},\boldsymbol{b})=\mathrm{r}(\boldsymbol{A})=r<n$ 时，方程组 (3.1) 有无穷多个解，为什么式(3.8) 代表了它的全部解？下面我们来讨论与这一问题有关的方程组解的结构.

(一) 齐次线性方程组解的结构

齐次线性方程组 (3.9) 的矩阵形式为

$$\boldsymbol{Ax}=\boldsymbol{0}$$

其中 $\boldsymbol{A}=(a_{ij})_{m\times n},\ \boldsymbol{x}=\begin{pmatrix}x_1\\x_2\\\vdots\\x_n\end{pmatrix}$

方程组 (3.9) 的解有下列性质：

(1) 如果 $\boldsymbol{\xi}_1,\boldsymbol{\xi}_2$ 是齐次线性方程组 (3.9) 的两个解，则 $\boldsymbol{\xi}_1+\boldsymbol{\xi}_2$ 也是它的解.

证： 因为 $\boldsymbol{\xi}_1,\boldsymbol{\xi}_2$ 都是方程组(3.9) 的解，因此

$$\boldsymbol{A\xi}_1=\boldsymbol{0},\ \boldsymbol{A\xi}_2=\boldsymbol{0}$$
$$\boldsymbol{A}(\boldsymbol{\xi}_1+\boldsymbol{\xi}_2)=\boldsymbol{A\xi}_1+\boldsymbol{A\xi}_2=\boldsymbol{0}+\boldsymbol{0}=\boldsymbol{0}$$

即 $\boldsymbol{\xi}_1+\boldsymbol{\xi}_2$ 也是方程组(3.9) 的解.

(2) 如果 $\boldsymbol{\xi}$ 是齐次线性方程组 (3.9) 的解，则 $c\boldsymbol{\xi}$ 也是它的解（c 是常数).

证： 由 $\boldsymbol{A\xi}=\boldsymbol{0}$ 得

$$\boldsymbol{A}(c\boldsymbol{\xi})=c(\boldsymbol{A\xi})=c\,\boldsymbol{0}=\boldsymbol{0}$$

即 $c\boldsymbol{\xi}$ 也是方程组(3.9) 的解.

(3) 如果 $\boldsymbol{\xi}_1,\boldsymbol{\xi}_2,\cdots,\boldsymbol{\xi}_s$ 都是齐次线性方程组 (3.9) 的解，则其线性组合

$$c_1\boldsymbol{\xi}_1+c_2\boldsymbol{\xi}_2+\cdots+c_s\boldsymbol{\xi}_s$$

也是它的解. 其中 $c_1,c_2,\cdots,c_s$ 是任意常数.

由此可知，如果一个齐次线性方程组有非零解，则它就有无穷多解，这无穷多解就构成了一个 n 维向量组．如果我们能求出这个向量组的一个极大无关组，就能用它的线性组合来表示它的全部解．

定义 3.10　如果 $\boldsymbol{\xi}_1, \boldsymbol{\xi}_2, \cdots, \boldsymbol{\xi}_s$ 是齐次线性方程组（3.9）的解向量组的一个极大无关组，则称 $\boldsymbol{\xi}_1, \boldsymbol{\xi}_2, \cdots, \boldsymbol{\xi}_s$ 是方程组（3.9）的一个基础解系．

定理 3.13　如果齐次线性方程组（3.9）的系数矩阵 $\mathbf{A}$ 的秩 $\mathrm{r}(\mathbf{A})=r<n$，则方程组的基础解系存在，且每个基础解系中恰含有 $n-r$ 个解．

证：因为 $\mathrm{r}(\mathbf{A})=r<n$，所以对方程组（3.9）的增广矩阵 $(\mathbf{A} \mid \mathbf{0})$ 施以初等行变换，可化为如下形式：

$$\begin{pmatrix} 1 & 0 & \cdots & 0 & k_{1\,r+1} & k_{1\,r+2} & \cdots & k_{1\,n} & 0 \\ 0 & 1 & \cdots & 0 & k_{2\,r+1} & k_{2\,r+2} & \cdots & k_{2\,n} & 0 \\ \vdots & \vdots & & \vdots & \vdots & \vdots & & \vdots & \vdots \\ 0 & 0 & \cdots & 1 & k_{r\,r+1} & k_{r\,r+2} & \cdots & k_{rn} & 0 \\ 0 & 0 & \cdots & 0 & 0 & \cdots & \cdots & 0 & 0 \\ \vdots & \vdots & & \vdots & \vdots & & & \vdots & \vdots \\ 0 & 0 & \cdots & 0 & 0 & \cdots & \cdots & 0 & 0 \end{pmatrix}$$

即方程组（3.9）与下面的方程组同解

$$\begin{cases} x_1 = -k_{1r+1}x_{r+1} - k_{1r+2}x_{r+2} - \cdots - k_{1n}x_n \\ x_2 = -k_{2r+1}x_{r+1} - k_{2r+2}x_{r+2} - \cdots - k_{2n}x_n \\ \qquad \cdots\cdots \\ x_r = -k_{rr+1}x_{r+1} - k_{rr+2}x_{r+2} - \cdots - k_{rn}x_n \end{cases}$$

其中 $x_{r+1}, x_{r+2}, \cdots, x_n$ 为自由未知量．

对 $n-r$ 个自由未知量分别取

$$\begin{pmatrix} 1 \\ 0 \\ \vdots \\ 0 \end{pmatrix}, \begin{pmatrix} 0 \\ 1 \\ \vdots \\ 0 \end{pmatrix}, \cdots, \begin{pmatrix} 0 \\ 0 \\ \vdots \\ 1 \end{pmatrix}$$

可得方程组（3.9）的 $n-r$ 个解：

$$\boldsymbol{\xi}_1 = \begin{pmatrix} -k_{1r+1} \\ -k_{2r+1} \\ \vdots \\ -k_{rr+1} \\ 1 \\ 0 \\ \vdots \\ 0 \end{pmatrix}, \boldsymbol{\xi}_2 = \begin{pmatrix} -k_{1r+2} \\ -k_{2r+2} \\ \vdots \\ -k_{rr+2} \\ 0 \\ 1 \\ \vdots \\ 0 \end{pmatrix}, \cdots, \boldsymbol{\xi}_{n-r} = \begin{pmatrix} -k_{1n} \\ -k_{2n} \\ \vdots \\ -k_{m} \\ 0 \\ 0 \\ \vdots \\ 1 \end{pmatrix}$$

现在来证明 $\boldsymbol{\xi}_1, \boldsymbol{\xi}_2, \cdots, \boldsymbol{\xi}_{n-r}$ 就是方程组 (3.9) 的一个基础解系.

首先证明 $\boldsymbol{\xi}_1, \boldsymbol{\xi}_2, \cdots, \boldsymbol{\xi}_{n-r}$ 线性无关.

设
$$\boldsymbol{K}=\begin{pmatrix} -k_{1\,r+1} & -k_{1\,r+2} & \cdots & -k_{1n} \\ -k_{2\,r+2} & -k_{2\,r+2} & \cdots & -k_{2n} \\ \vdots & \vdots & & \vdots \\ -k_{rr+1} & -k_{rr+2} & \cdots & -k_{rn} \\ 1 & 0 & \cdots & 0 \\ 0 & 1 & \cdots & 0 \\ \vdots & \vdots & & \vdots \\ 0 & 0 & \cdots & 1 \end{pmatrix}_{n\times(n-r)}$$

有 $n-r$ 阶子式 $\begin{vmatrix} 1 & 0 & 0 & \cdots & 0 \\ 0 & 1 & 0 & \cdots & 0 \\ 0 & 0 & 1 & \cdots & 0 \\ \vdots & \vdots & \vdots & & \vdots \\ 0 & 0 & 0 & \cdots & 1 \end{vmatrix}=1\neq 0$, 即 $\mathrm{r}(\boldsymbol{K})=n-r$.

所以 $\boldsymbol{\xi}_1, \boldsymbol{\xi}_2, \cdots, \boldsymbol{\xi}_{n-r}$ 线性无关.

其次证明方程组 (3.9) 的任意一个解

$$\boldsymbol{\xi}=\begin{pmatrix} d_1 \\ d_2 \\ \vdots \\ d_n \end{pmatrix}$$

都是 $\boldsymbol{\xi}_1, \boldsymbol{\xi}_2, \cdots, \boldsymbol{\xi}_{n-r}$ 的线性组合.

因为 $\begin{cases} d_1=-k_{1\,r+1}d_{r+1}-k_{1\,r+2}d_{r+2}-\cdots-k_{1\,n}d_n \\ d_2=-k_{2\,r+1}d_{r+1}-k_{2\,r+2}d_{r+2}-\cdots-k_{2\,n}d_n \\ \quad\cdots\cdots \\ d_r=-k_{rr+1}d_{r+1}-k_{rr+2}d_{r+2}-\cdots-k_{rn}d_n \end{cases}$, 所以

$$\boldsymbol{\xi}=\begin{pmatrix} -k_{1\,r+1}d_{r+1} & -k_{1\,r+2}d_{r+2} & -\cdots- & k_{1\,n}d_n \\ -k_{2\,r+1}d_{r+1} & -k_{2\,r+2}d_{r+2} & -\cdots- & k_{2\,n}d_n \\ \vdots & \vdots & & \vdots \\ -k_{r\,r+1}d_{r+1} & -k_{r\,r+2}d_{r+2} & -\cdots- & k_{r\,n}d_n \\ d_{r+1} & & & \\ & d_{r+2} & & \\ & & \ddots & \\ & & & d_n \end{pmatrix}$$

$$
= d_{r+1}\begin{pmatrix} -k_{1r+1} \\ -k_{2r+1} \\ \vdots \\ -k_{rr+1} \\ 1 \\ 0 \\ \vdots \\ 0 \end{pmatrix} + d_{r+2}\begin{pmatrix} -k_{1r+2} \\ -k_{2r+2} \\ \vdots \\ -k_{rr+2} \\ 0 \\ 1 \\ \vdots \\ 0 \end{pmatrix} + \cdots + d_n\begin{pmatrix} -k_{1n} \\ -k_{2n} \\ \vdots \\ -k_{rn} \\ 0 \\ 0 \\ \vdots \\ 1 \end{pmatrix}
$$

$$
= d_{r+1}\boldsymbol{\xi}_1 + d_{r+2}\boldsymbol{\xi}_2 + \cdots + d_n\boldsymbol{\xi}_{n-r}
$$

即 $\boldsymbol{\xi}$ 是 $\boldsymbol{\xi}_1$，$\boldsymbol{\xi}_2$，$\cdots$，$\boldsymbol{\xi}_{n-r}$ 的线性组合.

所以 $\boldsymbol{\xi}_1$，$\boldsymbol{\xi}_2$，$\cdots$，$\boldsymbol{\xi}_{n-r}$ 是方程组 (3.9) 的一个基础解系，因此方程组 (3.9) 的全部解为

$$
c_1\boldsymbol{\xi}_1 + c_2\boldsymbol{\xi}_2 + \cdots + c_{n-r}\boldsymbol{\xi}_{n-r} \qquad (c_1, c_2, \cdots, c_{n-r} \text{ 为任意常数})
$$

即式 (3.8).

定理的证明过程给我们指出了求齐次线性方程组的基础解系的方法.

例 1 求如下齐次线性方程组的一个基础解系.

$$
\begin{cases} x_1 - x_2 + 5x_3 - x_4 = 0 \\ x_1 + x_2 - 2x_3 + 3x_4 = 0 \\ 3x_1 - x_2 + 8x_3 + x_4 = 0 \\ x_1 + 3x_2 - 9x_3 + 7x_4 = 0 \end{cases}
$$

解: 对增广矩阵 $(\boldsymbol{A} \vdots \boldsymbol{0})$ 施以如下初等行变换:

$$
(\boldsymbol{A} \vdots \boldsymbol{0}) = \left(\begin{array}{cccc:c} 1 & -1 & 5 & -1 & 0 \\ 1 & 1 & -2 & 3 & 0 \\ 3 & -1 & 8 & 1 & 0 \\ 1 & 3 & -9 & 7 & 0 \end{array}\right)
$$

$$
\longrightarrow \left(\begin{array}{cccc:c} 1 & -1 & 5 & -1 & 0 \\ 0 & 2 & -7 & 4 & 0 \\ 0 & 2 & -7 & 4 & 0 \\ 0 & 4 & -14 & 8 & 0 \end{array}\right)
$$

$$
\longrightarrow \left(\begin{array}{cccc:c} 1 & 0 & \frac{3}{2} & 1 & 0 \\ 0 & 2 & -7 & 4 & 0 \\ 0 & 0 & 0 & 0 & 0 \\ 0 & 0 & 0 & 0 & 0 \end{array}\right)
$$

$$
\longrightarrow \left(\begin{array}{cccc:c} 1 & 0 & \frac{3}{2} & 1 & 0 \\ 0 & 1 & -\frac{7}{2} & 2 & 0 \\ 0 & 0 & 0 & 0 & 0 \\ 0 & 0 & 0 & 0 & 0 \end{array}\right)
$$

即原方程组与下面的方程组

$$\begin{cases} x_1 = -\dfrac{3}{2}x_3 - x_4 \\ x_2 = \dfrac{7}{2}x_3 - 2x_4 \end{cases}$$

同解，其中 x_3，x_4 为自由未知量.

让自由未知量 $\begin{pmatrix} x_3 \\ x_4 \end{pmatrix}$ 分别取值 $\begin{pmatrix} 1 \\ 0 \end{pmatrix}$，$\begin{pmatrix} 0 \\ 1 \end{pmatrix}$，得方程组的解为

$$\boldsymbol{\xi}_1 = \begin{pmatrix} -\dfrac{3}{2} \\ \dfrac{7}{2} \\ 1 \\ 0 \end{pmatrix}, \quad \boldsymbol{\xi}_2 = \begin{pmatrix} -1 \\ -2 \\ 0 \\ 1 \end{pmatrix}$$

$\boldsymbol{\xi}_1$，$\boldsymbol{\xi}_2$ 就是所给方程组的一个基础解系.

例 2 用基础解系表示如下线性方程组的全部解.

$$\begin{cases} x_1 + x_2 + x_3 + 4x_4 - 3x_5 = 0 \\ x_1 - x_2 + 3x_3 - 2x_4 - x_5 = 0 \\ 2x_1 + x_2 + 3x_3 + 5x_4 - 5x_5 = 0 \\ 3x_1 + x_2 + 5x_3 + 6x_4 - 7x_5 = 0 \end{cases}$$

解: $m = 4$，$n = 5$，$m < n$，因此所给方程组有无穷多个解. 对增广矩阵 $(\boldsymbol{A} \mid \boldsymbol{0})$ 施以初等行变换：

$$(\boldsymbol{A} \mid \boldsymbol{0}) = \left(\begin{array}{ccccc|c} 1 & 1 & 1 & 4 & -3 & 0 \\ 1 & -1 & 3 & -2 & -1 & 0 \\ 2 & 1 & 3 & 5 & -5 & 0 \\ 3 & 1 & 5 & 6 & -7 & 0 \end{array}\right)$$

$$\longrightarrow \left(\begin{array}{ccccc|c} 1 & 1 & 1 & 4 & -3 & 0 \\ 0 & -2 & 2 & -6 & 2 & 0 \\ 0 & -1 & 1 & -3 & 1 & 0 \\ 0 & -2 & 2 & -6 & 2 & 0 \end{array}\right)$$

$$\longrightarrow \left(\begin{array}{ccccc|c} 1 & 0 & 2 & 1 & -2 & 0 \\ 0 & 1 & -1 & 3 & -1 & 0 \\ 0 & 0 & 0 & 0 & 0 & 0 \\ 0 & 0 & 0 & 0 & 0 & 0 \end{array}\right)$$

即原方程组与方程组

$$\begin{cases} x_1 = -2x_3 - x_4 + 2x_5 \\ x_2 = x_3 - 3x_4 + x_5 \end{cases}$$

同解，其中 x_3，x_4，x_5 为自由未知量.

让自由未知量 $\begin{pmatrix} x_3 \\ x_4 \\ x_5 \end{pmatrix}$ 分别取值 $\begin{pmatrix} 1 \\ 0 \\ 0 \end{pmatrix}$，$\begin{pmatrix} 0 \\ 1 \\ 0 \end{pmatrix}$，$\begin{pmatrix} 0 \\ 0 \\ 1 \end{pmatrix}$，得方程组的解为

$$\boldsymbol{\xi}_1 = \begin{pmatrix} -2 \\ 1 \\ 1 \\ 0 \\ 0 \end{pmatrix},\ \boldsymbol{\xi}_2 = \begin{pmatrix} -1 \\ -3 \\ 0 \\ 1 \\ 0 \end{pmatrix},\ \boldsymbol{\xi}_3 = \begin{pmatrix} 2 \\ 1 \\ 0 \\ 0 \\ 1 \end{pmatrix}$$

$\boldsymbol{\xi}_1$，$\boldsymbol{\xi}_2$，$\boldsymbol{\xi}_3$ 就是所给方程组的一个基础解系. 因此，方程组的全部解为

$$\boldsymbol{\xi} = c_1 \begin{pmatrix} -2 \\ 1 \\ 1 \\ 0 \\ 0 \end{pmatrix} + c_2 \begin{pmatrix} -1 \\ -3 \\ 0 \\ 1 \\ 0 \end{pmatrix} + c_3 \begin{pmatrix} 2 \\ 1 \\ 0 \\ 0 \\ 1 \end{pmatrix}$$

其中 c_1，c_2，c_3 为任意常数.

应注意，当齐次线性方程组 $\boldsymbol{A}\boldsymbol{x} = \boldsymbol{0}$ 的系数矩阵 $\boldsymbol{A}_{m\times n}$ 的秩 $\mathrm{r}(\boldsymbol{A}) = n$ 时，方程组不存在基础解系，方程组 $\boldsymbol{A}\boldsymbol{x} = \boldsymbol{0}$ 仅有零解；而当 $\mathrm{r}(\boldsymbol{A}) = 0$（即 $\boldsymbol{A}$ 为零矩阵）时，任意 n 个线性无关的 n 维列向量都可以构成方程组 $\boldsymbol{A}\boldsymbol{x} = \boldsymbol{0}$ 的基础解系.

例 3 设矩阵 $\boldsymbol{A} = (a_{ij})_{m\times n}$，$\boldsymbol{B} = (b_{ij})_{n\times s}$ 满足 $\boldsymbol{AB} = \boldsymbol{O}$，并且 $\mathrm{r}(\boldsymbol{A}) = r$. 试证：$\mathrm{r}(\boldsymbol{B}) \leqslant n - r$.

证： 设矩阵 $\boldsymbol{B} = (\boldsymbol{\alpha}_1, \boldsymbol{\alpha}_2, \cdots, \boldsymbol{\alpha}_s)$，其中

$$\boldsymbol{\alpha}_j = (b_{1j}, b_{2j}, \cdots, b_{nj})^{\mathrm{T}} \quad (j = 1, 2, \cdots, s)$$

则

$$\boldsymbol{AB} = \boldsymbol{A}(\boldsymbol{\alpha}_1, \boldsymbol{\alpha}_2, \cdots, \boldsymbol{\alpha}_s) = (\boldsymbol{A}\boldsymbol{\alpha}_1, \boldsymbol{A}\boldsymbol{\alpha}_2, \cdots, \boldsymbol{A}\boldsymbol{\alpha}_s)$$

由 $\boldsymbol{AB} = \boldsymbol{O}$ 可得

$$\boldsymbol{A}\boldsymbol{\alpha}_j = \boldsymbol{0} \quad (j = 1, 2, \cdots, s)$$

考虑齐次线性方程组 $\boldsymbol{A}\boldsymbol{x} = \boldsymbol{0}$，其中

$$\boldsymbol{x} = (x_1, x_2, \cdots, x_n)^{\mathrm{T}}$$

不难看出，矩阵 $\boldsymbol{B}$ 的列向量 $\boldsymbol{\alpha}_1$，$\boldsymbol{\alpha}_2$，…，$\boldsymbol{\alpha}_s$ 都是方程组 $\boldsymbol{A}\boldsymbol{x} = \boldsymbol{0}$ 的解向量. 因为 $\mathrm{r}(\boldsymbol{A}) = r$，所以方程组 $\boldsymbol{A}\boldsymbol{x} = \boldsymbol{0}$ 的任一基础解系所含向量个数均为 $n - r$ 个. 由此可得

$$\mathrm{r}(\boldsymbol{B}) = \mathrm{r}(\boldsymbol{\alpha}_1, \boldsymbol{\alpha}_2, \cdots, \boldsymbol{\alpha}_s) \leqslant n - r$$

本例还可以叙述为：若 $\boldsymbol{AB} = \boldsymbol{O}$，则 $\mathrm{r}(\boldsymbol{A}) + \mathrm{r}(\boldsymbol{B}) \leqslant n$. 这一结论可作为定理使用.

（二）非齐次线性方程组解的结构

非齐次线性方程组（3.1）可以表示为

$$\boldsymbol{A}\boldsymbol{x}=\boldsymbol{b}$$

取 $\boldsymbol{b}=\boldsymbol{0}$，得到的齐次线性方程组

$$\boldsymbol{A}\boldsymbol{x}=\boldsymbol{0}$$

称为非齐次线性方程组 $\boldsymbol{A}\boldsymbol{x}=\boldsymbol{b}$ 的导出组.

非齐次线性方程组 (3.1) 的解与它的导出组 (3.9) 的解之间有下列性质：

(1) 如果 $\boldsymbol{\eta}$ 是非齐次线性方程组 (3.1) 的一个解，$\boldsymbol{\xi}$ 是其导出组的一个解，则 $\boldsymbol{\eta}+\boldsymbol{\xi}$ 也是方程组 (3.1) 的一个解.

证： 因为 $\boldsymbol{\eta}$ 是非齐次线性方程组(3.1) 的一个解，所以有 $\boldsymbol{A\eta}=\boldsymbol{b}$，同理$\boldsymbol{A\xi}=\boldsymbol{0}$，则由

$$\boldsymbol{A}(\boldsymbol{\eta}+\boldsymbol{\xi})=\boldsymbol{A\eta}+\boldsymbol{A\xi}=\boldsymbol{b}+\boldsymbol{0}=\boldsymbol{b}$$

可知 $\boldsymbol{\eta}+\boldsymbol{\xi}$ 是非齐次线性方程组 (3.1) 的解.

(2) 如果 $\boldsymbol{\eta}_1$，$\boldsymbol{\eta}_2$ 是非齐次线性方程组的两个解，则 $\boldsymbol{\eta}_1-\boldsymbol{\eta}_2$ 是其导出组的解.

证： 由 $\boldsymbol{A\eta}_1=\boldsymbol{b}$，$\boldsymbol{A\eta}_2=\boldsymbol{b}$，得

$$\boldsymbol{A}(\boldsymbol{\eta}_1-\boldsymbol{\eta}_2)=\boldsymbol{A\eta}_1-\boldsymbol{A\eta}_2=\boldsymbol{b}-\boldsymbol{b}=\boldsymbol{0}$$

即 $\boldsymbol{\eta}_1-\boldsymbol{\eta}_2$ 为导出组的解.

定理 3.14 如果 $\boldsymbol{\eta}$ 是非齐次线性方程组的一个解，$\boldsymbol{\xi}$ 是其导出组的全部解，则 $\boldsymbol{x}=\boldsymbol{\eta}+\boldsymbol{\xi}$ 是非齐次线性方程组的全部解.

证： 由性质(1) 知，$\boldsymbol{\eta}$ 加上其导出组的一个解仍是非齐次线性方程组的一个解，所以只需证明，非齐次线性方程组的任意一个解 $\boldsymbol{\eta}^*$ 一定是 $\boldsymbol{\eta}$ 与其导出组某一个解 $\boldsymbol{\xi}_1$ 的和. 取

$$\boldsymbol{\xi}_1=\boldsymbol{\eta}^*-\boldsymbol{\eta}$$

由性质 (2) 知，$\boldsymbol{\xi}_1$ 是导出组的一个解，于是得到

$$\boldsymbol{\eta}^*=\boldsymbol{\eta}+\boldsymbol{\xi}_1$$

即非齐次线性方程组的任意一个解，都是其一个解 $\boldsymbol{\eta}$ 与其导出组某一个解的和.

由此定理可知，如果非齐次线性方程组有解，则只需求出它的一个解 $\boldsymbol{\eta}$，并求出其导出组的基础解系 $\boldsymbol{\xi}_1$，$\boldsymbol{\xi}_2$，…，$\boldsymbol{\xi}_{n-r}$，则其全部解可以表示为

$$\boldsymbol{x}=\boldsymbol{\eta}+c_1\boldsymbol{\xi}_1+c_2\boldsymbol{\xi}_2+\cdots+c_{n-r}\boldsymbol{\xi}_{n-r}\quad(c_1,\ c_2,\ \cdots,\ c_{n-r}\text{ 为任意常数})$$

如果非齐次线性方程组的导出组仅有零解，则该非齐次线性方程组只有一个解；如果其导出组有无穷多个解，则它也有无穷多个解.

例 4 用基础解系表示如下线性方程组的全部解.

$$\begin{cases} x_1+5x_2-x_3-x_4=-1 \\ x_1-2x_2+x_3+3x_4=3 \\ 3x_1+8x_2-x_3+x_4=1 \\ x_1-9x_2+3x_3+7x_4=7 \end{cases}$$

解： 作方程组的增广矩阵$(\boldsymbol{A}\,\vdots\,\boldsymbol{b})$，并对它施以初等行变换：

$$(\boldsymbol{A} \vdots \boldsymbol{b})=\left(\begin{array}{cccc:c}1 & 5 & -1 & -1 & -1 \\ 1 & -2 & 1 & 3 & 3 \\ 3 & 8 & -1 & 1 & 1 \\ 1 & -9 & 3 & 7 & 7\end{array}\right) \longrightarrow\left(\begin{array}{cccc:c}1 & 5 & -1 & -1 & -1 \\ 0 & -7 & 2 & 4 & 4 \\ 0 & -7 & 2 & 4 & 4 \\ 0 & -14 & 4 & 8 & 8\end{array}\right)$$

$$\longrightarrow\left(\begin{array}{cccc:c}1 & 5 & -1 & -1 & -1 \\ 0 & -7 & 2 & 4 & 4 \\ 0 & 0 & 0 & 0 & 0 \\ 0 & 0 & 0 & 0 & 0\end{array}\right) \longrightarrow\left(\begin{array}{cccc:c}1 & 0 & \frac{3}{7} & \frac{13}{7} & \frac{13}{7} \\ 0 & -7 & 2 & 4 & 4 \\ 0 & 0 & 0 & 0 & 0 \\ 0 & 0 & 0 & 0 & 0\end{array}\right)$$

$$\longrightarrow\left(\begin{array}{cccc:c}1 & 0 & \frac{3}{7} & \frac{13}{7} & \frac{13}{7} \\ 0 & 1 & -\frac{2}{7} & -\frac{4}{7} & -\frac{4}{7} \\ 0 & 0 & 0 & 0 & 0 \\ 0 & 0 & 0 & 0 & 0\end{array}\right)$$

即原方程组与方程组

$$\begin{cases}x_1=\frac{13}{7}-\frac{3}{7}x_3-\frac{13}{7}x_4 \\ x_2=-\frac{4}{7}+\frac{2}{7}x_3+\frac{4}{7}x_4\end{cases}$$

同解，其中 x_3，x_4 为自由未知量.

让自由未知量 $\begin{pmatrix}x_3\\x_4\end{pmatrix}$ 取值 $\begin{pmatrix}0\\0\end{pmatrix}$，得方程组的一个解

$$\boldsymbol{\eta}=\begin{pmatrix}\frac{13}{7}\\-\frac{4}{7}\\0\\0\end{pmatrix}$$

原方程组的导出组与方程组

$$\begin{cases}x_1=-\frac{3}{7}x_3-\frac{13}{7}x_4 \\ x_2=\frac{2}{7}x_3+\frac{4}{7}x_4\end{cases}$$

同解，其中 x_3，x_4 为自由未知量.

对自由未知量 $\begin{pmatrix}x_3\\x_4\end{pmatrix}$ 取值 $\begin{pmatrix}1\\0\end{pmatrix}$，$\begin{pmatrix}0\\1\end{pmatrix}$，即得导出组的基础解系

$$\boldsymbol{\xi}_1=\begin{pmatrix}-\frac{3}{7}\\\frac{2}{7}\\1\\0\end{pmatrix}, \boldsymbol{\xi}_2=\begin{pmatrix}-\frac{13}{7}\\\frac{4}{7}\\0\\1\end{pmatrix}$$

因此所给方程组的全部解为

$$\boldsymbol{x}=\boldsymbol{\eta}+c_1\boldsymbol{\xi}_1+c_2\boldsymbol{\xi}_2=\begin{pmatrix}\frac{13}{7}\\-\frac{4}{7}\\0\\0\end{pmatrix}+c_1\begin{pmatrix}-\frac{3}{7}\\\frac{2}{7}\\1\\0\end{pmatrix}+c_2\begin{pmatrix}-\frac{13}{7}\\\frac{4}{7}\\0\\1\end{pmatrix}$$

其中 c_1，c_2 为任意常数.

由此例可以看出，求非齐次线性方程组 $\boldsymbol{A}\boldsymbol{x}=\boldsymbol{b}$ 的全部解（或通解），并要求用其导出组的基础解系表示时，应首先对方程组的增广矩阵施以初等行变换，化为阶梯形矩阵，并判断方程组是否有解. 当方程组有无穷多解时，先求出方程组的一个特解 $\boldsymbol{\eta}$，然后求得对应的导出组的一个基础解系 $\boldsymbol{\xi}_1$，$\boldsymbol{\xi}_2$，…，$\boldsymbol{\xi}_{n-r}$，其中 $r=\mathrm{r}(\boldsymbol{A})<n$，则原方程组的全部解为

$$\boldsymbol{x}=\boldsymbol{\eta}+c_1\boldsymbol{\xi}_1+c_2\boldsymbol{\xi}_2+\cdots+c_{n-r}\boldsymbol{\xi}_{n-r}$$

其中 c_1，c_2，…，c_{n-r} 为任意常数.

※§3.6 投入产出数学模型

投入产出分析是 20 世纪 30 年代由美国经济学家里昂惕夫首先提出的，它是研究一个经济系统各部门之间“投入”与“产出”关系的线性模型，一般称之为投入产出模型. 投入产出模型可应用于微观经济系统，也可应用于宏观经济系统的综合平衡分析. 目前，这种分析方法已在全世界多个国家和地区得到了普遍的推广和应用. 自 20 世纪 60 年代起，我国就开始把投入产出分析方法应用于各地区及全国的经济平衡分析.

(一) 投入产出平衡表

设一个经济系统可以分为 n 个生产部门，各部门分别用 1，2，…，n 表示. 部门 i 只生产一种产品 i，并且没有联合生产，即产品 i 仅由部门 i 生产. 每一生产部门，一方面以自己的产品分配给各部门作为生产资料或满足社会的非生产性消费需要，并提供积累. 另一方面，每一生产部门在其生产过程中也要消耗各部门的产品，所以各部门之间形成了一个复杂的相互交错的关系，这一关系可以用投入产出（平衡）表来表示.

投入产出表可以按实物形式编制，也可按价值形式编制，本节仅讨论价值型的投入产出模型. 因此，后面所提到的诸如“产品量”“单位产品”“总产品”“最终产品”等，分别指“产品的价值”“单位产品的价值”“总产值”“最终产品的价值”，等等. 记

x_i $(i=1, 2, \cdots, n)$ 表示第 i 部门总产品；

y_i $(i=1, 2, \cdots, n)$ 表示第 i 部门的最终产品；

x_{ij} $(i, j=1, 2, \cdots, n)$ 表示第 i 部门分配给第 j 部门的产品量，或者说第 j 部门消耗

的第 i 部门的产品量；

z_j $(j=1, 2, \cdots, n)$ 表示第 j 部门新创造的价值；

v_j $(j=1, 2, \cdots, n)$ 表示第 j 部门的劳动报酬；

m_j $(j=1, 2, \cdots, n)$ 表示第 j 部门创造的纯收入(包括利润、税收等).

表 3—1 即为价值型投入产出表.

表 3—1

部门间流量 (x_{ij}) 产出(至)→(j) 投入(自)↓(i)		中间产品 消耗部门					最终产品				总产品
		1	2	…	n	合计	消费	积累	…	合计	
生产部门	1	x_{11}	x_{12}	…	x_{1n}	$\sum_j x_{1j}$				y_1	x_1
	2	x_{21}	x_{22}	…	x_{2n}	$\sum_j x_{2j}$				y_2	x_2
	⋮	⋮	⋮	⋮	⋮	⋮				⋮	⋮
	n	x_{n1}	x_{n2}	…	x_{nn}	$\sum_j x_{nj}$				y_n	x_n
	合计	$\sum_i x_{i1}$	$\sum_i x_{i2}$	…	$\sum_i x_{in}$	$\sum_j \sum_i x_{ij} = \sum_i \sum_j x_{ij}$				$\sum_i y_i$	$\sum_i x_i$
新创造的价值	劳动报酬	v_1	v_2	…	v_n	$\sum_j v_j$					
	纯收入	m_1	m_2	…	m_n	$\sum_j m_j$					
	合计	z_1	z_2	…	z_n	$\sum_j z_j$					
总产值		x_1	x_2	…	x_n	$\sum_j x_j$					

投入产出表分四个部分，称为四个象限.

左上角为第 Ⅰ 象限，在这一部分中，每一个部门都以生产者和消费者的双重身份出现. 从每一横行来看，该部门作为生产部门，以自己的产品分配给各部门；从每一纵列来看，该部门又作为消耗部门在生产过程中消耗各部门的产品. 行与列的交叉点是部门间流量，这个量也是以双重身份出现，它是行部门分配给列部门的产品量，也是列部门消耗的行部门的产品量.

这一部分反映了该经济系统生产部门之间的技术性联系，它是投入产出表最基本的部分.

右上角为第 Ⅱ 象限，反映各部门用于最终产品的部分. 从每一横行来看，反映了该部门最终产品的分配情况；从每一纵列来看，表明用于消费、积累等方面的最终产品分别由各部门提供的数量.

左下角为第 Ⅲ 象限，反映总产品中新创造的价值部分. 每一列指出该部门的新创造的价值，包括劳动报酬和该部门创造的纯收入.

右下角为第Ⅳ象限，这部分反映总收入的再分配，比较复杂，有待进一步研究.

(二) 平衡方程

1. 产品分配平衡方程组

从表 3—1 的行来看，第Ⅰ，Ⅱ象限每一行存在一个等式，即每一个部门作为生产部门分配给各部门用于生产消耗的产品，加上它本部门的最终产品，应等于它的总产品，即

$$\begin{cases} x_1 = x_{11} + x_{12} + \cdots + x_{1n} + y_1 \\ x_2 = x_{21} + x_{22} + \cdots + x_{2n} + y_2 \\ \quad\cdots\cdots \\ x_n = x_{n1} + x_{n2} + \cdots + x_{nn} + y_n \end{cases} \tag{3.12}$$

用总和号表示可以写成

$$x_i = \sum_{j=1}^{n} x_{ij} + y_i \quad (i = 1, 2, \cdots, n) \tag{3.13}$$

这个方程组称为产品分配平衡方程组.

式(3.13)中，$\sum_{j=1}^{n} x_{ij}$ 为第 i 部门分配给各部门生产消耗的产品总和.

2. 产值构成平衡方程组

从表 3—1 的列来看，第Ⅰ，Ⅲ象限的每一列也存在一个等式，即每一个部门作为消耗部门，各部门为它的生产消耗转移的产品价值加上它本部门新创造的价值，应等于它的总产值，即

$$\begin{cases} x_1 = x_{11} + x_{21} + \cdots + x_{n1} + z_1 \\ x_2 = x_{12} + x_{22} + \cdots + x_{n2} + z_2 \\ \quad\cdots\cdots \\ x_n = x_{1n} + x_{2n} + \cdots + x_{nn} + z_n \end{cases} \tag{3.14}$$

用总和号表示可以写成

$$x_j = \sum_{i=1}^{n} x_{ij} + z_j \quad (j = 1, 2, \cdots, n)$$

这个方程组称为产值构成平衡方程组.

(三) 直接消耗系数

定义 3.11 第 j 部门生产单位产品直接消耗的第 i 部门的产品量，称为第 j 部门对第 i 部门的直接消耗系数，以 a_{ij} 表示，即

$$a_{ij} = \frac{x_{ij}}{x_j} \quad (i, j = 1, 2, \cdots, n) \tag{3.15}$$

换句话说，a_{ij} 也就是第 j 部门生产单位产品需要第 i 部门直接分配给第 j 部门的产品量.

物质生产部门之间的直接消耗系数，基本上是技术性的，因而是相对稳定的，通常也称为技术系数.

各部门间的直接消耗系数构成的 n 阶矩阵

$$\boldsymbol{A}=\begin{pmatrix} a_{11} & a_{12} & \cdots & a_{1n} \\ a_{21} & a_{22} & \cdots & a_{2n} \\ \vdots & \vdots & & \vdots \\ a_{n1} & a_{n2} & \cdots & a_{nn} \end{pmatrix}$$

称为直接消耗系数矩阵.

直接消耗系数 a_{ij} $(i, j=1, 2, \cdots, n)$ 具有下列性质：

(1) $0 \leqslant a_{ij}<1 \quad (i, j=1, 2, \cdots, n)$

这是因为在 $a_{ij}=\dfrac{x_{ij}}{x_j}$ 中有 $x_{ij} \geqslant 0$，$x_j>0$，且 $x_{ij}<x_j \quad (i, j=1, 2, \cdots, n)$，所以有

$$0 \leqslant a_{ij}<1 \quad (i, j=1, 2, \cdots, n)$$

(2) $\sum\limits_{i=1}^{n}|a_{ij}|<1 \quad (j=1, 2, \cdots, n)$

这是因为 $x_{ij}=a_{ij} x_j$，产值构成平衡方程组 (3.14) 就可以化为

$$x_j=\sum_{i=1}^{n} a_{ij} x_j+z_j \quad (j=1, 2, \cdots, n)$$

整理后得

$$\left(1-\sum_{i=1}^{n} a_{ij}\right) x_j=z_j \quad (j=1, 2, \cdots, n)$$

$$x_j>0, z_j>0 \quad (j=1, 2, \cdots, n)$$

那么
$$1-\sum_{i=1}^{n} a_{ij}>0 \quad (j=1, 2, \cdots, n)$$

即
$$\sum_{i=1}^{n} a_{ij}<1 \quad (j=1, 2, \cdots, n)$$

由性质(1),上式可写成

$$\sum_{i=1}^{n}|a_{ij}|<1 \quad (j=1, 2, \cdots, n)$$

利用直接消耗系数矩阵 $\boldsymbol{A}$，产品分配平衡方程组和产值构成平衡方程组可以写成矩阵形式：

将 $x_{ij}=a_{ij} x_j$ 代入产品分配平衡方程组(3.12)，得

$$\left\{\begin{array}{l} x_1=a_{11} x_1+a_{12} x_2+\cdots+a_{1n} x_n+y_1 \\ x_2=a_{21} x_1+a_{22} x_2+\cdots+a_{2n} x_n+y_2 \\ \qquad \cdots\cdots \\ x_n=a_{n1} x_1+a_{n2} x_2+\cdots+a_{nn} x_n+y_n \end{array}\right. \tag{3.16}$$

或写成 $x_i=\sum_{j=1}^{n}a_{ij}x_j+y_i \quad (i=1, 2, \cdots, n)$ (3.17)

设 $\boldsymbol{x}=\begin{pmatrix}x_1\\x_2\\\vdots\\x_n\end{pmatrix}, \quad \boldsymbol{y}=\begin{pmatrix}y_1\\y_2\\\vdots\\y_n\end{pmatrix}$

则方程组 (3.16) 可以写成矩阵形式

$$\boldsymbol{x}=\boldsymbol{A}\boldsymbol{x}+\boldsymbol{y} \tag{3.18}$$

或

$$(\boldsymbol{I}-\boldsymbol{A})\boldsymbol{x}=\boldsymbol{y} \tag{3.19}$$

将 $x_{ij}=a_{ij}x_j$ 代入产值构成平衡方程组(3.14)，得

$$\begin{cases}x_1=a_{11}x_1+a_{21}x_1+\cdots+a_{n1}x_1+z_1\\x_2=a_{12}x_2+a_{22}x_2+\cdots+a_{n2}x_2+z_2\\\quad\cdots\cdots\\x_n=a_{1n}x_n+a_{2n}x_n+\cdots+a_{nn}x_n+z_n\end{cases} \tag{3.20}$$

或写成 $x_j=\sum_{i=1}^{n}a_{ij}x_j+z_j \quad (j=1, 2, \cdots, n)$ (3.21)

设

$$\boldsymbol{D}=\begin{pmatrix}\sum_{i=1}^{n}a_{i1} & & & \\ & \sum_{i=1}^{n}a_{i2} & & \\ & & \ddots & \\ & & & \sum_{i=1}^{n}a_{in}\end{pmatrix}, \quad \boldsymbol{z}=\begin{pmatrix}z_1\\z_2\\\vdots\\z_n\end{pmatrix}$$

则方程组 (3.20) 可以写成矩阵形式

$$\boldsymbol{x}=\boldsymbol{D}\boldsymbol{x}+\boldsymbol{z} \tag{3.22}$$

或

$$(\boldsymbol{I}-\boldsymbol{D})\boldsymbol{x}=\boldsymbol{z} \tag{3.23}$$

(四) 平衡方程组的解

利用投入产出数学模型进行经济分析时，首先要根据该经济系统报告期的数据求出直接消耗系数矩阵 $\boldsymbol{A}$，并假设在未来计划期内直接消耗系数 a_{ij} $(i, j=1, 2, \cdots, n)$ 不发生变化，则由方程组 (3.19) 和 (3.23) 可求得平衡方程组的解.

1. 解产品分配平衡方程组

在方程组 (3.19) 中，

(1) 如果已知 $\boldsymbol{x}=(x_1, x_2, \cdots, x_n)^{\mathrm{T}}$，则可求得

$$\boldsymbol{y} = (\boldsymbol{I} - \boldsymbol{A})\boldsymbol{x}$$

(2) 如果已知 $\boldsymbol{y} = (y_1, y_2, \cdots, y_n)^{\mathrm{T}}$，则可以证明矩阵 $(\boldsymbol{I}-\boldsymbol{A})$ 可逆，且$(\boldsymbol{I}-\boldsymbol{A})^{-1}$ 为非负矩阵，于是可求得

$$\boldsymbol{x} = (\boldsymbol{I} - \boldsymbol{A})^{-1}\boldsymbol{y}$$

2.解产值构成平衡方程组

在方程组 (3.23) 中，

(1) 如果已知 $\boldsymbol{x} = (x_1, x_2, \cdots, x_n)^{\mathrm{T}}$，则可求得

$$\boldsymbol{z} = (\boldsymbol{I} - \boldsymbol{D})\boldsymbol{x}$$

(2) 如果已知 $\boldsymbol{z} = (z_1, z_2, \cdots, z_n)^{\mathrm{T}}$，则可求得

$$\boldsymbol{x} = (\boldsymbol{I} - \boldsymbol{D})^{-1}\boldsymbol{z}$$

不难求出

$$(\boldsymbol{I} - \boldsymbol{D})^{-1} = \begin{pmatrix} \left(1 - \sum\limits_{i=1}^{n} a_{i1}\right)^{-1} & & & \\ & \left(1 - \sum\limits_{i=1}^{n} a_{i2}\right)^{-1} & & \\ & & \ddots & \\ & & & \left(1 - \sum\limits_{i=1}^{n} a_{in}\right)^{-1} \end{pmatrix}$$

因此有

$$x_j = \frac{z_j}{1 - \sum\limits_{i=1}^{n} a_{ij}} \quad (j = 1, 2, \cdots, n)$$

例　设有一个经济系统包括三个部门，在某一个生产周期内各部门间的消耗系数及最终产品如表 3—2 所示.

表 3—2

消耗系数 消耗部门 / 生产部门	1	2	3	最终产品
1	0.25	0.1	0.1	245
2	0.2	0.2	0.1	90
3	0.1	0.1	0.2	175

求各部门的总产品及部门间的流量.

解：设 x_i $(i = 1, 2, 3)$ 表示第 i 部门的总产品. 已知

$$\boldsymbol{A} = (a_{ij}) = \begin{pmatrix} 0.25 & 0.1 & 0.1 \\ 0.2 & 0.2 & 0.1 \\ 0.1 & 0.1 & 0.2 \end{pmatrix}$$

$$\boldsymbol{y}=(245,90,175)^{\mathrm{T}}$$

$$\boldsymbol{I}-\boldsymbol{A}=\begin{pmatrix}0.75 & -0.1 & -0.1\\ -0.2 & 0.8 & -0.1\\ -0.1 & -0.1 & 0.8\end{pmatrix}$$

可以求得$(\boldsymbol{I}-\boldsymbol{A})^{-1}=\dfrac{10}{891}\begin{pmatrix}126 & 18 & 18\\ 34 & 118 & 19\\ 20 & 17 & 116\end{pmatrix}$，所以

$$\begin{aligned}\boldsymbol{x}&=(\boldsymbol{I}-\boldsymbol{A})^{-1}\boldsymbol{y}\\ &=\frac{10}{891}\begin{pmatrix}126 & 18 & 18\\ 34 & 118 & 19\\ 20 & 17 & 116\end{pmatrix}\begin{pmatrix}245\\ 90\\ 175\end{pmatrix}=\begin{pmatrix}400\\ 250\\ 300\end{pmatrix}\end{aligned}$$

如果部门很多，可借助计算机求近似解.

由 $x_{ij}=a_{ij}x_j\quad(i,j=1,2,\cdots,n)$，按 $x_1=400$，$x_2=250$，$x_3=300$ 可计算部门间流量：

$$x_{11}=100,\ x_{12}=25,\ x_{13}=30$$
$$x_{21}=80,\ x_{22}=50,\ x_{23}=30$$
$$x_{31}=40,\ x_{32}=25,\ x_{33}=60$$

现将所求得的各部门的总产量及部门间流量列成表 3—3.

表 3—3

消耗部门 / x_{ij} / 生产部门	1	2	3	y	x
1	100	25	30	245	400
2	80	50	30	90	250
3	40	25	60	175	300

习题三

(A)

1. 用消元法解下列线性方程组：

(1) $\begin{cases}2x_1-x_2+3x_3=3\\ 3x_1+x_2-5x_3=0\\ 4x_1-x_2+x_3=3\\ x_1+3x_2-13x_3=-6\end{cases}$

(2) $\begin{cases} x_1-2x_2+x_3+\ x_4=1 \\ x_1-2x_2+x_3-\ x_4=-1 \\ x_1-2x_2+x_3-5x_4=5 \end{cases}$

(3) $\begin{cases} x_1-x_2+\ x_3-\ x_4=1 \\ x_1-x_2-\ x_3+\ x_4=0 \\ x_1-x_2-2x_3+2x_4=-\dfrac{1}{2} \end{cases}$

(4) $\begin{cases} x_1-\ x_2+\ 4x_3-2x_4=0 \\ x_1-\ x_2-\ x_3+2x_4=0 \\ 3x_1+\ x_2+\ 7x_3-2x_4=0 \\ x_1-3x_2-12x_3+6x_4=0 \end{cases}$

(5) $\begin{cases} x_1-\ x_2+\ x_3=0 \\ 3x_1-2x_2-\ x_3=0 \\ 3x_1-\ x_2+5x_3=0 \\ -2x_1+2x_2+3x_3=0 \end{cases}$

(6) $\begin{cases} x_1+\ x_2 \qquad -3x_4-x_5=0 \\ x_1-\ x_2+2x_3-\ x_4 \qquad =0 \\ 4x_1-2x_2+6x_3+3x_4-4x_5=0 \\ 2x_1+4x_2-2x_3+4x_4-7x_5=0 \end{cases}$

2. 确定 a, b 的值，使下列线性方程组有解，并求其解.

(1) $\begin{cases} 2x_1-\ x_2+\ x_3+\ x_4=1 \\ x_1+2x_2-\ x_3+\ 4x_4=2 \\ x_1+7x_2-4x_3+11x_4=a \end{cases}$

(2) $\begin{cases} ax_1+\ x_2+\ x_3=1 \\ x_1+ax_2+\ x_3=a \\ x_1+\ x_2+ax_3=a^2 \end{cases}$

(3) $\begin{cases} x_1+2x_2-2x_3+2x_4=2 \\ \qquad x_2-\ x_3-\ x_4=1 \\ x_1+\ x_2-\ x_3+3x_4=a \\ x_1-\ x_2+\ x_3+5x_4=b \end{cases}$

(4) $\begin{cases} x_1+x_2+\ x_3=a \\ ax_1+x_2+\ x_3=1 \\ x_1+x_2+ax_3=1 \end{cases}$

3. 已知向量 $\boldsymbol{\alpha}_1=(1, 2, 3)$，$\boldsymbol{\alpha}_2=(3, 2, 1)$，$\boldsymbol{\alpha}_3=(-2, 0, 2)$，$\boldsymbol{\alpha}_4=(1, 2, 4)$，求：

(1) $3\boldsymbol{\alpha}_1+2\boldsymbol{\alpha}_2-5\boldsymbol{\alpha}_3+4\boldsymbol{\alpha}_4$

(2) $5\boldsymbol{\alpha}_1+2\boldsymbol{\alpha}_2-\boldsymbol{\alpha}_3-\boldsymbol{\alpha}_4$

4. 已知向量 $\boldsymbol{\alpha}=(3, 5, 7, 9)$，$\boldsymbol{\beta}=(-1, 5, 2, 0)$.

(1) 如果 $\boldsymbol{\alpha}+\boldsymbol{\xi}=\boldsymbol{\beta}$, 求 $\boldsymbol{\xi}$.

(2) 如果 $3\boldsymbol{\alpha}-2\boldsymbol{\eta}=5\boldsymbol{\beta}$, 求 $\boldsymbol{\eta}$.

5. 已知向量 $\boldsymbol{\alpha}_1=(2,5,1,3)$, $\boldsymbol{\alpha}_2=(10,1,5,10)$, $\boldsymbol{\alpha}_3=(4,1,-1,1)$. 如果 $3(\boldsymbol{\alpha}_1-\boldsymbol{\xi})+2(\boldsymbol{\alpha}_2+\boldsymbol{\xi})=5(\boldsymbol{\alpha}_3+\boldsymbol{\xi})$, 求 $\boldsymbol{\xi}$.

6. 将下列各题中向量 $\boldsymbol{\beta}$ 表示为其他向量的线性组合.

(1) $\boldsymbol{\beta}=(3,5,-6)$, $\quad\boldsymbol{\alpha}_1=(1,0,1)$

$\boldsymbol{\alpha}_2=(1,1,1)$, $\quad\boldsymbol{\alpha}_3=(0,-1,-1)$

(2) $\boldsymbol{\beta}=(2,-1,5,1)$, $\quad\boldsymbol{\varepsilon}_1=(1,0,0,0)$

$\boldsymbol{\varepsilon}_2=(0,1,0,0)$, $\quad\boldsymbol{\varepsilon}_3=(0,0,1,0)$

$\boldsymbol{\varepsilon}_4=(0,0,0,1)$

7. 设向量 $\boldsymbol{\alpha}_1=(1,4,0,2)^{\mathrm{T}}$, $\boldsymbol{\alpha}_2=(2,7,1,3)^{\mathrm{T}}$, $\boldsymbol{\alpha}_3=(0,1,-1,a)^{\mathrm{T}}$, $\boldsymbol{\beta}=(3,10,b,4)^{\mathrm{T}}$.

(1) 当 a, b 取何值时, $\boldsymbol{\beta}$ 不能由 $\boldsymbol{\alpha}_1$, $\boldsymbol{\alpha}_2$, $\boldsymbol{\alpha}_3$ 线性表示?

(2) 当 a, b 取何值时, $\boldsymbol{\beta}$ 可由 $\boldsymbol{\alpha}_1$, $\boldsymbol{\alpha}_2$, $\boldsymbol{\alpha}_3$ 线性表示? 并求出相应的表示式.

8. 已知向量 $\boldsymbol{\gamma}_1$, $\boldsymbol{\gamma}_2$ 由向量 $\boldsymbol{\beta}_1$, $\boldsymbol{\beta}_2$, $\boldsymbol{\beta}_3$ 线性表示为

$$\boldsymbol{\gamma}_1=3\boldsymbol{\beta}_1-\boldsymbol{\beta}_2+\boldsymbol{\beta}_3$$
$$\boldsymbol{\gamma}_2=\boldsymbol{\beta}_1+2\boldsymbol{\beta}_2+4\boldsymbol{\beta}_3$$

向量 $\boldsymbol{\beta}_1$, $\boldsymbol{\beta}_2$, $\boldsymbol{\beta}_3$ 由向量 $\boldsymbol{\alpha}_1$, $\boldsymbol{\alpha}_2$, $\boldsymbol{\alpha}_3$ 线性表示为

$$\boldsymbol{\beta}_1=2\boldsymbol{\alpha}_1+\boldsymbol{\alpha}_2-5\boldsymbol{\alpha}_3$$
$$\boldsymbol{\beta}_2=\boldsymbol{\alpha}_1+3\boldsymbol{\alpha}_2+\boldsymbol{\alpha}_3$$
$$\boldsymbol{\beta}_3=-\boldsymbol{\alpha}_1+4\boldsymbol{\alpha}_2-\boldsymbol{\alpha}_3$$

求向量 $\boldsymbol{\gamma}_1$, $\boldsymbol{\gamma}_2$ 由向量 $\boldsymbol{\alpha}_1$, $\boldsymbol{\alpha}_2$, $\boldsymbol{\alpha}_3$ 线性表示的表示式.

9. 已知向量组 (B): $\boldsymbol{\beta}_1$, $\boldsymbol{\beta}_2$, $\boldsymbol{\beta}_3$ 由向量组 (A): $\boldsymbol{\alpha}_1$, $\boldsymbol{\alpha}_2$, $\boldsymbol{\alpha}_3$ 线性表示为

$$\boldsymbol{\beta}_1=\boldsymbol{\alpha}_1-\boldsymbol{\alpha}_2+\boldsymbol{\alpha}_3$$
$$\boldsymbol{\beta}_2=\boldsymbol{\alpha}_1+\boldsymbol{\alpha}_2-\boldsymbol{\alpha}_3$$
$$\boldsymbol{\beta}_3=-\boldsymbol{\alpha}_1+\boldsymbol{\alpha}_2+\boldsymbol{\alpha}_3$$

试验证向量组(A) 与向量组(B) 等价.

10. 已知向量组(A) 和(B):

(A): $\boldsymbol{\alpha}_1=(1,0,2,3)^{\mathrm{T}}$, $\boldsymbol{\alpha}_2=(1,1,3,5)^{\mathrm{T}}$, $\boldsymbol{\alpha}_3=(1,-1,a+2,1)^{\mathrm{T}}$

(B): $\boldsymbol{\beta}_1=(2,1,a+6,8)^{\mathrm{T}}$, $\boldsymbol{\beta}_2=(1,2,4,a+6)^{\mathrm{T}}$, $\boldsymbol{\beta}_3=(3,a^2+1,8,a^2+12)^{\mathrm{T}}$.

试问:当 a 为何值时,向量组(A) 与(B) 等价?a 为何值时,向量组(A) 与(B) 不等价?

11. 判定下列向量组是线性相关还是线性无关.

(1) $\boldsymbol{\alpha}_1=(1,0,-1)$, $\boldsymbol{\alpha}_2=(-2,2,0)$, $\boldsymbol{\alpha}_3=(3,-5,2)$

(2) $\boldsymbol{\alpha}_1=(1,1,3,1)$, $\boldsymbol{\alpha}_2=(3,-1,2,4)$, $\boldsymbol{\alpha}_3=(2,2,7,-1)$

12. 判定下列向量组是线性相关还是线性无关(其中 $a_{ii} \neq 0, i = 1, 2, \cdots, n$).

(1) $\boldsymbol{\alpha}_1 = (a_{11}, 0, 0, \cdots, 0, 0)$

$\boldsymbol{\alpha}_2 = (0, a_{22}, 0, \cdots, 0, 0)$

……

$\boldsymbol{\alpha}_n = (0, 0, 0, \cdots, 0, a_{nn})$

(2) $\boldsymbol{\alpha}_1 = (a_{11}, a_{21}, a_{31}, \cdots, a_{n-11}, a_{n1})$

$\boldsymbol{\alpha}_2 = (0, a_{22}, a_{32}, \cdots, a_{n-12}, a_{n2})$

……

$\boldsymbol{\alpha}_n = (0, 0, 0, \cdots, 0, a_{nn})$

13. 设 $\boldsymbol{\beta}_1 = 2\boldsymbol{\alpha}_1 - \boldsymbol{\alpha}_2$, $\boldsymbol{\beta}_2 = \boldsymbol{\alpha}_1 + \boldsymbol{\alpha}_2$, $\boldsymbol{\beta}_3 = -\boldsymbol{\alpha}_1 + 3\boldsymbol{\alpha}_2$. 验证 $\boldsymbol{\beta}_1, \boldsymbol{\beta}_2, \boldsymbol{\beta}_3$ 线性相关.

14. 如果向量组 $\boldsymbol{\alpha}_1, \boldsymbol{\alpha}_2, \cdots, \boldsymbol{\alpha}_s$ 线性无关,试证:向量组 $\boldsymbol{\alpha}_1, \boldsymbol{\alpha}_1 + \boldsymbol{\alpha}_2, \cdots, \boldsymbol{\alpha}_1 + \boldsymbol{\alpha}_2 + \cdots + \boldsymbol{\alpha}_s$ 线性无关.

15. 已知向量组 $\boldsymbol{\alpha}_1 = (k, 2, 1)$, $\boldsymbol{\alpha}_2 = (2, k, 0)$, $\boldsymbol{\alpha}_3 = (1, -1, 1)$. 试求 k 为何值时,向量组 $\boldsymbol{\alpha}_1, \boldsymbol{\alpha}_2, \boldsymbol{\alpha}_3$ 线性相关? 线性无关?

16. 设 $\boldsymbol{\alpha}_1 = (6, a+1, 3)$, $\boldsymbol{\alpha}_2 = (a, 2, -2)$, $\boldsymbol{\alpha}_3 = (a, 1, 0)$, $\boldsymbol{\alpha}_4 = (0, 1, a)$. 试问:

(1) a 为何值时,$\boldsymbol{\alpha}_1, \boldsymbol{\alpha}_2$ 线性相关? 线性无关?

(2) a 为何值时,$\boldsymbol{\alpha}_1, \boldsymbol{\alpha}_2, \boldsymbol{\alpha}_3$ 线性相关? 线性无关?

(3) a 为何值时,$\boldsymbol{\alpha}_1, \boldsymbol{\alpha}_2, \boldsymbol{\alpha}_3, \boldsymbol{\alpha}_4$ 线性相关? 线性无关?

17. 下列各题给定向量组 $\boldsymbol{\alpha}_1, \boldsymbol{\alpha}_2, \boldsymbol{\alpha}_3, \boldsymbol{\alpha}_4$,试判定 $\boldsymbol{\alpha}_1, \boldsymbol{\alpha}_2, \boldsymbol{\alpha}_3$ 是一个极大无关组,并将 $\boldsymbol{\alpha}_4$ 由 $\boldsymbol{\alpha}_1, \boldsymbol{\alpha}_2, \boldsymbol{\alpha}_3$ 线性表示.

(1) $\boldsymbol{\alpha}_1 = (1, 0, 0, 1)$ $\boldsymbol{\alpha}_2 = (0, 1, 0, -1)$

$\boldsymbol{\alpha}_3 = (0, 0, 1, -1)$ $\boldsymbol{\alpha}_4 = (2, -1, 3, 0)$

(2) $\boldsymbol{\alpha}_1 = (1, 0, 1, 0, 1)$ $\boldsymbol{\alpha}_2 = (0, 1, 1, 0, 1)$

$\boldsymbol{\alpha}_3 = (1, 1, 0, 0, 1)$ $\boldsymbol{\alpha}_4 = (-3, -2, 3, 0, -1)$

18. 求下列向量组的秩和一个极大无关组,并将其余向量用此极大无关组线性表示.

(1) $\boldsymbol{\alpha}_1 = (1, 1, 3, 1)$ $\boldsymbol{\alpha}_2 = (-1, 1, -1, 3)$

$\boldsymbol{\alpha}_3 = (5, -2, 8, -9)$ $\boldsymbol{\alpha}_4 = (-1, 3, 1, 7)$

(2) $\boldsymbol{\alpha}_1 = (1, 1, 2, 3)$ $\boldsymbol{\alpha}_2 = (1, -1, 1, 1)$

$\boldsymbol{\alpha}_3 = (1, 3, 3, 5)$ $\boldsymbol{\alpha}_4 = (4, -2, 5, 6)$

$\boldsymbol{\alpha}_5 = (-3, -1, -5, -7)$

19. 设 $\boldsymbol{A}, \boldsymbol{B}$ 均为 $m \times n$ 矩阵,证明:$\mathrm{r}(\boldsymbol{A}+\boldsymbol{B}) \leqslant \mathrm{r}(\boldsymbol{A}) + \mathrm{r}(\boldsymbol{B})$.

20. 设 $\boldsymbol{A}$ 为 n 阶矩阵,满足 $\boldsymbol{A}^2 = \boldsymbol{A}$. 试证:$\mathrm{r}(\boldsymbol{A}) + \mathrm{r}(\boldsymbol{A} - \boldsymbol{I}) = n$.

21. 求下列齐次线性方程组的一个基础解系.

(1) $\begin{cases} x_1 - 2x_2 + 4x_3 - 7x_4 = 0 \\ 2x_1 + x_2 - 2x_3 + x_4 = 0 \\ 3x_1 - x_2 + 2x_3 - 4x_4 = 0 \end{cases}$

(2) $\begin{cases} x_1-2x_2+x_3-x_4+x_5=0 \\ 2x_1+x_2-x_3+2x_4-3x_5=0 \\ 3x_1-2x_2-x_3+x_4-2x_5=0 \\ 2x_1-5x_2+x_3-2x_4+2x_5=0 \end{cases}$

(3) $\begin{cases} x_1-2x_2+x_3+x_4-x_5=0 \\ 2x_1+x_2-x_3-x_4+x_5=0 \\ x_1+7x_2-5x_3-5x_4+5x_5=0 \\ 3x_1-x_2-2x_3+x_4-x_5=0 \end{cases}$

22. 设矩阵 $\boldsymbol{A}=(a_{ij})_{m\times n}$，$\boldsymbol{B}=(b_{ij})_{n\times s}$. 证明：$\boldsymbol{AB}=\boldsymbol{O}$ 的充分必要条件是矩阵 $\boldsymbol{B}$ 的每一列向量都是齐次方程组 $\boldsymbol{Ax}=\boldsymbol{0}$ 的解.

23. 设矩阵 $\boldsymbol{A}$ 为 $m\times n$ 矩阵，$\boldsymbol{B}$ 为 n 阶矩阵. 已知 $\mathrm{r}(\boldsymbol{A})=n$，试证：

(1) 若 $\boldsymbol{AB}=\boldsymbol{O}$，则 $\boldsymbol{B}=\boldsymbol{O}$.

(2) 若 $\boldsymbol{AB}=\boldsymbol{A}$，则 $\boldsymbol{B}=\boldsymbol{I}$.

24. 求下列线性方程组的全部解，并用对应导出组的基础解系表示.

(1) $\begin{cases} 2x_1-x_2+x_3-x_4=0 \\ 2x_1-x_2-3x_4=0 \\ x_2+3x_3-6x_4=0 \\ 2x_1-2x_2-2x_3+5x_4=0 \end{cases}$

(2) $\begin{cases} x_1+x_2+x_3+x_4+x_5=7 \\ 3x_1+2x_2+x_3+x_4-3x_5=-2 \\ x_2+2x_3+2x_4+6x_5=23 \\ 5x_1+4x_2-3x_3+3x_4-x_5=12 \end{cases}$

(3) $\begin{cases} x_1+3x_2+5x_3-4x_4=1 \\ x_1+3x_2+2x_3-2x_4+x_5=-1 \\ x_1-2x_2+x_3-x_4-x_5=3 \\ x_1-4x_2+x_3+x_4-x_5=3 \\ x_1+2x_2+x_3-x_4+x_5=-1 \end{cases}$

25. 设线性方程组

$$\begin{cases} \lambda x_1+x_2+x_3=\lambda-3 \\ x_1+\lambda x_2+x_3=-2 \\ x_1+x_2+\lambda x_3=-2 \end{cases}$$

讨论 λ 取何值时，方程组无解？有唯一解？有无穷多解？在方程组有无穷多解时，试用其导出组的基础解系表示其全部解.

26. 证明线性方程组

$$\begin{cases} x_1 - x_2 = a_1 \\ x_2 - x_3 = a_2 \\ x_3 - x_4 = a_3 \\ x_4 - x_5 = a_4 \\ x_5 - x_1 = a_5 \end{cases}$$

有解的充分必要条件是 $a_1 + a_2 + a_3 + a_4 + a_5 = 0$，并在有解的情况下，求它的全部解.

27. 设线性方程组

$$\begin{cases} x_1 + x_2 + x_3 = 0 \\ x_1 + 2x_2 + ax_3 = 0 \\ x_1 + 4x_2 + a^2x_3 = 0 \end{cases}$$

与方程

$$x_1 + 2x_2 + x_3 = a - 1$$

有公共解，求 a 的值及所有公共解.

28. 证明：设 $\boldsymbol{\eta}_1$，$\boldsymbol{\eta}_2$，…，$\boldsymbol{\eta}_t$ 是某一非齐次线性方程组的解，则 $c_1\boldsymbol{\eta}_1 + c_2\boldsymbol{\eta}_2 + \cdots + c_t\boldsymbol{\eta}_t$ 也是它的一个解，其中 $c_1 + c_2 + \cdots + c_t = 1$.

※29. 已知某经济系统在一个生产周期内产品的生产与分配如表 3—4 所示(货币单位).

表 3—4

部门间流量 / 消耗部门 / 生产部门	1	2	3	最终产品	总产品
1	100	25	30	y_1	400
2	80	50	30	y_2	250
3	40	25	60	y_3	300

(1) 求各部门最终产品 y_1，y_2，y_3.

(2) 求各部门新创造的价值 z_1，z_2，z_3.

(3) 求直接消耗系数矩阵.

※30. 已知某经济系统在一个生产周期内直接消耗系数及最终产品如表 3—5 所示(货币单位).

(1) 求各部门总产品 x_1，x_2，x_3.

(2) 列出平衡表，即再求出 x_{ij} $(i, j = 1, 2, 3)$ 及 z_j $(j = 1, 2, 3)$.

表 3—5

直接消耗系数 / 消耗部门 / 生产部门	1	2	3	最终产品	总产品
1	0.2	0.1	0.2	75	x_1
2	0.1	0.2	0.2	120	x_2
3	0.1	0.1	0.1	225	x_3

※31. 一个包括三个部门的经济系统，已知报告期直接消耗系数矩阵为

$$\boldsymbol{A}=\begin{pmatrix}0.2 & 0.2 & 0.3125\\0.14 & 0.15 & 0.25\\0.16 & 0.5 & 0.1875\end{pmatrix}$$

(1) 如计划期最终产品为 $\boldsymbol{y}=\begin{pmatrix}60\\55\\120\end{pmatrix}$，求计划期的各部门总产品 $\boldsymbol{x}$.

(2) 如计划期最终产品改为 $\boldsymbol{y}=\begin{pmatrix}70\\55\\120\end{pmatrix}$，求计划期各部门的总产品 $\boldsymbol{x}$.

(B)

1. 如果线性方程组

$$\begin{cases}x_1+x_2+x_3=\lambda-1\\ \quad 2x_2-x_3=\lambda-2\\ \qquad x_3=\lambda-3\\ (\lambda-1)x_3=-(\lambda-3)(\lambda-1)\end{cases}$$

有唯一解，则 $\lambda=$[ ].

(A) 1 或 2　　(B) −1 或 3　　(C) 1 或 3　　(D) −1 或 −3

2. 如果线性方程组

$$\begin{cases}x_1+2x_2-x_3=\lambda-1\\ \quad 3x_2-x_3=\lambda-2\\ \quad \lambda x_2-x_3=(\lambda-3)(\lambda-4)+(\lambda-2)\end{cases}$$

有无穷多解，则 $\lambda=$[ ].

(A) 3　　(B) 2　　(C) 1　　(D) 0

3. 如果线性方程组

$$\begin{cases}x_1+2x_2-\quad x_3=4\\ \quad x_2+\ 2x_3=2\\ (\lambda-1)(\lambda-2)x_3=(\lambda-3)(\lambda-4)\end{cases}$$

无解，则 $\lambda=$[ ].

(A) 3 或 4　　(B) 1 或 2　　(C) 1 或 3　　(D) 2 或 4

4. 设 $\boldsymbol{\alpha}_1=(1,0,1)$，$\boldsymbol{\alpha}_2=(0,1,0)$，$\boldsymbol{\alpha}_3=(0,0,1)$. 向量 $\boldsymbol{\beta}=(-1,-1,0)$ 可表示为 $\boldsymbol{\alpha}_1$，$\boldsymbol{\alpha}_2$，$\boldsymbol{\alpha}_3$ 的线性组合：$\boldsymbol{\beta}=a\boldsymbol{\alpha}_1+b\boldsymbol{\alpha}_2+c\boldsymbol{\alpha}_3$，则[ ].

(A) $a=-1,\ b=-1,\ c=-1$　　(B) $a=1,\ b=-1,\ c=-1$

(C) $a=-1,\ b=1,\ c=-1$　　(D) $a=-1,\ b=-1,\ c=1$

5. 设向量组 $\boldsymbol{\alpha}_1=(1,3,6,2)^{\mathrm{T}}$，$\boldsymbol{\alpha}_2=(2,1,2,-1)^{\mathrm{T}}$，$\boldsymbol{\alpha}_3=(1,-1,a,-2)^{\mathrm{T}}$ 线性相关，则 a 应满足条件 [　　].

(A) $a=2$　　(B) $a\neq 2$　　(C) $a=-2$　　(D) $a\neq -2$

6. 设向量组 $\boldsymbol{\alpha}_1=(3,1,a)^{\mathrm{T}}$，$\boldsymbol{\alpha}_2=(4,a,0)^{\mathrm{T}}$，$\boldsymbol{\alpha}_3=(1,0,a)^{\mathrm{T}}$ 线性无关，则 [　　].

(A) $a=0$ 或 2　　(B) $a\neq 1$ 且 $a\neq -2$

(C) $a=1$ 或 -2　　(D) $a\neq 0$ 且 $a\neq 2$

7. 设向量组 $\boldsymbol{\alpha}_1,\boldsymbol{\alpha}_2,\cdots,\boldsymbol{\alpha}_s(s\geqslant 2)$ 线性无关，则下列各结论中不正确的是 [　　].

(A) $\boldsymbol{\alpha}_1,\boldsymbol{\alpha}_2,\cdots,\boldsymbol{\alpha}_s$ 都不是零向量

(B) $\boldsymbol{\alpha}_1,\boldsymbol{\alpha}_2,\cdots,\boldsymbol{\alpha}_s$ 中至少有一个向量可由其余向量线性表示

(C) $\boldsymbol{\alpha}_1,\boldsymbol{\alpha}_2,\cdots,\boldsymbol{\alpha}_s$ 中任意两个向量都不成比例

(D) $\boldsymbol{\alpha}_1,\boldsymbol{\alpha}_2,\cdots,\boldsymbol{\alpha}_s$ 中任一部分组线性无关

8. 向量组 $\boldsymbol{\alpha}_1,\boldsymbol{\alpha}_2,\cdots,\boldsymbol{\alpha}_s(s\geqslant 2)$ 线性相关的充分必要条件是 [　　].

(A) $\boldsymbol{\alpha}_1,\boldsymbol{\alpha}_2,\cdots,\boldsymbol{\alpha}_s$ 中至少有一个零向量

(B) $\boldsymbol{\alpha}_1,\boldsymbol{\alpha}_2,\cdots,\boldsymbol{\alpha}_s$ 中任意一个向量可由其余向量线性表示

(C) $\boldsymbol{\alpha}_1,\boldsymbol{\alpha}_2,\cdots,\boldsymbol{\alpha}_s$ 中至少有一个向量可由其余向量线性表示

(D) $\boldsymbol{\alpha}_1,\boldsymbol{\alpha}_2,\cdots,\boldsymbol{\alpha}_s$ 中任意一个部分组线性相关

9. 向量组 $\boldsymbol{\alpha}_1,\boldsymbol{\alpha}_2,\cdots,\boldsymbol{\alpha}_s(s\geqslant 2)$ 线性无关的充分条件是 [　　].

(A) $\boldsymbol{\alpha}_1,\boldsymbol{\alpha}_2,\cdots,\boldsymbol{\alpha}_s$ 均不是零向量

(B) $\boldsymbol{\alpha}_1,\boldsymbol{\alpha}_2,\cdots,\boldsymbol{\alpha}_s$ 中任意两个向量都不成比例

(C) $\boldsymbol{\alpha}_1,\boldsymbol{\alpha}_2,\cdots,\boldsymbol{\alpha}_s$ 中任意一个向量均不能由其余 $s-1$ 个向量线性表示

(D) $\boldsymbol{\alpha}_1,\boldsymbol{\alpha}_2,\cdots,\boldsymbol{\alpha}_s$ 中有一个部分组线性无关

10. 已知向量组 $\boldsymbol{\alpha}_1=(1,2,-1,1)$，$\boldsymbol{\alpha}_2=(2,0,t,0)$，$\boldsymbol{\alpha}_3=(0,-4,5,-2)$ 的秩为 2，则 $t=$ [　　].

(A) 3　　(B) -3　　(C) 2　　(D) -2

11. 向量组 $\boldsymbol{\alpha}_1,\boldsymbol{\alpha}_2,\cdots,\boldsymbol{\alpha}_s(s\geqslant 2)$ 的秩不为零的充分必要条件是 [　　].

(A) $\boldsymbol{\alpha}_1,\boldsymbol{\alpha}_2,\cdots,\boldsymbol{\alpha}_s$ 中至少有一个非零向量

(B) $\boldsymbol{\alpha}_1,\boldsymbol{\alpha}_2,\cdots,\boldsymbol{\alpha}_s$ 全是非零向量

(C) $\boldsymbol{\alpha}_1,\boldsymbol{\alpha}_2,\cdots,\boldsymbol{\alpha}_s$ 线性无关

(D) $\boldsymbol{\alpha}_1,\boldsymbol{\alpha}_2,\cdots,\boldsymbol{\alpha}_s$ 线性相关

12. 向量组 $\boldsymbol{\alpha}_1,\boldsymbol{\alpha}_2,\cdots,\boldsymbol{\alpha}_s$ 的秩为 $r(s>r\geqslant 1)$，则下述四个结论中，正确的为 [　　].

① $\boldsymbol{\alpha}_1,\boldsymbol{\alpha}_2,\cdots,\boldsymbol{\alpha}_s$ 中至少有一个含 r 个向量的部分组线性无关

② $\boldsymbol{\alpha}_1,\boldsymbol{\alpha}_2,\cdots,\boldsymbol{\alpha}_s$ 中任意含 r 个向量的线性无关部分组与 $\boldsymbol{\alpha}_1,\boldsymbol{\alpha}_2,\cdots,\boldsymbol{\alpha}_s$ 可相互线性表示

③ $\boldsymbol{\alpha}_1,\boldsymbol{\alpha}_2,\cdots,\boldsymbol{\alpha}_s$ 中任意含 r 个向量的部分组皆线性无关

④ $\boldsymbol{\alpha}_1,\boldsymbol{\alpha}_2,\cdots,\boldsymbol{\alpha}_s$ 中任意含 $r+1$ 个向量的部分组皆线性相关

(A) ①，②，③　　(B) ①，②，④

(C) ①，③，④　　(D) ②，③，④

13. 设 $\boldsymbol{A}$ 为 n 阶矩阵，且 $|\boldsymbol{A}|=0$，则 [　　].

(A) $\boldsymbol{A}$ 的列秩等于零

(B) $\boldsymbol{A}$ 的秩为零

(C) $\boldsymbol{A}$ 的任一列向量均可由其他列向量线性表示

(D) $\boldsymbol{A}$ 中必有一列向量可由其他列向量线性表示

14. 设 $\boldsymbol{A}$ 为 n 阶矩阵. 下列结论中不正确的是 [　　].

(A) $\boldsymbol{A}$ 可逆的充分必要条件是 $\mathrm{r}(\boldsymbol{A})=n$

(B) $\boldsymbol{A}$ 可逆的充分必要条件是 $\boldsymbol{A}$ 的列秩为 n

(C) $\boldsymbol{A}$ 可逆的充分必要条件是 $\boldsymbol{A}$ 的每一行向量都是非零向量

(D) $\boldsymbol{A}$ 可逆的充分必要条件是当 $\boldsymbol{x}\neq\boldsymbol{0}$ 时，$\boldsymbol{A}\boldsymbol{x}\neq\boldsymbol{0}$，其中 $\boldsymbol{x}=(x_1, x_2, \cdots, x_n)^{\mathrm{T}}$

15. 设矩阵 $\boldsymbol{A}_{m\times n}$ 的秩 $\mathrm{r}(\boldsymbol{A})=r$ $(0\leqslant r<n)$，则下述结论中不正确的是[　　].

(A) 齐次线性方程组 $\boldsymbol{A}\boldsymbol{x}=\boldsymbol{0}$ 的任何一个基础解系中都含有 $n-r$ 个线性无关的解向量

(B) 若 $\boldsymbol{X}$ 为 $n\times s$ 矩阵，且 $\boldsymbol{A}\boldsymbol{X}=\boldsymbol{O}$，则 $\mathrm{r}(\boldsymbol{X})\leqslant n-r$

(C) $\boldsymbol{\beta}$ 为一 m 维列向量，$\mathrm{r}(\boldsymbol{A},\boldsymbol{\beta})=r$，则 $\boldsymbol{\beta}$ 可由 $\boldsymbol{A}$ 的列向量组线性表示

(D) 非齐次线性方程组 $\boldsymbol{A}\boldsymbol{x}=\boldsymbol{b}$ 必有无穷多解

16. 设 $\boldsymbol{A}$ 为 $m\times n$ 矩阵，线性方程组 $\boldsymbol{A}\boldsymbol{x}=\boldsymbol{b}$ 对应的导出组为 $\boldsymbol{A}\boldsymbol{x}=\boldsymbol{0}$，则下列结论中正确的是 [　　].

(A) 若 $\boldsymbol{A}\boldsymbol{x}=\boldsymbol{0}$ 仅有零解，则 $\boldsymbol{A}\boldsymbol{x}=\boldsymbol{b}$ 有唯一解

(B) 若 $\boldsymbol{A}\boldsymbol{x}=\boldsymbol{0}$ 有非零解，则 $\boldsymbol{A}\boldsymbol{x}=\boldsymbol{b}$ 有无穷多解

(C) 若 $\boldsymbol{A}\boldsymbol{x}=\boldsymbol{b}$ 有无穷多解，则 $\boldsymbol{A}\boldsymbol{x}=\boldsymbol{0}$ 有非零解

(D) 若 $\boldsymbol{A}\boldsymbol{x}=\boldsymbol{b}$ 有无穷多解，则 $\boldsymbol{A}\boldsymbol{x}=\boldsymbol{0}$ 仅有零解

17. 设矩阵 $\boldsymbol{A}=(a_{ij})_{m\times n}$，$\boldsymbol{A}\boldsymbol{x}=\boldsymbol{0}$ 仅有零解的充分必要条件是 [　　].

(A) $\boldsymbol{A}$ 的列向量组线性无关

(B) $\boldsymbol{A}$ 的列向量组线性相关

(C) $\boldsymbol{A}$ 的行向量组线性无关

(D) $\boldsymbol{A}$ 的行向量组线性相关

18. 四元线性方程组

$$\begin{cases} x_1+x_4=0 \\ x_2=0 \\ x_1-x_4=0 \end{cases}$$

的基础解系是 [　　].

(A) $(0, 0, 0, 0)^{\mathrm{T}}$　　(B) $(0, 0, 2, 0)^{\mathrm{T}}$

(C) $(1, 0, -1)^{\mathrm{T}}$　　(D) $(0, 0, 2, 0)^{\mathrm{T}}$ 和 $(0, 0, 0, 1)^{\mathrm{T}}$

19. 设齐次线性方程组 $\boldsymbol{A}\boldsymbol{x}=\boldsymbol{0}$，其中 $\boldsymbol{A}$ 为 $m\times n$ 矩阵，且 $\mathrm{r}(\boldsymbol{A})=n-3$. $\boldsymbol{\xi}_1, \boldsymbol{\xi}_2, \boldsymbol{\xi}_3$ 是方程组的三个线性无关的解向量，则 $\boldsymbol{A}\boldsymbol{x}=\boldsymbol{0}$ 的基础解系为 [　　].

(A) $\boldsymbol{\xi}_1, \boldsymbol{\xi}_2+\boldsymbol{\xi}_3$

(B) $\boldsymbol{\xi}_1, \boldsymbol{\xi}_1+\boldsymbol{\xi}_2, \boldsymbol{\xi}_1+\boldsymbol{\xi}_2+\boldsymbol{\xi}_3$

(C) $\boldsymbol{\xi}_1-\boldsymbol{\xi}_2, \boldsymbol{\xi}_2-\boldsymbol{\xi}_3, \boldsymbol{\xi}_3-\boldsymbol{\xi}_1$

(D) $\boldsymbol{\xi}_3-\boldsymbol{\xi}_2-\boldsymbol{\xi}_1, \boldsymbol{\xi}_3+\boldsymbol{\xi}_2+\boldsymbol{\xi}_1, -2\boldsymbol{\xi}_3$

※20. 在投入产出表中，有以下关系式：

① $\sum_{j=1}^{n} x_{kj}=\sum_{i=1}^{n} x_{ik} \quad (k=1, 2, \cdots, n)$

② $y_k=z_k \quad (k=1, 2, \cdots, n)$

③ $\sum_{i=1}^{n} y_i=\sum_{j=1}^{n} z_j$

④ $\sum_{j=1}^{n} x_{kj}+y_k=\sum_{i=1}^{n} x_{ik}+z_k \quad (k=1, 2, \cdots, n)$

其中正确的是[　　].

(A) ①，②　　(B) ③，④　　(C) ①，③　　(D) ②，④

第四章　矩阵的特征值

§4.1　矩阵的特征值与特征向量

(一) 矩阵的特征值

定义 4.1　设 $\boldsymbol{A}=(a_{ij})$ 为 n 阶矩阵，如果存在数 λ 和 n 维非零列向量 $\boldsymbol{\alpha}$，使得

$$\boldsymbol{A\alpha}=\lambda\boldsymbol{\alpha} \tag{4.1}$$

则称 λ 为 $\boldsymbol{A}$ 的一个特征值，$\boldsymbol{\alpha}$ 称为 $\boldsymbol{A}$ 的对应于特征值 λ 的特征向量.

将式 (4.1) 改写为

$$(\lambda\boldsymbol{I}-\boldsymbol{A})\boldsymbol{\alpha}=\boldsymbol{0} \tag{4.2}$$

这说明 $\boldsymbol{\alpha}$ 是 n 元齐次线性方程组 $(\lambda\boldsymbol{I}-\boldsymbol{A})\boldsymbol{x}=\boldsymbol{0}$ 的非零解. 此方程组有非零解的充分必要条件是系数行列式等于零，即

$$|\lambda\boldsymbol{I}-\boldsymbol{A}|=\begin{vmatrix}\lambda-a_{11} & -a_{12} & \cdots & -a_{1n}\\ -a_{21} & \lambda-a_{22} & \cdots & -a_{2n}\\ \vdots & \vdots & & \vdots\\ -a_{n1} & -a_{n2} & \cdots & \lambda-a_{nn}\end{vmatrix}=0 \tag{4.3}$$

定义 4.2　设 $\boldsymbol{A}$ 为 n 阶矩阵，含有未知量 λ 的矩阵 $\lambda\boldsymbol{I}-\boldsymbol{A}$ 称为 $\boldsymbol{A}$ 的特征矩阵，其行列式 $|\lambda\boldsymbol{I}-\boldsymbol{A}|$ 为 λ 的 n 次多项式，称为 $\boldsymbol{A}$ 的特征多项式，$|\lambda\boldsymbol{I}-\boldsymbol{A}|=0$ 称为 $\boldsymbol{A}$ 的特征方程.

λ 是矩阵 $\boldsymbol{A}$ 的一个特征值，则一定是 $|\lambda\boldsymbol{I}-\boldsymbol{A}|=0$ 的根，因此又称为 $\boldsymbol{A}$ 的特征根. 若 λ 是 $|\lambda\boldsymbol{I}-\boldsymbol{A}|=0$ 的 n_i 重根，则 λ 称为 $\boldsymbol{A}$ 的 n_i 重特征值(根). 方程 $(\lambda\boldsymbol{I}-\boldsymbol{A})\boldsymbol{x}=\boldsymbol{0}$ 的每一个非零解向量，都是相应于 λ 的特征向量. ①

因此，对于 n 阶矩阵 $\boldsymbol{A}=(a_{ij})$，可按下述步骤计算 $\boldsymbol{A}$ 的特征值和特征向量：

(1) 解 $\boldsymbol{A}$ 的特征方程 $|\lambda\boldsymbol{I}-\boldsymbol{A}|=0$，求出 $\boldsymbol{A}$ 的 n 个特征值 λ_1，λ_2，…，λ_n(其中可能有重根).

(2) 对每一特征值 λ_i，求解齐次线性方程组 $(\lambda_i\boldsymbol{I}-\boldsymbol{A})\boldsymbol{x}=\boldsymbol{0}$，得此方程组的基础解系 $\boldsymbol{\alpha}_1$，$\boldsymbol{\alpha}_2$，…，$\boldsymbol{\alpha}_s$，则 $\boldsymbol{A}$ 的对应于 λ_i 的全部特征向量为

$$c_1\boldsymbol{\alpha}_1+c_2\boldsymbol{\alpha}_2+\cdots+c_s\boldsymbol{\alpha}_s \quad (c_1, c_2, \cdots, c_s \text{ 为不全为零的任意常数})$$

例 1　求矩阵 $\boldsymbol{A}=\begin{pmatrix}3 & 1\\ 5 & -1\end{pmatrix}$ 的特征值与特征向量.

---

① λ 可能是复数，$\boldsymbol{A}$ 的元素和 $\boldsymbol{x}$ 的分量也可能是复数. 但本书仅讨论 $\boldsymbol{A}$ 的实特征值和特征向量. 当涉及复数时，将会特别说明.

解：矩阵 $\boldsymbol{A}$ 的特征方程为

$$|\lambda\boldsymbol{I}-\boldsymbol{A}|=\begin{vmatrix}\lambda-3 & -1\\ -5 & \lambda+1\end{vmatrix}=0$$

化简得　$(\lambda-4)(\lambda+2)=0$

所以 $\lambda_1=4$，$\lambda_2=-2$ 是矩阵 $\boldsymbol{A}$ 的两个不同的特征值.

当 $\lambda_1=4$ 时，解齐次线性方程组 $(4\boldsymbol{I}-\boldsymbol{A})\boldsymbol{x}=\boldsymbol{0}$：

$$4\boldsymbol{I}-\boldsymbol{A}=\begin{pmatrix}1 & -1\\ -5 & 5\end{pmatrix}\longrightarrow\begin{pmatrix}1 & -1\\ 0 & 0\end{pmatrix}$$

由此得到基础解系 $\boldsymbol{\alpha}_1=\begin{pmatrix}1\\1\end{pmatrix}$，所以 $\boldsymbol{A}$ 的对应于 $\lambda_1=4$ 的全部特征向量为

$$c_1\boldsymbol{\alpha}_1=c_1\begin{pmatrix}1\\1\end{pmatrix}\qquad(c_1\text{ 为任意非零常数})$$

当 $\lambda_2=-2$ 时，解齐次线性方程组 $(-2\boldsymbol{I}-\boldsymbol{A})\boldsymbol{x}=\boldsymbol{0}$：

$$-2\boldsymbol{I}-\boldsymbol{A}=\begin{pmatrix}-5 & -1\\ -5 & -1\end{pmatrix}\longrightarrow\begin{pmatrix}5 & 1\\ 0 & 0\end{pmatrix}$$

由此得到基础解系 $\boldsymbol{\alpha}_2=\begin{pmatrix}1\\-5\end{pmatrix}$，所以 $\boldsymbol{A}$ 的对应于 $\lambda_2=-2$ 的全部特征向量为

$$c_2\boldsymbol{\alpha}_2=c_2\begin{pmatrix}1\\-5\end{pmatrix}\qquad(c_2\text{ 为任意非零常数})$$

例 2　求矩阵

$$\boldsymbol{A}=\begin{pmatrix}-1 & 1 & 0\\ -4 & 3 & 0\\ 1 & 0 & 2\end{pmatrix}$$

的特征值和特征向量.

解：矩阵 $\boldsymbol{A}$ 的特征方程为

$$|\lambda\boldsymbol{I}-\boldsymbol{A}|=\begin{vmatrix}\lambda+1 & -1 & 0\\ 4 & \lambda-3 & 0\\ -1 & 0 & \lambda-2\end{vmatrix}=0$$

化简得 $(\lambda-2)(\lambda-1)^2=0$，所以 $\lambda_1=2$，$\lambda_2=\lambda_3=1$ 是矩阵 $\boldsymbol{A}$ 的特征值，1 是矩阵 $\boldsymbol{A}$ 的二重特征值.

当 $\lambda_1=2$ 时，解齐次线性方程组 $(2\boldsymbol{I}-\boldsymbol{A})\boldsymbol{x}=\boldsymbol{0}$：

$$2\boldsymbol{I}-\boldsymbol{A}=\begin{pmatrix}3 & -1 & 0\\ 4 & -1 & 0\\ -1 & 0 & 0\end{pmatrix}\longrightarrow\begin{pmatrix}1 & 0 & 0\\ 0 & -1 & 0\\ 0 & -1 & 0\end{pmatrix}\longrightarrow\begin{pmatrix}1 & 0 & 0\\ 0 & 1 & 0\\ 0 & 0 & 0\end{pmatrix}$$

可得它的基础解系是 $\boldsymbol{\alpha}_1=\begin{pmatrix}0\\0\\1\end{pmatrix}$，所以矩阵 $\boldsymbol{A}$ 对应于 $\lambda_1=2$ 的全部特征向量是

$$c_1\boldsymbol{\alpha}_1=c_1\begin{pmatrix}0\\0\\1\end{pmatrix}\qquad(c_1\text{ 为任意非零常数})$$

当 $\lambda_2=\lambda_3=1$ 时，解齐次线性方程组 $(\boldsymbol{I}-\boldsymbol{A})\boldsymbol{x}=\boldsymbol{0}$：

$$\boldsymbol{I}-\boldsymbol{A}=\begin{pmatrix}2&-1&0\\4&-2&0\\-1&0&-1\end{pmatrix}\longrightarrow\begin{pmatrix}1&0&1\\0&-2&-4\\0&-1&-2\end{pmatrix}\longrightarrow\begin{pmatrix}1&0&1\\0&1&2\\0&0&0\end{pmatrix}$$

可得它的基础解系为 $\boldsymbol{\alpha}_2=\begin{pmatrix}1\\2\\-1\end{pmatrix}$，所以矩阵 $\boldsymbol{A}$ 对应于二重特征值 $\lambda_2=\lambda_3=1$ 的全部特征向量为

$$c_2\boldsymbol{\alpha}_2=c_2\begin{pmatrix}1\\2\\-1\end{pmatrix}\qquad(c_2\text{ 为任意非零常数})$$

例 3 求矩阵

$$\boldsymbol{A}=\begin{pmatrix}3&2&4\\2&0&2\\4&2&3\end{pmatrix}$$

的特征值和特征向量.

解：矩阵 $\boldsymbol{A}$ 的特征多项式

$$|\lambda\boldsymbol{I}-\boldsymbol{A}|=\begin{vmatrix}\lambda-3&-2&-4\\-2&\lambda&-2\\-4&-2&\lambda-3\end{vmatrix}=\begin{vmatrix}\lambda+1&-2&-4\\0&\lambda&-2\\-\lambda-1&-2&\lambda-3\end{vmatrix}$$
$$=(\lambda+1)\begin{vmatrix}1&-2&-4\\0&\lambda&-2\\-1&-2&\lambda-3\end{vmatrix}=(\lambda+1)^2(\lambda-8)$$

令 $|\lambda\boldsymbol{I}-\boldsymbol{A}|=(\lambda+1)^2(\lambda-8)=0$，得 $\boldsymbol{A}$ 的特征值 $\lambda_1=\lambda_2=-1$，$\lambda_3=8$.

当 $\lambda_1=\lambda_2=-1$ 时，解齐次线性方程组 $(-\boldsymbol{I}-\boldsymbol{A})\boldsymbol{x}=\boldsymbol{0}$：

$$-\boldsymbol{I}-\boldsymbol{A}=\begin{pmatrix}-4&-2&-4\\-2&-1&-2\\-4&-2&-4\end{pmatrix}\longrightarrow\begin{pmatrix}1&\frac{1}{2}&1\\0&0&0\\0&0&0\end{pmatrix}$$

可得它的一个基础解系 $\boldsymbol{\alpha}_1=(-1, 2, 0)^{\mathrm{T}}$，$\boldsymbol{\alpha}_2=(-1, 0, 1)^{\mathrm{T}}$. 所以 $\boldsymbol{A}$ 的对应于 $\lambda_1=\lambda_2=-1$ 的全部特征向量为

$$c_1\boldsymbol{\alpha}_1+c_2\boldsymbol{\alpha}_2=c_1\begin{pmatrix}-1\\2\\0\end{pmatrix}+c_2\begin{pmatrix}-1\\0\\1\end{pmatrix}\quad(c_1,\ c_2 \text{ 为不全为零的任意常数})$$

当 $\lambda_3=8$ 时，解齐次线性方程组 $(8\boldsymbol{I}-\boldsymbol{A})\boldsymbol{x}=\boldsymbol{0}$：

$$8\boldsymbol{I}-\boldsymbol{A}=\begin{pmatrix}5&-2&-4\\-2&8&-2\\-4&-2&5\end{pmatrix}\longrightarrow\begin{pmatrix}1&0&-1\\0&1&-\frac{1}{2}\\0&0&0\end{pmatrix}$$

可得它的一个基础解系 $\boldsymbol{\alpha}_3=(2, 1, 2)^{\mathrm{T}}$. 所以 $\boldsymbol{A}$ 的对应于 $\lambda_3=8$ 的全部特征向量为

$$c_3\boldsymbol{\alpha}_3=c_3\begin{pmatrix}2\\1\\2\end{pmatrix}\quad(c_3 \text{ 为任意非零常数})$$

例 4　求 n 阶数值矩阵

$$\boldsymbol{A}=\begin{pmatrix}a&&&\\&a&&\\&&\ddots&\\&&&a\end{pmatrix}$$

的特征值与特征向量.

解：因为 $|\lambda\boldsymbol{I}-\boldsymbol{A}|=\begin{vmatrix}\lambda-a&&&\\&\lambda-a&&\\&&\ddots&\\&&&\lambda-a\end{vmatrix}=(\lambda-a)^n$，因此，$\boldsymbol{A}$ 的特征值为 $\lambda_1=\lambda_2=\cdots=\lambda_n=a$. 当 $\lambda=a$ 时，齐次线性方程组 $(a\boldsymbol{I}-\boldsymbol{A})\boldsymbol{x}=\boldsymbol{0}$ 的系数矩阵是零矩阵，所以任意 n 个线性无关的向量都是它的基础解系，取单位向量组 $\boldsymbol{\varepsilon}_1=\begin{pmatrix}1\\0\\0\\\vdots\\0\end{pmatrix}$，$\boldsymbol{\varepsilon}_2=\begin{pmatrix}0\\1\\0\\\vdots\\0\end{pmatrix}$，…，$\boldsymbol{\varepsilon}_n=\begin{pmatrix}0\\0\\0\\\vdots\\1\end{pmatrix}$ 作为基础解系，于是 $\boldsymbol{A}$ 的全部特征向量为

$$c_1\boldsymbol{\varepsilon}_1+c_2\boldsymbol{\varepsilon}_2+\cdots+c_n\boldsymbol{\varepsilon}_n \quad (c_1,c_2,\cdots,c_n \text{ 为不全为零的任意常数})$$

例 5 设 λ_0 是 n 阶矩阵 $\boldsymbol{A}$ 的一个特征值，试证：

(1) λ_0^2 是 $\boldsymbol{A}^2$ 的一个特征值.

(2) 对任意数 k，$k-\lambda_0$ 是矩阵 $k\boldsymbol{I}-\boldsymbol{A}$ 的一个特征值.

(3) 若 $\boldsymbol{A}$ 可逆，则 $\dfrac{|\boldsymbol{A}|}{\lambda_0}$ 是 $\boldsymbol{A}^*$ 的一个特征值，其中 $\boldsymbol{A}^*$ 是 $\boldsymbol{A}$ 的伴随矩阵.

证： 由已知条件，存在 n 维列向量 $\boldsymbol{\alpha}\neq\boldsymbol{0}$，有

$$\boldsymbol{A\alpha}=\lambda_0\boldsymbol{\alpha}$$

(1) 在上式两边左乘 $\boldsymbol{A}$，得

$$\boldsymbol{A}^2\boldsymbol{\alpha}=\lambda_0\boldsymbol{A\alpha}=\lambda_0^2\boldsymbol{\alpha} \quad (\boldsymbol{\alpha}\neq\boldsymbol{0})$$

即 λ_0^2 是 $\boldsymbol{A}^2$ 的一个特征值.

(2) 由 $\boldsymbol{A\alpha}=\lambda_0\boldsymbol{\alpha}$，有 $k\boldsymbol{\alpha}-\boldsymbol{A\alpha}=k\boldsymbol{\alpha}-\lambda_0\boldsymbol{\alpha}$，即

$$(k\boldsymbol{I}-\boldsymbol{A})\boldsymbol{\alpha}=(k-\lambda_0)\boldsymbol{\alpha} \quad (\boldsymbol{\alpha}\neq\boldsymbol{0})$$

所以 $k-\lambda_0$ 是 $k\boldsymbol{I}-\boldsymbol{A}$ 的一个特征值.

(3) 在 $\boldsymbol{A\alpha}=\lambda_0\boldsymbol{\alpha}$ 两边左乘 $\boldsymbol{A}^*$，有 $\boldsymbol{A}^*\boldsymbol{A\alpha}=\lambda_0\boldsymbol{A}^*\boldsymbol{\alpha}$，即

$$|\boldsymbol{A}|\boldsymbol{\alpha}=\lambda_0\boldsymbol{A}^*\boldsymbol{\alpha} \quad (\boldsymbol{\alpha}\neq\boldsymbol{0})$$

因为 $|\boldsymbol{A}|\neq 0$，$\boldsymbol{\alpha}\neq\boldsymbol{0}$，由上式可知 $\lambda_0\neq 0$．所以

$$\boldsymbol{A}^*\boldsymbol{\alpha}=\frac{|\boldsymbol{A}|}{\lambda_0}\boldsymbol{\alpha}$$

即 $\dfrac{|\boldsymbol{A}|}{\lambda_0}$ 是 $\boldsymbol{A}^*$ 的一个特征值.

例 6 试证：n 阶矩阵 $\boldsymbol{A}$ 是奇异矩阵的充分必要条件是 $\boldsymbol{A}$ 有一个特征值为零.

证： 必要性

如果 $\boldsymbol{A}$ 是奇异矩阵，则 $|\boldsymbol{A}|=0$. 于是

$$|0\boldsymbol{I}-\boldsymbol{A}|=|-\boldsymbol{A}|=(-1)^n|\boldsymbol{A}|=0$$

即 0 是 $\boldsymbol{A}$ 的一个特征值.

充分性

设 $\boldsymbol{A}$ 有一个特征值为 0，对应的特征向量为 $\boldsymbol{\alpha}$．由特征值的定义，有

$$\boldsymbol{A\alpha}=0\boldsymbol{\alpha}=\boldsymbol{0} \quad (\boldsymbol{\alpha}\neq\boldsymbol{0})$$

所以齐次线性方程组 $\boldsymbol{Ax}=\boldsymbol{0}$ 有非零解 $\boldsymbol{\alpha}$．由此可知 $|\boldsymbol{A}|=0$，即 $\boldsymbol{A}$ 为奇异矩阵.

此例也可以叙述为：n 阶矩阵 $\boldsymbol{A}$ 可逆的充分必要条件是它的任一特征值不为零.

(二) 特征值与特征向量的基本性质

定理 4.1 n 阶矩阵 $\boldsymbol{A}$ 与它的转置矩阵 $\boldsymbol{A}^{\mathrm{T}}$ 有相同的特征值.

证： 由 $(\lambda\boldsymbol{I}-\boldsymbol{A})^{\mathrm{T}}=\lambda\boldsymbol{I}-\boldsymbol{A}^{\mathrm{T}}$ 有

$$|\lambda\boldsymbol{I}-\boldsymbol{A}^{\mathrm{T}}|=|(\lambda\boldsymbol{I}-\boldsymbol{A})^{\mathrm{T}}|=|\lambda\boldsymbol{I}-\boldsymbol{A}|$$

得 $\boldsymbol{A}$ 与 $\boldsymbol{A}^{\mathrm{T}}$有相同的特征多项式，所以它们的特征值相同.

定理 4.2 设 $\boldsymbol{A}=(a_{ij})$ 是 n 阶矩阵，如果

$$(1)\ \sum_{j=1}^{n}|a_{ij}|<1 \quad (i=1, 2, \cdots, n)$$

或 $$(2)\ \sum_{i=1}^{n}|a_{ij}|<1 \quad (j=1, 2, \cdots, n)$$

有一个成立，则矩阵 $\boldsymbol{A}$ 的所有特征值 λ_k $(k=1, 2, \cdots, n)$ 的模（$|\lambda_k|$）小于 1，即

$$|\lambda_k|^{①}<1 \quad (k=1, 2, \cdots, n)$$

※**证：** 设 λ 是 $\boldsymbol{A}$ 的任意一个特征值，其对应的特征向量为 $\boldsymbol{\alpha}=(a_1, a_2, \cdots, a_n)^{\mathrm{T}}$，则 $\boldsymbol{A\alpha}=\lambda\boldsymbol{\alpha}$，即

$$\sum_{j=1}^{n}a_{ij}a_j=\lambda a_j \quad (i=1, 2, \cdots, n)$$

设 $$\max_j|a_j|=|a_k|$$

所以有 $$|\lambda|=\left|\lambda\frac{a_k}{a_k}\right|=\left|\sum_{j=1}^{n}a_{kj}\frac{a_j}{a_k}\right|$$

$$\leqslant\sum_{j=1}^{n}|a_{kj}|\frac{|a_j|}{|a_k|}\leqslant\sum_{j=1}^{n}|a_{kj}|$$

如果(1) 成立，则 $|\lambda|\leqslant\sum_{j=1}^{n}|a_{kj}|<1$.

由 λ 的任意性知

$$|\lambda_k|<1 \quad (k=1, 2, \cdots, n)$$

如果(2) 成立，则对矩阵 $\boldsymbol{A}^{\mathrm{T}}$的所有特征值，定理成立，再由 $\boldsymbol{A}$ 与 $\boldsymbol{A}^{\mathrm{T}}$有相同的特征值，则对 $\boldsymbol{A}$ 的特征值，亦有 $|\lambda_k|<1$ $(k=1, 2, \cdots, n)$.

定理 4.3 n 阶矩阵 $\boldsymbol{A}$ 互不相同的特征值 $\lambda_1, \lambda_2, \cdots, \lambda_m$ 对应的特征向量 $\boldsymbol{\alpha}_1, \boldsymbol{\alpha}_2, \cdots, \boldsymbol{\alpha}_m$线性无关.

证： 用数学归纳法证明.

当 $m=1$ 时，由于特征向量不为零，因此定理成立.

设 $\boldsymbol{A}$ 的 $m-1$ 个互不相同的特征值为 $\lambda_1, \lambda_2, \cdots, \lambda_{m-1}$，其对应的特征向量 $\boldsymbol{\alpha}_1, \boldsymbol{\alpha}_2, \cdots, \boldsymbol{\alpha}_{m-1}$线性无关. 现证明对 m 个互不相同的特征值 $\lambda_1, \cdots, \lambda_{m-1}, \lambda_m$，其对应的特征向量 $\boldsymbol{\alpha}_1, \cdots, \boldsymbol{\alpha}_{m-1}, \boldsymbol{\alpha}_m$线性无关.

① 这里符号“$|\lambda_k|$”表示复数 $\lambda_k=a+b\mathrm{i}$ 的模(a, b 为实数)，即 $|\lambda_k|=|a+b\mathrm{i}|=\sqrt{a^2+b^2}$. 特别地，如果 λ_k 是实数，则 $|\lambda_k|$ 就是 λ_k的绝对值.

设 $$k_1\boldsymbol{\alpha}_1+\cdots+k_{m-1}\boldsymbol{\alpha}_{m-1}+k_m\boldsymbol{\alpha}_m=\boldsymbol{0} \qquad ①$$

成立，以矩阵 $\boldsymbol{A}$ 乘 ① 式两端，由 $\boldsymbol{A\alpha}_i=\lambda\boldsymbol{\alpha}_i$，整理后得

$$k_1\lambda_1\boldsymbol{\alpha}_1+\cdots+k_{m-1}\lambda_{m-1}\boldsymbol{\alpha}_{m-1}+k_m\lambda_m\boldsymbol{\alpha}_m=\boldsymbol{0} \qquad ②$$

由 ①，② 式消去 $\boldsymbol{\alpha}_m$，得

$$k_1(\lambda_1-\lambda_m)\boldsymbol{\alpha}_1+\cdots+k_{m-1}(\lambda_{m-1}-\lambda_m)\boldsymbol{\alpha}_{m-1}=\boldsymbol{0}$$

由归纳法所设，$\boldsymbol{\alpha}_1,\boldsymbol{\alpha}_2,\cdots,\boldsymbol{\alpha}_{m-1}$线性无关，于是

$$k_i(\lambda_i-\lambda_m)=0 \quad (i=1,2,\cdots,m-1)$$

因 $\lambda_i-\lambda_m\neq 0 \quad (i=1,2,\cdots,m-1)$，因此 $k_1=k_2=\cdots=k_{m-1}=0$，于是 ① 式化为 $k_m\boldsymbol{\alpha}_m=\boldsymbol{0}$，又因 $\boldsymbol{\alpha}_m\neq\boldsymbol{0}$，应有 $k_m=0$，因而 $\boldsymbol{\alpha}_1,\boldsymbol{\alpha}_2,\cdots,\boldsymbol{\alpha}_{m-1},\boldsymbol{\alpha}_m$线性无关.

定理 4.4 设 n 阶矩阵 $\boldsymbol{A}=(a_{ij})_{n\times n}$. $\boldsymbol{A}$ 的全部特征值为 $\lambda_1,\lambda_2,\cdots,\lambda_n$(其中可能有重根、复根)，则

$$\sum_{i=1}^{n}\lambda_i=\sum_{i=1}^{n}a_{ii}, \qquad \prod_{i=1}^{n}\lambda_i=|\boldsymbol{A}|$$

即 $\boldsymbol{A}$ 的所有特征值之和等于 $\boldsymbol{A}$ 的主对角线元素之和，所有特征值之积等于 $\boldsymbol{A}$ 的行列式.

※**证**：矩阵 $\boldsymbol{A}$ 的特征多项式记为 $f(\lambda)$，则

$$f(\lambda)=|\lambda\boldsymbol{I}-\boldsymbol{A}|=\begin{vmatrix}\lambda-a_{11} & -a_{12} & \cdots & -a_{1n}\\ -a_{21} & \lambda-a_{22} & \cdots & -a_{2n}\\ \vdots & \vdots & & \vdots\\ -a_{n1} & -a_{n2} & \cdots & \lambda-a_{nn}\end{vmatrix}$$

如果将 $|\lambda\boldsymbol{I}-\boldsymbol{A}|$ 按第一行展开，展开式中的一项为

$$(\lambda-a_{11})(\lambda-a_{22})\cdots(\lambda-a_{nn})$$

而展开式中其余各项最多只含有主对角线上的 $n-2$ 个元素. 因此，展开式可写成

$$f(\lambda)=\lambda^n-(a_{11}+a_{22}+\cdots+a_{nn})\lambda^{n-1}+\cdots+c_n$$

其中 c_n是 $f(\lambda)$ 的常数项. 而

$$f(0)=|0\boldsymbol{I}-\boldsymbol{A}|=(-1)^n|\boldsymbol{A}|=c_n$$

因为 $\boldsymbol{A}$ 的特征值为 $\lambda_1,\lambda_2,\cdots,\lambda_n$，又有

$$f(\lambda)=(\lambda-\lambda_1)(\lambda-\lambda_2)\cdots(\lambda-\lambda_n)$$

利用方程的根与系数的关系，有

$$\lambda_1+\lambda_2+\cdots+\lambda_n=a_{11}+a_{22}+\cdots+a_{nn}; \quad \lambda_1\lambda_2\cdots\lambda_n=|\boldsymbol{A}|$$

即 $$\sum_{i=1}^{n}\lambda_i=\sum_{i=1}^{n}a_{ii}; \qquad \prod_{i=1}^{n}\lambda_i=|\boldsymbol{A}|$$

例 7　设矩阵

$$A=\begin{pmatrix}1&-1&0\\2&x&0\\4&2&1\end{pmatrix}$$

已知 A 有特征值 $\lambda_1=1$，$\lambda_2=2$，求 x 的值和 A 的另一特征值 λ_3.

解：根据定理 4.4，有

$$\lambda_1+\lambda_2+\lambda_3=1+x+1;\quad \lambda_1\lambda_2\lambda_3=|A| \qquad ①$$

而

$$|A|=\begin{vmatrix}1&-1&0\\2&x&0\\4&2&1\end{vmatrix}=x+2$$

故 ① 式可化简为

$$1+2+\lambda_3=x+2;\quad 2\lambda_3=x+2$$

解得 $x=4$，$\lambda_3=3$.

§4.2　相似矩阵与矩阵对角化

(一) 相似矩阵及其性质

定义 4.3　设 A，B 为 n 阶矩阵，如果有 n 阶非奇异矩阵 P 存在，使得

$$P^{-1}AP=B$$

成立，则称矩阵 A 与 B 相似，记为 $A\sim B$.

例如，

$$A=\begin{pmatrix}3&1\\5&-1\end{pmatrix},\ B=\begin{pmatrix}4&0\\0&-2\end{pmatrix},\ P=\begin{pmatrix}1&1\\1&-5\end{pmatrix}$$

则

$$P^{-1}=\begin{pmatrix}\frac{5}{6}&\frac{1}{6}\\\frac{1}{6}&-\frac{1}{6}\end{pmatrix}$$

$$P^{-1}AP=\begin{pmatrix}\frac{5}{6}&\frac{1}{6}\\\frac{1}{6}&-\frac{1}{6}\end{pmatrix}\begin{pmatrix}3&1\\5&-1\end{pmatrix}\begin{pmatrix}1&1\\1&-5\end{pmatrix}$$

$$=\begin{pmatrix}4&0\\0&-2\end{pmatrix}=B$$

所以，$\boldsymbol{A}\sim\boldsymbol{B}$，即$\begin{pmatrix}3 & 1\\5 & -1\end{pmatrix}\sim\begin{pmatrix}4 & 0\\0 & -2\end{pmatrix}$.

定理 4.5 如果 n 阶矩阵 $\boldsymbol{A}$，$\boldsymbol{B}$ 相似，则它们有相同的特征值.

证：因 $\boldsymbol{A}\sim\boldsymbol{B}$，所以存在 n 阶可逆矩阵 $\boldsymbol{P}$，有 $\boldsymbol{P}^{-1}\boldsymbol{A}\boldsymbol{P}=\boldsymbol{B}$

$$\begin{aligned}|\lambda\boldsymbol{I}-\boldsymbol{B}|&=|\lambda\boldsymbol{I}-\boldsymbol{P}^{-1}\boldsymbol{A}\boldsymbol{P}|=|\boldsymbol{P}^{-1}(\lambda\boldsymbol{I})\boldsymbol{P}-\boldsymbol{P}^{-1}\boldsymbol{A}\boldsymbol{P}|\\&=|\boldsymbol{P}^{-1}(\lambda\boldsymbol{I}-\boldsymbol{A})\boldsymbol{P}|=|\boldsymbol{P}^{-1}|\cdot|\lambda\boldsymbol{I}-\boldsymbol{A}|\cdot|\boldsymbol{P}|\\&=|\lambda\boldsymbol{I}-\boldsymbol{A}|\end{aligned}$$

得 $\boldsymbol{A}$，$\boldsymbol{B}$ 有相同的特征多项式，所以它们有相同的特征值.

利用定义 4.3，我们可以证明相似矩阵还具有下述性质：

(1) 相似矩阵有相同的秩.（请读者自证.）

(2) 相似矩阵的行列式相等.

证：设 n 阶矩阵 $\boldsymbol{A}$ 与 $\boldsymbol{B}$ 相似. 由定义 4.3，存在 n 阶非奇异矩阵 $\boldsymbol{P}$，使得

$$\boldsymbol{P}^{-1}\boldsymbol{A}\boldsymbol{P}=\boldsymbol{B}$$

所以
$$|\boldsymbol{P}^{-1}\boldsymbol{A}\boldsymbol{P}|=|\boldsymbol{B}|$$

$$|\boldsymbol{P}^{-1}|\cdot|\boldsymbol{A}|\cdot|\boldsymbol{P}|=|\boldsymbol{B}|$$

由此可得$|\boldsymbol{A}|=|\boldsymbol{B}|$.

(3) 相似矩阵或都可逆或都不可逆. 当它们可逆时，它们的逆矩阵也相似.

证：设 n 阶矩阵 $\boldsymbol{A}$ 与 $\boldsymbol{B}$ 相似，由性质(2)知$|\boldsymbol{A}|=|\boldsymbol{B}|$，所以$|\boldsymbol{A}|$与$|\boldsymbol{B}|$同时为零或不为零，即 $\boldsymbol{A}$ 与 $\boldsymbol{B}$ 或都可逆或都不可逆.

如果 $\boldsymbol{A}\sim\boldsymbol{B}$，且都可逆，则存在非奇异矩阵 $\boldsymbol{P}$，使得

$$\boldsymbol{P}^{-1}\boldsymbol{A}\boldsymbol{P}=\boldsymbol{B}$$

于是
$$\boldsymbol{B}^{-1}=(\boldsymbol{P}^{-1}\boldsymbol{A}\boldsymbol{P})^{-1}=\boldsymbol{P}^{-1}\boldsymbol{A}^{-1}(\boldsymbol{P}^{-1})^{-1}=\boldsymbol{P}^{-1}\boldsymbol{A}^{-1}\boldsymbol{P}$$

即 $\boldsymbol{A}^{-1}\sim\boldsymbol{B}^{-1}$.

(二) n 阶矩阵与对角矩阵相似的条件

相似的矩阵具有许多共同的性质，因此，对于 n 阶矩阵 $\boldsymbol{A}$，我们希望在与 $\boldsymbol{A}$ 相似的矩阵中寻求一个较简单的矩阵. 在研究 $\boldsymbol{A}$ 的性质时，只需先研究这一较简单矩阵的同类性质. 一般地，我们考虑 n 阶矩阵是否与一个对角矩阵相似的问题. 若矩阵 $\boldsymbol{A}$ 可与一个对角矩阵相似，就称矩阵 $\boldsymbol{A}$ 可对角化.

定理 4.6 n 阶矩阵 $\boldsymbol{A}$ 与 n 阶对角矩阵

$$\boldsymbol{A}=\begin{pmatrix}\lambda_1 & & & \\ & \lambda_2 & & \\ & & \ddots & \\ & & & \lambda_n\end{pmatrix}$$

相似的充分必要条件为矩阵 $\boldsymbol{A}$ 有 n 个线性无关的特征向量.

证： 必要性

如果 $\boldsymbol{A}$ 与对角矩阵 $\boldsymbol{\Lambda}$ 相似，则存在可逆矩阵 $\boldsymbol{P}$ 使

$$\boldsymbol{P}^{-1}\boldsymbol{A}\boldsymbol{P}=\boldsymbol{\Lambda}$$

设 $\boldsymbol{P}=(\boldsymbol{\alpha}_1,\boldsymbol{\alpha}_2,\cdots,\boldsymbol{\alpha}_n)$

由 $\boldsymbol{A}\boldsymbol{P}=\boldsymbol{P}\boldsymbol{\Lambda}$

有
$$\boldsymbol{A}(\boldsymbol{\alpha}_1,\boldsymbol{\alpha}_2,\cdots,\boldsymbol{\alpha}_n)=(\boldsymbol{\alpha}_1,\boldsymbol{\alpha}_2,\cdots,\boldsymbol{\alpha}_n)\begin{pmatrix}\lambda_1&&&\\&\lambda_2&&\\&&\ddots&\\&&&\lambda_n\end{pmatrix}$$

可得 $\boldsymbol{A}\boldsymbol{\alpha}_i=\lambda_i\boldsymbol{\alpha}_i\quad(i=1,2,\cdots,n)$

因为 $\boldsymbol{P}$ 可逆，有 $|\boldsymbol{P}|\neq 0$，所以 $\boldsymbol{\alpha}_i\ (i=1,2,\cdots,n)$ 都是非零向量，因而 $\boldsymbol{\alpha}_1,\boldsymbol{\alpha}_2,\cdots,\boldsymbol{\alpha}_n$ 都是 $\boldsymbol{A}$ 的特征向量，并且这 n 个特征向量线性无关.

充分性

设 $\boldsymbol{\alpha}_1,\boldsymbol{\alpha}_2,\cdots,\boldsymbol{\alpha}_n$ 为 $\boldsymbol{A}$ 的 n 个线性无关特征向量，它们所对应的特征值依次为 $\lambda_1,\lambda_2,\cdots,\lambda_n$，则有

$$\boldsymbol{A}\boldsymbol{\alpha}_i=\lambda_i\boldsymbol{\alpha}_i\quad(i=1,2,\cdots,n)$$

令 $\boldsymbol{P}=(\boldsymbol{\alpha}_1,\boldsymbol{\alpha}_2,\cdots,\boldsymbol{\alpha}_n)$，因为 $\boldsymbol{\alpha}_1,\boldsymbol{\alpha}_2,\cdots,\boldsymbol{\alpha}_n$ 线性无关，所以 $\boldsymbol{P}$ 可逆.

$$\begin{aligned}\boldsymbol{A}\boldsymbol{P}&=\boldsymbol{A}(\boldsymbol{\alpha}_1,\boldsymbol{\alpha}_2,\cdots,\boldsymbol{\alpha}_n)\\&=(\boldsymbol{A}\boldsymbol{\alpha}_1,\boldsymbol{A}\boldsymbol{\alpha}_2,\cdots,\boldsymbol{A}\boldsymbol{\alpha}_n)\\&=(\lambda_1\boldsymbol{\alpha}_1,\lambda_2\boldsymbol{\alpha}_2,\cdots,\lambda_n\boldsymbol{\alpha}_n)\\&=(\boldsymbol{\alpha}_1,\boldsymbol{\alpha}_2,\cdots,\boldsymbol{\alpha}_n)\begin{pmatrix}\lambda_1&&&\\&\lambda_2&&\\&&\ddots&\\&&&\lambda_n\end{pmatrix}\\&=\boldsymbol{P}\boldsymbol{\Lambda}\end{aligned}$$

用 $\boldsymbol{P}^{-1}$ 左乘上式两端得

$$\boldsymbol{P}^{-1}\boldsymbol{A}\boldsymbol{P}=\boldsymbol{\Lambda}$$

即矩阵 $\boldsymbol{A}$ 与对角矩阵 $\boldsymbol{\Lambda}$ 相似.

推论　若 n 阶矩阵 $\boldsymbol{A}$ 有 n 个互不相同的特征值 $\lambda_1,\lambda_2,\cdots,\lambda_n$，则 $\boldsymbol{A}$ 与对角矩阵 $\boldsymbol{\Lambda}=\begin{pmatrix}\lambda_1&&&\\&\lambda_2&&\\&&\ddots&\\&&&\lambda_n\end{pmatrix}$ 相似.

注意： $\boldsymbol{A}$ 有 n 个互不相同的特征值只是 $\boldsymbol{A}$ 相似于对角矩阵的充分条件而不是必要条件.

在 §4.1 求特征值及特征向量的例子中，例 1 的

$$A=\begin{pmatrix}3 & 1\\5 & -1\end{pmatrix}$$

有两个互不相同的特征值 $\lambda_1=4$，$\lambda_2=-2$，其对应特征向量分别为：$\boldsymbol{\alpha}_1=\begin{pmatrix}1\\1\end{pmatrix}$，$\boldsymbol{\alpha}_2=\begin{pmatrix}1\\-5\end{pmatrix}$.

如果取 $\boldsymbol{\Lambda}_1=\begin{pmatrix}4 & 0\\0 & -2\end{pmatrix}$，$\boldsymbol{P}=(\boldsymbol{\alpha}_1,\boldsymbol{\alpha}_2)=\begin{pmatrix}1 & 1\\1 & -5\end{pmatrix}$，则

$$\boldsymbol{P}^{-1}\boldsymbol{A}\boldsymbol{P}=\boldsymbol{\Lambda}_1$$

所以有 $\boldsymbol{A}\sim\boldsymbol{\Lambda}_1$.

如果取 $\boldsymbol{\Lambda}_2=\begin{pmatrix}-2 & 0\\0 & 4\end{pmatrix}$，则亦有

$$\boldsymbol{A}\sim\boldsymbol{\Lambda}_2$$

但此时 $\boldsymbol{P}=(\boldsymbol{\alpha}_2,\boldsymbol{\alpha}_1)=\begin{pmatrix}1 & 1\\-5 & 1\end{pmatrix}$.

在 §4.1 的例 3 中，已知 $\boldsymbol{A}=\begin{pmatrix}3 & 2 & 4\\2 & 0 & 2\\4 & 2 & 3\end{pmatrix}$，$\boldsymbol{A}$ 的对应于特征值 $\lambda_1=\lambda_2=-1$ 的线性无关的特征向量为

$$\boldsymbol{\alpha}_1=(-1,2,0)^{\mathrm{T}},\ \boldsymbol{\alpha}_2=(-1,0,1)^{\mathrm{T}}$$

$\boldsymbol{A}$ 的对应于特征值 $\lambda_3=8$ 的特征向量为

$$\boldsymbol{\alpha}_3=(2,1,2)^{\mathrm{T}}$$

根据定理 4.3，$\boldsymbol{\alpha}_1$，$\boldsymbol{\alpha}_2$，$\boldsymbol{\alpha}_3$ 线性无关，令

$$\boldsymbol{P}=(\boldsymbol{\alpha}_1,\boldsymbol{\alpha}_2,\boldsymbol{\alpha}_3)=\begin{pmatrix}-1 & -1 & 2\\2 & 0 & 1\\0 & 1 & 2\end{pmatrix},\ \boldsymbol{\Lambda}=\begin{pmatrix}-1 & & \\ & -1 & \\ & & 8\end{pmatrix}$$

则必有 $\boldsymbol{P}^{-1}\boldsymbol{A}\boldsymbol{P}=\boldsymbol{\Lambda}$，即 $\boldsymbol{A}\sim\boldsymbol{\Lambda}$.

这个例子说明了 $\boldsymbol{A}$ 的特征值不全相异时，$\boldsymbol{A}$ 也可能化为对角矩阵.

定理 4.7 n 阶矩阵 $\boldsymbol{A}$ 与对角矩阵相似的充分必要条件是对于每一个 n_i 重特征根 λ_i，矩阵 $\lambda_i\boldsymbol{I}-\boldsymbol{A}$ 的秩是 $n-n_i$(证明略).

在 §4.1 的例 2 中，

$$\boldsymbol{A}=\begin{pmatrix}-1 & 1 & 0\\-4 & 3 & 0\\1 & 0 & 2\end{pmatrix}$$

的特征值为 $\lambda_1 = 2$，$\lambda_2 = \lambda_3 = 1$，1 是矩阵 $\boldsymbol{A}$ 的二重特征值，而 $\mathrm{r}(\boldsymbol{I}-\boldsymbol{A}) = 2$，$n - n_i = 3 - 2 = 1$，二者不相等，$\boldsymbol{A}$ 的二重特征值 $\lambda_2 = \lambda_3 = 1$ 所对应的线性无关的特征向量只有一个，即 $\boldsymbol{\alpha}_2 = (1, 2, -1)^{\mathrm{T}}$. 所以矩阵 $\boldsymbol{A}$ 不与对角矩阵相似.

例　设矩阵

$$\boldsymbol{A} = \begin{pmatrix} 1 & 1 & -1 \\ -2 & 4 & -2 \\ -2 & 2 & 0 \end{pmatrix}$$

试判断 $\boldsymbol{A}$ 是否可与对角矩阵相似，并求 $\boldsymbol{A}^5$.

解　矩阵 $\boldsymbol{A}$ 的特征多项式为

$$|\lambda \boldsymbol{I} - \boldsymbol{A}| = \begin{vmatrix} \lambda-1 & -1 & 1 \\ 2 & \lambda-4 & 2 \\ 2 & -2 & \lambda \end{vmatrix} = (\lambda-1)(\lambda-2)^2$$

所以 $\boldsymbol{A}$ 的特征值为 $\lambda_1 = 1$，$\lambda_2 = \lambda_3 = 2$.

当 $\lambda_1 = 1$ 时，解齐次线性方程组 $(\boldsymbol{I}-\boldsymbol{A})\boldsymbol{x} = \boldsymbol{0}$：

$$\boldsymbol{I}-\boldsymbol{A} = \begin{pmatrix} 0 & -1 & 1 \\ 2 & -3 & 2 \\ 2 & -2 & 1 \end{pmatrix} \longrightarrow \begin{pmatrix} 1 & 0 & -\frac{1}{2} \\ 0 & 1 & -1 \\ 0 & 0 & 0 \end{pmatrix}$$

可得基础解系为

$$\boldsymbol{\alpha}_1 = (1, 2, 2)^{\mathrm{T}}$$

当 $\lambda_2 = \lambda_3 = 2$ 时，解齐次线性方程组 $(2\boldsymbol{I}-\boldsymbol{A})\boldsymbol{x} = \boldsymbol{0}$：

$$2\boldsymbol{I}-\boldsymbol{A} = \begin{pmatrix} 1 & -1 & 1 \\ 2 & -2 & 2 \\ 2 & -2 & 2 \end{pmatrix} \longrightarrow \begin{pmatrix} 1 & -1 & 1 \\ 0 & 0 & 0 \\ 0 & 0 & 0 \end{pmatrix}$$

可得基础解系为

$$\boldsymbol{\alpha}_2 = (1, 1, 0)^{\mathrm{T}}, \boldsymbol{\alpha}_3 = (-1, 0, 1)^{\mathrm{T}}$$

因为矩阵 $\boldsymbol{A}$ 有三个线性无关的特征向量 $\boldsymbol{\alpha}_1, \boldsymbol{\alpha}_2, \boldsymbol{\alpha}_3$，所以 $\boldsymbol{A}$ 可与对角矩阵相似. 令

$$\boldsymbol{P} = (\boldsymbol{\alpha}_1, \boldsymbol{\alpha}_2, \boldsymbol{\alpha}_3) = \begin{pmatrix} 1 & 1 & -1 \\ 2 & 1 & 0 \\ 2 & 0 & 1 \end{pmatrix}, \boldsymbol{\Lambda} = \begin{pmatrix} 1 & & \\ & 2 & \\ & & 2 \end{pmatrix}$$

则 $\boldsymbol{P}^{-1}\boldsymbol{A}\boldsymbol{P} = \boldsymbol{\Lambda}$，于是 $\boldsymbol{A} = \boldsymbol{P}\boldsymbol{\Lambda}\boldsymbol{P}^{-1}$，有

$$\begin{aligned} \boldsymbol{A}^5 &= (\boldsymbol{P}\boldsymbol{\Lambda}\boldsymbol{P}^{-1})(\boldsymbol{P}\boldsymbol{\Lambda}\boldsymbol{P}^{-1})\cdots(\boldsymbol{P}\boldsymbol{\Lambda}\boldsymbol{P}^{-1}) \\ &= \boldsymbol{P}\boldsymbol{\Lambda}(\boldsymbol{P}^{-1}\boldsymbol{P})\boldsymbol{\Lambda}(\boldsymbol{P}^{-1}\boldsymbol{P})\cdots(\boldsymbol{P}^{-1}\boldsymbol{P})\boldsymbol{\Lambda}\boldsymbol{P}^{-1} \end{aligned}$$

$$= P\Lambda^5 P^{-1}$$

容易求得

$$P^{-1} = \begin{pmatrix} 1 & -1 & 1 \\ -2 & 3 & -2 \\ -2 & 2 & -1 \end{pmatrix}$$

得

$$A^5 = \begin{pmatrix} 1 & 1 & -1 \\ 2 & 1 & 0 \\ 2 & 0 & 1 \end{pmatrix} \begin{pmatrix} 1 & & \\ & 2^5 & \\ & & 2^5 \end{pmatrix} \begin{pmatrix} 1 & -1 & 1 \\ -2 & 3 & -2 \\ -2 & 2 & -1 \end{pmatrix}$$

$$= \begin{pmatrix} 1 & 31 & -31 \\ -62 & 94 & -62 \\ -62 & 62 & -30 \end{pmatrix}$$

把矩阵 A 先对角化再求 A^k，是计算矩阵的幂的方法之一.

※(三) 关于约当形矩阵的概念

由定理 4.7 可知，并不是所有 n 阶矩阵都可与对角矩阵相似，但可以与一种极简单矩阵 —— 约当形矩阵相似. 下面将叙述有关约当形矩阵的概念和一些定理，但对于定理不加以证明.

定义 4.4 在 n 阶矩阵 $A = (a_{ij})$ 中，如果

$$a_{ii} = \lambda \quad (i = 1, 2, \cdots, n)$$
$$a_{i\,i+1} = 1 \quad (i = 1, 2, \cdots, n-1)$$
$$a_{ij} = 0 \quad (j \neq i, j \neq i+1)$$

即
$$J = \begin{pmatrix} \lambda & 1 & & & \\ & \lambda & 1 & & \\ & & \ddots & \ddots & \\ & & & \lambda & 1 \\ & & & & \lambda \end{pmatrix}$$

则称 J 为约当块.

如果一个分块对角矩阵的所有子块都是约当块，即

$$J = \begin{pmatrix} J_1 & & & \\ & J_2 & & \\ & & \ddots & \\ & & & J_s \end{pmatrix}$$

中 $J_l\ (l = 1, 2, \cdots, s)$ 都是约当块，则称 J 为约当形矩阵，或称约当标准形.

例如，

$$\begin{pmatrix} 3 & 1 & 0 \\ 0 & 3 & 1 \\ 0 & 0 & 3 \end{pmatrix},\ \begin{pmatrix} 0 & 1 & 0 \\ 0 & 0 & 1 \\ 0 & 0 & 0 \end{pmatrix},\ \begin{pmatrix} -1 & 1 \\ 0 & -1 \end{pmatrix}$$

都是约当块.

$$\left(\begin{array}{ccc:cc} 3 & 1 & 0 & 0 & 0 \\ 0 & 3 & 1 & 0 & 0 \\ 0 & 0 & 3 & 0 & 0 \\ \hdashline 0 & 0 & 0 & -1 & 1 \\ 0 & 0 & 0 & 0 & -1 \end{array}\right),\ \left(\begin{array}{cc:c:ccc} 1 & 1 & 0 & 0 & 0 & 0 \\ 0 & 1 & 0 & 0 & 0 & 0 \\ \hdashline 0 & 0 & 4 & 0 & 0 & 0 \\ \hdashline 0 & 0 & 0 & 2 & 1 & 0 \\ 0 & 0 & 0 & 0 & 2 & 1 \\ 0 & 0 & 0 & 0 & 0 & 2 \end{array}\right)$$

都是约当形矩阵.

对角矩阵可看成每个约当块都为一阶的约当形矩阵.

$$\boldsymbol{\Lambda} = \left(\begin{array}{c:c:c:c} \lambda_1 & & & \\ \hdashline & \lambda_2 & & \\ \hdashline & & \ddots & \\ \hdashline & & & \lambda_n \end{array}\right)$$

定理 4.8 对任意一个 n 阶矩阵 $\boldsymbol{A}$，都存在 n 阶可逆矩阵 $\boldsymbol{T}$，使得 $\boldsymbol{T}^{-1}\boldsymbol{A}\boldsymbol{T}=\boldsymbol{J}$，即任意一个 n 阶矩阵 $\boldsymbol{A}$ 都与 n 阶约当矩阵 $\boldsymbol{J}$ 相似(证明略).

例如，矩阵

$$\boldsymbol{A} = \begin{pmatrix} -1 & 1 & 0 \\ -4 & 3 & 0 \\ 1 & 0 & 2 \end{pmatrix}$$

有两个特征值 $\lambda_1=2$，$\lambda_2=\lambda_3=1$，并仅有两个线性无关的特征向量

$$\boldsymbol{\alpha}_1 = \begin{pmatrix} 0 \\ 0 \\ 1 \end{pmatrix},\quad \boldsymbol{\alpha}_2 = \begin{pmatrix} 1 \\ 2 \\ -1 \end{pmatrix}$$

所以它不与对角矩阵相似，但它与约当形矩阵

$$\boldsymbol{J} = \begin{pmatrix} 2 & 0 & 0 \\ 0 & 1 & 1 \\ 0 & 0 & 1 \end{pmatrix}$$

相似. 这时

$$\boldsymbol{T} = \begin{pmatrix} 0 & 1 & 0 \\ 0 & 2 & 1 \\ 1 & -1 & -1 \end{pmatrix}$$

§4.3 实对称矩阵的特征值和特征向量

在计量经济学和一些经济数学模型中，经常遇到实对称矩阵，实对称矩阵的特征值、特征向量具有许多特殊的性质.

(一) 向量内积

在 §3.2 中，我们定义了向量空间 $\mathbf{R}^n$ 中向量的线性运算. 为了描述 $\mathbf{R}^n$ 中向量的度量性质，需引入向量内积的概念.

定义 4.5 在 $\mathbf{R}^n$ 中，设向量

$$\boldsymbol{\alpha}=\begin{pmatrix}a_1\\a_2\\\vdots\\a_n\end{pmatrix},\quad \boldsymbol{\beta}=\begin{pmatrix}b_1\\b_2\\\vdots\\b_n\end{pmatrix}$$

实数 $a_1b_1+a_2b_2+\cdots+a_nb_n=\sum_{i=1}^{n}a_ib_i$

称为向量 $\boldsymbol{\alpha}$ 和 $\boldsymbol{\beta}$ 的内积,记作 $\boldsymbol{\alpha}^{\mathrm{T}}\boldsymbol{\beta}$,即

$$\boldsymbol{\alpha}^{\mathrm{T}}\boldsymbol{\beta}=\sum_{i=1}^{n}a_ib_i$$

例如，设 $\boldsymbol{\alpha}=(-1,1,0,2)^{\mathrm{T}}$，$\boldsymbol{\beta}=(2,0,-1,3)^{\mathrm{T}}$,则 $\boldsymbol{\alpha}$ 和 $\boldsymbol{\beta}$ 的内积为

$$\boldsymbol{\alpha}^{\mathrm{T}}\boldsymbol{\beta}=(-1)\times2+1\times0+0\times(-1)+2\times3=4$$

根据定义 4.5，不难验证内积具有下述性质：

(1) $\boldsymbol{\alpha}^{\mathrm{T}}\boldsymbol{\beta}=\boldsymbol{\beta}^{\mathrm{T}}\boldsymbol{\alpha}$.

(2) $(k\boldsymbol{\alpha})^{\mathrm{T}}\boldsymbol{\beta}=k\boldsymbol{\alpha}^{\mathrm{T}}\boldsymbol{\beta}$ (k 为实数).

(3) $(\boldsymbol{\alpha}+\boldsymbol{\beta})^{\mathrm{T}}\boldsymbol{\gamma}=\boldsymbol{\alpha}^{\mathrm{T}}\boldsymbol{\gamma}+\boldsymbol{\beta}^{\mathrm{T}}\boldsymbol{\gamma}$.

(4) $\boldsymbol{\alpha}^{\mathrm{T}}\boldsymbol{\alpha}\geqslant0$，并且仅当 $\boldsymbol{\alpha}=\mathbf{0}$ 时，有 $\boldsymbol{\alpha}^{\mathrm{T}}\boldsymbol{\alpha}=0$.

其中 $\boldsymbol{\alpha}$，$\boldsymbol{\beta}$，$\boldsymbol{\gamma}$ 为 $\mathbf{R}^n$ 中的任意向量.

由于对任一向量 $\boldsymbol{\alpha}$，$\boldsymbol{\alpha}^{\mathrm{T}}\boldsymbol{\alpha}\geqslant0$，因此可引入向量长度的概念.

定义 4.6 对 $\mathbf{R}^n$ 中的向量 $\boldsymbol{\alpha}=(a_1,a_2,\cdots,a_n)^{\mathrm{T}}$，其长度

$$\|\boldsymbol{\alpha}\|=\sqrt{\boldsymbol{\alpha}^{\mathrm{T}}\boldsymbol{\alpha}}=\sqrt{a_1^2+a_2^2+\cdots+a_n^2}$$

向量长度也称为向量范数.

例如，在 $\mathbf{R}^2$ 中，向量 $\boldsymbol{\alpha}=(-3,4)^{\mathrm{T}}$的长度

$$\|\boldsymbol{\alpha}\|=\sqrt{\boldsymbol{\alpha}^{\mathrm{T}}\boldsymbol{\alpha}}=\sqrt{(-3)^2+4^2}=5$$

不难看出，在 $\mathbf{R}^2$ 中向量 $\boldsymbol{\alpha}$ 的长度，就是坐标平面上对应的点到原点的距离.

向量长度具有以下性质：

(1) $\|\boldsymbol{\alpha}\| \geqslant 0$，当且仅当 $\boldsymbol{\alpha}=\mathbf{0}$ 时，有 $\|\boldsymbol{\alpha}\|=0$.

(2) $\|k\boldsymbol{\alpha}\|=|k|\cdot\|\boldsymbol{\alpha}\|$ （k 为实数）.

(3) 对任意向量 $\boldsymbol{\alpha}$，$\boldsymbol{\beta}$，有

$$|\boldsymbol{\alpha}^{\mathrm{T}}\boldsymbol{\beta}| \leqslant \|\boldsymbol{\alpha}\|\cdot\|\boldsymbol{\beta}\| \quad \text{（证明略）}$$

如果 $\boldsymbol{\alpha}=(a_1, a_2, \cdots, a_n)^{\mathrm{T}}$，$\boldsymbol{\beta}=(b_1, b_2, \cdots, b_n)^{\mathrm{T}}$，上面的不等式可写为

$$\left|\sum_{i=1}^{n} a_i b_i\right| \leqslant \sqrt{\sum_{i=1}^{n} a_i^2}\cdot\sqrt{\sum_{i=1}^{n} b_i^2}$$

这一不等式称为柯西-布涅柯夫斯基不等式，它说明 $\mathbf{R}^n$ 中任意两个向量的内积与它们长度之间的关系.

长度为 1 的向量称为单位向量. 对于 $\mathbf{R}^n$ 中的任一非零向量 $\boldsymbol{\alpha}$，向量 $\dfrac{1}{\|\boldsymbol{\alpha}\|}\boldsymbol{\alpha}$ 是一个单位向量. 实际上，利用关于向量长度的性质(2)，有

$$\left\|\frac{1}{\|\boldsymbol{\alpha}\|}\boldsymbol{\alpha}\right\|=\frac{1}{\|\boldsymbol{\alpha}\|}\cdot\|\boldsymbol{\alpha}\|=1$$

用向量 $\boldsymbol{\alpha}(\neq\mathbf{0})$ 的长度去除向量 $\boldsymbol{\alpha}$，就得到一个单位向量，通常称为把向量 $\boldsymbol{\alpha}$ 单位化.

(二) 正交向量组

定义 4.7　如果两个向量 $\boldsymbol{\alpha}$ 与 $\boldsymbol{\beta}$ 的内积等于零，即 $\boldsymbol{\alpha}^{\mathrm{T}}\boldsymbol{\beta}=0$，则称向量 $\boldsymbol{\alpha}$ 与 $\boldsymbol{\beta}$ 相互正交(垂直).

例 1　零向量与任意向量的内积为零，因此零向量与任意向量正交.

例 2　$\mathbf{R}^n$ 中的初始单位向量组 $\boldsymbol{\varepsilon}_1, \boldsymbol{\varepsilon}_2, \cdots, \boldsymbol{\varepsilon}_n$ 是两两正交的：$\boldsymbol{\varepsilon}_i^{\mathrm{T}}\boldsymbol{\varepsilon}_j=0\,(i\neq j)$.

一般地，可引入下面的定义和定理.

定义 4.8　如果 $\mathbf{R}^n$ 中的非零向量组 $\boldsymbol{\alpha}_1, \boldsymbol{\alpha}_2, \cdots, \boldsymbol{\alpha}_s$ 两两正交，即

$$\boldsymbol{\alpha}_i^{\mathrm{T}}\boldsymbol{\alpha}_j=0 \quad (i\neq j;\ i, j=1, 2, \cdots, s)$$

则称该向量组为正交向量组.

定理 4.9　$\mathbf{R}^n$ 中的正交向量组线性无关.

证：设 $\boldsymbol{\alpha}_1, \boldsymbol{\alpha}_2, \cdots, \boldsymbol{\alpha}_s$ 为 $\mathbf{R}^n$ 中的正交向量组，且有数 $k_1, k_2, \cdots, k_s$，使得

$$k_1\boldsymbol{\alpha}_1+k_2\boldsymbol{\alpha}_2+\cdots+k_s\boldsymbol{\alpha}_s=\mathbf{0}$$

上式两边与向量组中的任意向量 $\boldsymbol{\alpha}_i$ 求内积，得

$$\boldsymbol{\alpha}_i^{\mathrm{T}}(k_1\boldsymbol{\alpha}_1+k_2\boldsymbol{\alpha}_2+\cdots+k_s\boldsymbol{\alpha}_s)=0 \quad (1\leqslant i\leqslant s)$$

即
$$k_1\boldsymbol{\alpha}_i^{\mathrm{T}}\boldsymbol{\alpha}_1+k_2\boldsymbol{\alpha}_i^{\mathrm{T}}\boldsymbol{\alpha}_2+\cdots+k_s\boldsymbol{\alpha}_i^{\mathrm{T}}\boldsymbol{\alpha}_s=0$$

由于 $\boldsymbol{\alpha}_i^{\mathrm{T}}\boldsymbol{\alpha}_j=0 \quad (i\neq j)$，所以

$$k_i\boldsymbol{\alpha}_i^{\mathrm{T}}\boldsymbol{\alpha}_i=0$$

但 $\boldsymbol{\alpha}_i \neq 0$，有 $\boldsymbol{\alpha}_i^{\mathrm{T}}\boldsymbol{\alpha}_i > 0$. 所以 $k_i = 0 \quad (1 \leqslant i \leqslant s)$，即 $\boldsymbol{\alpha}_1, \boldsymbol{\alpha}_2, \cdots, \boldsymbol{\alpha}_s$ 线性无关.

如果已知 $\mathbf{R}^n$ 中的线性无关向量组 $\boldsymbol{\alpha}_1, \boldsymbol{\alpha}_2, \cdots, \boldsymbol{\alpha}_s$，则可以生成正交向量组 $\boldsymbol{\beta}_1, \boldsymbol{\beta}_2, \cdots, \boldsymbol{\beta}_s$，并使这两个向量组可以相互线性表示. 由一个线性无关向量组生成满足上述性质的正交向量组的过程，一般称为将该向量组正交化，将一个向量组正交化可以应用施密特正交化方法. 施密特正交化方法的步骤如下：

对于 $\mathbf{R}^n$ 中的线性无关向量组 $\boldsymbol{\alpha}_1, \boldsymbol{\alpha}_2, \cdots, \boldsymbol{\alpha}_s$，令

$$\boldsymbol{\beta}_1 = \boldsymbol{\alpha}_1$$

$$\boldsymbol{\beta}_2 = \boldsymbol{\alpha}_2 - \frac{\boldsymbol{\alpha}_2^{\mathrm{T}}\boldsymbol{\beta}_1}{\boldsymbol{\beta}_1^{\mathrm{T}}\boldsymbol{\beta}_1}\boldsymbol{\beta}_1$$

$$\boldsymbol{\beta}_3 = \boldsymbol{\alpha}_3 - \frac{\boldsymbol{\alpha}_3^{\mathrm{T}}\boldsymbol{\beta}_1}{\boldsymbol{\beta}_1^{\mathrm{T}}\boldsymbol{\beta}_1}\boldsymbol{\beta}_1 - \frac{\boldsymbol{\alpha}_3^{\mathrm{T}}\boldsymbol{\beta}_2}{\boldsymbol{\beta}_2^{\mathrm{T}}\boldsymbol{\beta}_2}\boldsymbol{\beta}_2$$

……

$$\boldsymbol{\beta}_s = \boldsymbol{\alpha}_s - \frac{\boldsymbol{\alpha}_s^{\mathrm{T}}\boldsymbol{\beta}_1}{\boldsymbol{\beta}_1^{\mathrm{T}}\boldsymbol{\beta}_1}\boldsymbol{\beta}_1 - \frac{\boldsymbol{\alpha}_s^{\mathrm{T}}\boldsymbol{\beta}_2}{\boldsymbol{\beta}_2^{\mathrm{T}}\boldsymbol{\beta}_2}\boldsymbol{\beta}_2 - \cdots - \frac{\boldsymbol{\alpha}_s^{\mathrm{T}}\boldsymbol{\beta}_{s-1}}{\boldsymbol{\beta}_{s-1}^{\mathrm{T}}\boldsymbol{\beta}_{s-1}}\boldsymbol{\beta}_{s-1}$$

或写成 $$\boldsymbol{\beta}_1 = \boldsymbol{\alpha}_1,\ \boldsymbol{\beta}_i = \boldsymbol{\alpha}_i - \sum_{k=1}^{i-1}\frac{\boldsymbol{\alpha}_i^{\mathrm{T}}\boldsymbol{\beta}_k}{\boldsymbol{\beta}_k^{\mathrm{T}}\boldsymbol{\beta}_k}\boldsymbol{\beta}_k \quad (i = 2, \cdots, s)$$

可以验证，向量组 $\boldsymbol{\beta}_1, \boldsymbol{\beta}_2, \cdots, \boldsymbol{\beta}_s$ 是正交向量组，并且可以与向量组 $\boldsymbol{\alpha}_1, \boldsymbol{\alpha}_2, \cdots, \boldsymbol{\alpha}_s$ 相互线性表示.

例 3 设线性无关的向量组 $\boldsymbol{\alpha}_1 = (1, 1, 1, 1)^{\mathrm{T}}$，$\boldsymbol{\alpha}_2 = (3, 3, -1, -1)^{\mathrm{T}}$，$\boldsymbol{\alpha}_3 = (-2, 0, 6, 8)^{\mathrm{T}}$，试将 $\boldsymbol{\alpha}_1, \boldsymbol{\alpha}_2, \boldsymbol{\alpha}_3$ 正交化.

解： 利用施密特正交化方法，令

$$\boldsymbol{\beta}_1 = \boldsymbol{\alpha}_1 = (1, 1, 1, 1)^{\mathrm{T}}$$

$$\begin{aligned}\boldsymbol{\beta}_2 &= \boldsymbol{\alpha}_2 - \frac{\boldsymbol{\alpha}_2^{\mathrm{T}}\boldsymbol{\beta}_1}{\boldsymbol{\beta}_1^{\mathrm{T}}\boldsymbol{\beta}_1}\boldsymbol{\beta}_1 \\ &= (3, 3, -1, -1)^{\mathrm{T}} - \frac{4}{4}(1, 1, 1, 1)^{\mathrm{T}} \\ &= (2, 2, -2, -2)^{\mathrm{T}}\end{aligned}$$

$$\begin{aligned}\boldsymbol{\beta}_3 &= \boldsymbol{\alpha}_3 - \frac{\boldsymbol{\alpha}_3^{\mathrm{T}}\boldsymbol{\beta}_1}{\boldsymbol{\beta}_1^{\mathrm{T}}\boldsymbol{\beta}_1}\boldsymbol{\beta}_1 - \frac{\boldsymbol{\alpha}_3^{\mathrm{T}}\boldsymbol{\beta}_2}{\boldsymbol{\beta}_2^{\mathrm{T}}\boldsymbol{\beta}_2}\boldsymbol{\beta}_2 \\ &= (-2, 0, 6, 8)^{\mathrm{T}} - \frac{12}{4}(1, 1, 1, 1)^{\mathrm{T}} \\ &\quad - \frac{(-32)}{16}(2, 2, -2, -2)^{\mathrm{T}} \\ &= (-1, 1, -1, 1)^{\mathrm{T}}\end{aligned}$$

不难验证，$\boldsymbol{\beta}_1, \boldsymbol{\beta}_2, \boldsymbol{\beta}_3$ 为正交向量组，且与 $\boldsymbol{\alpha}_1, \boldsymbol{\alpha}_2, \boldsymbol{\alpha}_3$ 可相互线性表示.

(三) 正交矩阵

定义 4.9 设 n 阶实矩阵 $\boldsymbol{Q}$ 满足

$$Q^{\mathrm{T}}Q = I$$

则称 Q 为正交矩阵.

例如，单位矩阵 I 为正交矩阵；在平面解析几何中，两直角坐标系间的坐标变换矩阵

$$Q = \begin{pmatrix} \cos\theta & -\sin\theta \\ \sin\theta & \cos\theta \end{pmatrix}$$

是正交矩阵.

正交矩阵具有下述性质：

(1) 若 Q 为正交矩阵，则其行列式的值为 1 或 -1.

(2) 若 Q 为正交矩阵，则 Q 可逆，且 $Q^{-1} = Q^{\mathrm{T}}$.

(3) 若 P，Q 都是正交矩阵，则它们的积 PQ 也是正交矩阵.

上述性质可由定义 4.9 直接得出，作为习题，请读者自证.

定理 4.10　设 Q 为 n 阶实矩阵，则 Q 为正交矩阵的充分必要条件是其列(行) 向量组是单位正交向量组.

证：设 $Q = (\boldsymbol{\alpha}_1, \boldsymbol{\alpha}_2, \cdots, \boldsymbol{\alpha}_n)$，其中 $\boldsymbol{\alpha}_1, \boldsymbol{\alpha}_2, \cdots, \boldsymbol{\alpha}_n$ 为 Q 的列向量组.

Q 是正交矩阵等价于 $Q^{\mathrm{T}}Q = I$，而

$$Q^{\mathrm{T}}Q = \begin{pmatrix} \boldsymbol{\alpha}_1^{\mathrm{T}} \\ \boldsymbol{\alpha}_2^{\mathrm{T}} \\ \vdots \\ \boldsymbol{\alpha}_n^{\mathrm{T}} \end{pmatrix} (\boldsymbol{\alpha}_1, \boldsymbol{\alpha}_2, \cdots, \boldsymbol{\alpha}_n)$$

$$= \begin{pmatrix} \boldsymbol{\alpha}_1^{\mathrm{T}}\boldsymbol{\alpha}_1 & \boldsymbol{\alpha}_1^{\mathrm{T}}\boldsymbol{\alpha}_2 & \cdots & \boldsymbol{\alpha}_1^{\mathrm{T}}\boldsymbol{\alpha}_n \\ \boldsymbol{\alpha}_2^{\mathrm{T}}\boldsymbol{\alpha}_1 & \boldsymbol{\alpha}_2^{\mathrm{T}}\boldsymbol{\alpha}_2 & \cdots & \boldsymbol{\alpha}_2^{\mathrm{T}}\boldsymbol{\alpha}_n \\ \vdots & \vdots & & \vdots \\ \boldsymbol{\alpha}_n^{\mathrm{T}}\boldsymbol{\alpha}_1 & \boldsymbol{\alpha}_n^{\mathrm{T}}\boldsymbol{\alpha}_2 & \cdots & \boldsymbol{\alpha}_n^{\mathrm{T}}\boldsymbol{\alpha}_n \end{pmatrix}$$

由此可知 $Q^{\mathrm{T}}Q = I$ 等价于

$$\begin{cases} \boldsymbol{\alpha}_i^{\mathrm{T}}\boldsymbol{\alpha}_i = 1 & (i = 1, 2, \cdots, n) \\ \boldsymbol{\alpha}_i^{\mathrm{T}}\boldsymbol{\alpha}_j = 0 & (i \neq j;\ i, j = 1, 2, \cdots, n) \end{cases}$$

即 Q 为正交矩阵的充分必要条件是其列向量组是单位正交向量组.

类似可证，Q 为正交矩阵的充分必要条件是其行向量组为单位正交向量组.

(四) 实对称矩阵的特征值和特征向量

在上一节，我们已经知道任意的 n 阶矩阵不一定能与对角矩阵相似，然而，实对称矩阵却一定能与对角矩阵相似，其特征值、特征向量具有许多特殊的性质.

定理 4.11　实对称矩阵的特征值都是实数(此定理证明略).

定理 4.12　实对称矩阵的对应于不同特征值的特征向量是正交的.

证：设 A 为 n 阶实对称矩阵，$\boldsymbol{\alpha}_1, \boldsymbol{\alpha}_2$ 分别是 A 的对应于不同特征值 λ_1, λ_2 的特征向量.

于是

$$A\boldsymbol{\alpha}_1=\lambda_1\boldsymbol{\alpha}_1\quad(\boldsymbol{\alpha}_1\neq\boldsymbol{0})$$
$$A\boldsymbol{\alpha}_2=\lambda_2\boldsymbol{\alpha}_2\quad(\boldsymbol{\alpha}_2\neq\boldsymbol{0})$$

所以 $\boldsymbol{\alpha}_2^{T}A\boldsymbol{\alpha}_1=\lambda_1\boldsymbol{\alpha}_2^{T}\boldsymbol{\alpha}_1$；$\boldsymbol{\alpha}_1^{T}A\boldsymbol{\alpha}_2=\lambda_2\boldsymbol{\alpha}_1^{T}\boldsymbol{\alpha}_2$

因为 A 为实对称矩阵，$\boldsymbol{\alpha}_2^{T}A\boldsymbol{\alpha}_1$是一个数，所以

$$\boldsymbol{\alpha}_2^{T}A\boldsymbol{\alpha}_1=(\boldsymbol{\alpha}_2^{T}A\boldsymbol{\alpha}_1)^{T}=\boldsymbol{\alpha}_1^{T}A\boldsymbol{\alpha}_2$$

由此可得

$$\lambda_1\boldsymbol{\alpha}_2^{T}\boldsymbol{\alpha}_1=\lambda_2\boldsymbol{\alpha}_1^{T}\boldsymbol{\alpha}_2$$

而 $\boldsymbol{\alpha}_2^{T}\boldsymbol{\alpha}_1=\boldsymbol{\alpha}_1^{T}\boldsymbol{\alpha}_2$，所以

$$(\lambda_1-\lambda_2)\boldsymbol{\alpha}_2^{T}\boldsymbol{\alpha}_1=0$$

由 $\lambda_1\neq\lambda_2$ 可得 $\boldsymbol{\alpha}_2^{T}\boldsymbol{\alpha}_1=0$，即 $\boldsymbol{\alpha}_2$ 与 $\boldsymbol{\alpha}_1$ 正交.

设 n 阶实对称矩阵 A 有 m 个互不相同的特征值 $\lambda_1,\lambda_2,\cdots,\lambda_m$，其中 λ_i 为 A 的 k_i 重特征值 $(i=1,2,\cdots,m)$，且 $k_1+k_2+\cdots+k_m=n$. 可以证明：对于 A 的 k_i 重特征根 λ_i，A 恰有 k_i 个对应于特征值 λ_i 的线性无关的特征向量(证明略). 利用施密特正交化方法把这 k_i 个特征向量正交化，正交化后的 k_i 个向量仍是 A 的对应于特征值 λ_i 的特征向量. 由于 A 的对应于不同特征值的特征向量相互正交，我们可求得 $k_1+k_2+\cdots+k_n=n$ 个正交化的特征向量组，把这些特征向量单位化，它们仍是正交向量组. 把所得单位正交向量组排成矩阵 Q，则 Q 是正交矩阵，且 $Q^{-1}AQ=Q^{T}AQ$ 为对角矩阵. 因此有下面的定理.

定理 4.13 设 A 为实对称矩阵，则存在正交矩阵 Q，使 $Q^{-1}AQ$ 为对角矩阵.

例 4 设实对称矩阵

$$A=\begin{pmatrix}1&-2&0\\-2&2&-2\\0&-2&3\end{pmatrix}$$

求正交矩阵 Q，使 $Q^{-1}AQ$ 为对角矩阵.

解：矩阵 A 的特征方程为

$$|\lambda I-A|=\begin{vmatrix}\lambda-1&2&0\\2&\lambda-2&2\\0&2&\lambda-3\end{vmatrix}=0$$

由此得 $(\lambda+1)(\lambda-2)(\lambda-5)=0$，所以 A 的特征值为 $\lambda_1=-1$，$\lambda_2=2$，$\lambda_3=5$.

当 $\lambda_1=-1$ 时，解齐次线性方程组 $(-I-A)x=\boldsymbol{0}$，得其基础解系为 $\boldsymbol{\alpha}_1=(2,2,1)^{T}$.

当 $\lambda_2=2$ 时，解齐次线性方程组 $(2I-A)x=\boldsymbol{0}$，得其基础解系为 $\boldsymbol{\alpha}_2=(2,-1,-2)^{T}$.

当 $\lambda_3=5$ 时，解齐次线性方程组 $(5I-A)x=\boldsymbol{0}$，得其基础解系为 $\boldsymbol{\alpha}_3=(1,-2,2)^{T}$.

不难验证 $\boldsymbol{\alpha}_1,\boldsymbol{\alpha}_2,\boldsymbol{\alpha}_3$ 是正交向量组. 把 $\boldsymbol{\alpha}_1,\boldsymbol{\alpha}_2,\boldsymbol{\alpha}_3$ 单位化，得

$$\boldsymbol{\beta}_1=\frac{1}{\|\boldsymbol{\alpha}_1\|}\boldsymbol{\alpha}_1=\begin{pmatrix}\frac{2}{3}\\\frac{2}{3}\\\frac{1}{3}\end{pmatrix},\ \boldsymbol{\beta}_2=\frac{1}{\|\boldsymbol{\alpha}_2\|}\boldsymbol{\alpha}_2=\begin{pmatrix}\frac{2}{3}\\-\frac{1}{3}\\-\frac{2}{3}\end{pmatrix}$$

$$\boldsymbol{\beta}_3=\frac{1}{\|\boldsymbol{\alpha}_3\|}\boldsymbol{\alpha}_3=\begin{pmatrix}\frac{1}{3}\\-\frac{2}{3}\\\frac{2}{3}\end{pmatrix}$$

令
$$\boldsymbol{Q}=(\boldsymbol{\beta}_1,\boldsymbol{\beta}_2,\boldsymbol{\beta}_3)=\begin{pmatrix}\frac{2}{3}&\frac{2}{3}&\frac{1}{3}\\\frac{2}{3}&-\frac{1}{3}&-\frac{2}{3}\\\frac{1}{3}&-\frac{2}{3}&\frac{2}{3}\end{pmatrix}$$

则
$$\boldsymbol{Q}^{-1}\boldsymbol{A}\boldsymbol{Q}=\boldsymbol{Q}^{\mathrm{T}}\boldsymbol{A}\boldsymbol{Q}=\begin{pmatrix}-1&0&0\\0&2&0\\0&0&5\end{pmatrix}$$

例 5 设实对称矩阵

$$\boldsymbol{A}=\begin{pmatrix}2&2&-2\\2&5&-4\\-2&-4&5\end{pmatrix}$$

求正交矩阵 $\boldsymbol{Q}$，使 $\boldsymbol{Q}^{-1}\boldsymbol{A}\boldsymbol{Q}$ 为对角矩阵.

解：$\boldsymbol{A}$ 的特征方程为

$$|\lambda\boldsymbol{I}-\boldsymbol{A}|=\begin{vmatrix}\lambda-2&-2&2\\-2&\lambda-5&4\\2&4&\lambda-5\end{vmatrix}=(\lambda-1)^2(\lambda-10)=0$$

所以 $\boldsymbol{A}$ 的特征值为 $\lambda_1=\lambda_2=1$，$\lambda_3=10$.

当 $\lambda_1=\lambda_2=1$ 时，解齐次线性方程组 $(\boldsymbol{I}-\boldsymbol{A})\boldsymbol{x}=\boldsymbol{0}$，得其基础解系 $\boldsymbol{\alpha}_1=(-2,1,0)^{\mathrm{T}}$，$\boldsymbol{\alpha}_2=(2,0,1)^{\mathrm{T}}$.

利用施密特正交化方法，将 $\boldsymbol{\alpha}_1$，$\boldsymbol{\alpha}_2$ 正交化：

令 $\boldsymbol{\beta}_1=\boldsymbol{\alpha}_1$

$$\boldsymbol{\beta}_2=\boldsymbol{\alpha}_2-\frac{\boldsymbol{\alpha}_2^{\mathrm{T}}\boldsymbol{\beta}_1}{\boldsymbol{\beta}_1^{\mathrm{T}}\boldsymbol{\beta}_1}\boldsymbol{\beta}_1$$

$$=\begin{pmatrix}2\\0\\1\end{pmatrix}-\left(-\frac{4}{5}\right)\begin{pmatrix}-2\\1\\0\end{pmatrix}=\begin{pmatrix}\frac{2}{5}\\\frac{4}{5}\\1\end{pmatrix}$$

再将 $\boldsymbol{\beta}_1$，$\boldsymbol{\beta}_2$单位化，得

$$\boldsymbol{\gamma}_1=\frac{1}{\|\boldsymbol{\beta}_1\|}\boldsymbol{\beta}_1=\frac{1}{\sqrt{5}}\begin{pmatrix}-2\\1\\0\end{pmatrix}$$

$$\boldsymbol{\gamma}_2=\frac{1}{\|\boldsymbol{\beta}_2\|}\boldsymbol{\beta}_2=\frac{5}{3\sqrt{5}}\begin{pmatrix}\frac{2}{5}\\\frac{4}{5}\\1\end{pmatrix}$$

当 $\lambda_3=10$ 时，解齐次线性方程组 $(10\boldsymbol{I}-\boldsymbol{A})\boldsymbol{x}=\boldsymbol{0}$，得其基础解系 $\boldsymbol{\alpha}_3=(1,2,-2)^{\mathrm{T}}$，单位化得

$$\boldsymbol{\gamma}_3=\frac{1}{\|\boldsymbol{\alpha}_3\|}\boldsymbol{\alpha}_3=\frac{1}{3}\begin{pmatrix}1\\2\\-2\end{pmatrix}$$

令 $$\boldsymbol{Q}=(\boldsymbol{\gamma}_1,\boldsymbol{\gamma}_2,\boldsymbol{\gamma}_3)=\begin{pmatrix}-\frac{2}{5}\sqrt{5} & \frac{2}{15}\sqrt{5} & \frac{1}{3}\\ \frac{\sqrt{5}}{5} & \frac{4}{15}\sqrt{5} & \frac{2}{3}\\ 0 & \frac{1}{3}\sqrt{5} & -\frac{2}{3}\end{pmatrix}$$

则有 $$\boldsymbol{Q}^{-1}\boldsymbol{A}\boldsymbol{Q}=\boldsymbol{Q}^{\mathrm{T}}\boldsymbol{A}\boldsymbol{Q}=\begin{pmatrix}1&0&0\\0&1&0\\0&0&10\end{pmatrix}$$

※§4.4 矩阵级数的收敛性

(一) 向量序列与矩阵序列的极限概念

1. 向量序列的极限

设给定一向量序列

$$\boldsymbol{x}^{(1)},\boldsymbol{x}^{(2)},\cdots,\boldsymbol{x}^{(k)},\cdots$$

其中 $$\boldsymbol{x}^{(1)}=(x_1^{(1)},x_2^{(1)},\cdots,x_n^{(1)})$$

$$\boldsymbol{x}^{(2)}=(x_1^{(2)},\ x_2^{(2)},\ \cdots,\ x_n^{(2)})$$

……

$$\boldsymbol{x}^{(k)}=(x_1^{(k)},\ x_2^{(k)},\ \cdots,\ x_n^{(k)})$$

……

如果每一个分量序列都有极限，即

$$\lim_{k\to\infty}x_i^{(k)}=x_i\quad(i=1,\ 2,\ \cdots,\ n)$$

则称向量 $\boldsymbol{x}=(x_1,\ x_2,\ \cdots,\ x_n)$ 为向量序列 $\boldsymbol{x}^{(1)},\ \boldsymbol{x}^{(2)},\ \cdots,\ \boldsymbol{x}^{(k)},\ \cdots$ 的极限，记作

$$\lim_{k\to\infty}\boldsymbol{x}^{(k)}=\boldsymbol{x}\quad 或\quad \boldsymbol{x}^{(k)}\to\boldsymbol{x}\quad(k\to\infty)$$

例 1 设向量序列 $\boldsymbol{x}^{(k)}=\left(\dfrac{1}{2^k},\dfrac{2k}{k+1}\right)$，即

$$\boldsymbol{x}^{(1)}=\left(\frac{1}{2^1},\frac{2}{1+1}\right)$$

$$\boldsymbol{x}^{(2)}=\left(\frac{1}{2^2},\frac{2\times 2}{2+1}\right)$$

……

$$\boldsymbol{x}^{(k)}=\left(\frac{1}{2^k},\frac{2k}{k+1}\right)$$

……

因为 $$\lim_{k\to\infty}\frac{1}{2^k}=0,\quad \lim_{k\to\infty}\frac{2k}{k+1}=2$$

所以 $$\lim_{k\to\infty}\boldsymbol{x}^{(k)}=\lim_{k\to\infty}\left(\frac{1}{2^k},\frac{2k}{k+1}\right)=(0,2)$$

例 2 设 $\boldsymbol{x}^{(k)}=\begin{pmatrix}\dfrac{1}{k}\\ \dfrac{1}{3^k}\end{pmatrix}$. 因为

$$\lim_{k\to\infty}\frac{1}{k}=0,\quad \lim_{k\to\infty}\frac{1}{3^k}=0$$

所以 $$\lim_{k\to\infty}\boldsymbol{x}^{(k)}=\lim_{k\to\infty}\begin{pmatrix}\dfrac{1}{k}\\ \dfrac{1}{3^k}\end{pmatrix}=\begin{pmatrix}0\\0\end{pmatrix}$$

2. 矩阵序列的极限

设给定一矩阵序列

$$\boldsymbol{A}^{(1)},\ \boldsymbol{A}^{(2)},\ \cdots,\ \boldsymbol{A}^{(k)},\ \cdots$$

其中
$$\boldsymbol{A}^{(1)}=\begin{pmatrix} a_{11}^{(1)} & a_{12}^{(1)} & \cdots & a_{1n}^{(1)} \\ a_{21}^{(1)} & a_{22}^{(1)} & \cdots & a_{2n}^{(1)} \\ \vdots & \vdots & & \vdots \\ a_{m1}^{(1)} & a_{m2}^{(1)} & \cdots & a_{mn}^{(1)} \end{pmatrix}$$
$$\boldsymbol{A}^{(2)}=\begin{pmatrix} a_{11}^{(2)} & a_{12}^{(2)} & \cdots & a_{1n}^{(2)} \\ a_{21}^{(2)} & a_{22}^{(2)} & \cdots & a_{2n}^{(2)} \\ \vdots & \vdots & & \vdots \\ a_{m1}^{(2)} & a_{m2}^{(2)} & \cdots & a_{mn}^{(2)} \end{pmatrix}$$
……
$$\boldsymbol{A}^{(k)}=\begin{pmatrix} a_{11}^{(k)} & a_{12}^{(k)} & \cdots & a_{1n}^{(k)} \\ a_{21}^{(k)} & a_{22}^{(k)} & \cdots & a_{2n}^{(k)} \\ \vdots & \vdots & & \vdots \\ a_{m1}^{(k)} & a_{m2}^{(k)} & \cdots & a_{mn}^{(k)} \end{pmatrix}$$
……

如果每一个元素序列都有极限，即
$$\lim_{k\to\infty} a_{ij}^{(k)}=a_{ij}\quad (i=1,2,\cdots,m;\ j=1,2,\cdots,n)$$
则称矩阵 $\boldsymbol{A}=(a_{ij})_{m\times n}$ 为矩阵序列 $\boldsymbol{A}^{(1)},\boldsymbol{A}^{(2)},\cdots,\boldsymbol{A}^{(k)},\cdots$ 的极限，记作
$$\lim_{k\to\infty}\boldsymbol{A}^{(k)}=\boldsymbol{A}\quad 或\quad \boldsymbol{A}^{(k)}\to\boldsymbol{A}\quad (k\to\infty)$$

例 3 $$\begin{pmatrix} \dfrac{1}{2^k} & \dfrac{1}{k} \\ \dfrac{2k}{k+1} & \dfrac{1}{3^k} \end{pmatrix}\to\begin{pmatrix} 0 & 0 \\ 2 & 0 \end{pmatrix}\quad (k\to\infty)$$

3. 向量无穷级数的收敛性

设 $\boldsymbol{x}^{(1)},\boldsymbol{x}^{(2)},\cdots,\boldsymbol{x}^{(k)},\cdots$ 为 $\mathbf{R}^n$ 中的一个向量序列，则其和式
$$\boldsymbol{x}^{(1)}+\boldsymbol{x}^{(2)}+\cdots+\boldsymbol{x}^{(k)}+\cdots \tag{4.4}$$
称为 $\mathbf{R}^n$ 中的向量无穷级数；如果其部分和序列 $\boldsymbol{y}^{(k)}$
$$\boldsymbol{y}^{(k)}=\boldsymbol{x}^{(1)}+\boldsymbol{x}^{(2)}+\cdots+\boldsymbol{x}^{(k)}$$
当 $k\to\infty$ 时极限存在，则称向量无穷级数(4.4)收敛，否则称向量无穷级数(4.4)发散；如果 $\boldsymbol{y}^{(k)}\to\boldsymbol{y}\ (k\to\infty)$，则称 $\boldsymbol{y}$ 是向量无穷级数(4.4)的和，记作
$$\boldsymbol{y}=\sum_{k=1}^{\infty}\boldsymbol{x}^{(k)}$$

显然，如果向量无穷级数(4.4)对应的分量所构成的数项级数

$$\sum_{k=1}^{\infty} x_i^{(k)} \quad (i=1, 2, \cdots, n)$$

都收敛，则向量无穷级数(4.4)收敛，否则，向量无穷级数(4.4)发散.

例 4　向量无穷级数

$$\sum_{k=1}^{\infty}\left(\frac{1}{2^k}, \frac{1}{k(k+1)}\right)$$

其中 $$\sum_{k=1}^{\infty}\frac{1}{2^k}=1, \sum_{k=1}^{\infty}\frac{1}{k(k+1)}=1$$

所以 $$\sum_{k=1}^{\infty}\left(\frac{1}{2^k}, \frac{1}{k(k+1)}\right)=(1, 1).$$

例 5　向量无穷级数

$$\sum_{k=1}^{\infty}\left(\frac{1}{2^k}, \frac{1}{k}\right)$$

其中$\sum_{k=1}^{\infty}\frac{1}{k}$发散，所以$\sum_{k=1}^{\infty}\left(\frac{1}{2^k}, \frac{1}{k}\right)$发散.

4.矩阵无穷级数的收敛性

设　$\boldsymbol{A}^{(1)}, \boldsymbol{A}^{(2)}, \cdots, \boldsymbol{A}^{(k)}, \cdots$ 是一个 $m\times n$ 矩阵序列，则其和式

$$\boldsymbol{A}^{(1)}+\boldsymbol{A}^{(2)}+\cdots\boldsymbol{A}^{(k)}+\cdots \tag{4.5}$$

称为矩阵无穷级数，如果其部分和序列

$$\boldsymbol{B}^{(k)}=\boldsymbol{A}^{(1)}+\boldsymbol{A}^{(2)}+\cdots+\boldsymbol{A}^{(k)}$$

的极限存在，则称矩阵无穷级数(4.5)收敛，否则，称它发散.

如果 $\boldsymbol{B}^{(k)}\rightarrow\boldsymbol{B}\ (k\rightarrow\infty)$，则称 $\boldsymbol{B}$ 是矩阵无穷级数(4.5)的和，记作

$$\sum_{k=1}^{\infty}\boldsymbol{A}^{(k)}=\boldsymbol{B}$$

(二) 关于矩阵序列极限的几个定理

定理 4.14　n 阶矩阵 $\boldsymbol{A}$ 的 m 次幂 $\boldsymbol{A}^m\rightarrow\boldsymbol{O}\ (m\rightarrow\infty)$ 的充分必要条件是 $\boldsymbol{A}$ 的一切特征值 λ_i 的模小于1，即 $|\lambda_i|<1\quad(i=1, 2, \cdots, n)$.

证:(1) 如果 $\boldsymbol{A}$ 与对角矩阵相似，即有 n 阶可逆矩阵 $\boldsymbol{P}$，使 $\boldsymbol{A}=\boldsymbol{P\Lambda P}^{-1}$，其中

$$\boldsymbol{\Lambda}=\begin{pmatrix}\lambda_1 & & & \\ & \lambda_2 & & \\ & & \ddots & \\ & & & \lambda_n\end{pmatrix}$$

$\lambda_1, \lambda_2, \cdots, \lambda_n$是 $\boldsymbol{A}$ 的特征值，由 $\boldsymbol{A}^m = \boldsymbol{P\Lambda}^m\boldsymbol{P}^{-1}$及

$$\boldsymbol{\Lambda}^m = \begin{pmatrix} \lambda_1^m & & & \\ & \lambda_2^m & & \\ & & \ddots & \\ & & & \lambda_n^m \end{pmatrix}$$

可知，$\boldsymbol{A}^m \to \boldsymbol{O}\,(m\to\infty)$ 的充分必要条件为 $\boldsymbol{\Lambda}^m \to \boldsymbol{O}\,(m\to\infty)$，而 $\boldsymbol{\Lambda}^m \to \boldsymbol{O}\,(m\to\infty)$ 的充分必要条件为$|\lambda_i^m| \to 0\,(m\to\infty)\quad (i=1, 2, \cdots, n)$，即

$$|\lambda_i| < 1 \quad (i=1, 2, \cdots, n)$$

(2) 如果 $\boldsymbol{A}$ 与对角矩阵不相似，则由 $\boldsymbol{A}$ 与约当形矩阵相似，也可以证明定理成立(证明略).

由定理 4.2 及定理 4.14 可得下面的定理.

定理 4.15　设 $\boldsymbol{A}=(a_{ij})$ 为 n 阶矩阵，如果

$$\sum_{j=1}^{n} |a_{ij}| < 1 \quad (i=1, 2, \cdots, n)$$

或

$$\sum_{i=1}^{n} |a_{ij}| < 1 \quad (j=1, 2, \cdots, n)$$

则

$$\boldsymbol{A}^m \to \boldsymbol{O} \quad (m\to\infty)$$

定理 4.16　方阵级数

$$\boldsymbol{I}+\boldsymbol{A}+\boldsymbol{A}^2+\cdots+\boldsymbol{A}^k+\cdots \tag{4.6}$$

收敛的充分必要条件是 $\boldsymbol{A}^k \to \boldsymbol{O}\,(k\to\infty)$，且有

$$\sum_{k=0}^{\infty} \boldsymbol{A}^k = (\boldsymbol{I}-\boldsymbol{A})^{-1}$$

其中 $\boldsymbol{A}^0=\boldsymbol{I}$.

证：必要性显然成立.

充分性

由定理 4.14，对 $\boldsymbol{A}$ 的一切特征值λ_i，有$|\lambda_i| < 1\,(i=1, 2, \cdots, m)$，所以$\lambda=1$不是特征方程$|\lambda\boldsymbol{I}-\boldsymbol{A}|=0$ 的根，因而$|\boldsymbol{I}-\boldsymbol{A}|\neq 0$，因此 $(\boldsymbol{I}-\boldsymbol{A})^{-1}$存在.

在等式

$$(\boldsymbol{I}+\boldsymbol{A}+\boldsymbol{A}^2+\cdots+\boldsymbol{A}^k)(\boldsymbol{I}-\boldsymbol{A}) = \boldsymbol{I}-\boldsymbol{A}^{k+1}$$

的两端右乘以 $(\boldsymbol{I}-\boldsymbol{A})^{-1}$，得

$$\boldsymbol{I}+\boldsymbol{A}+\boldsymbol{A}^2+\cdots+\boldsymbol{A}^k = (\boldsymbol{I}-\boldsymbol{A})^{-1}-\boldsymbol{A}^{k+1}(\boldsymbol{I}-\boldsymbol{A})^{-1}$$

因 $\boldsymbol{A}^{k+1} \to \boldsymbol{O}\,(k\to\infty)$，所以 $\boldsymbol{A}^{k+1}(\boldsymbol{I}-\boldsymbol{A})^{-1} \to \boldsymbol{O}\,(k\to\infty)$，则

$$\boldsymbol{I}+\boldsymbol{A}+\boldsymbol{A}^2+\cdots+\boldsymbol{A}^k \to (\boldsymbol{I}-\boldsymbol{A})^{-1}\,(k\to\infty)$$

即 $$\sum_{k=0}^{\infty}\boldsymbol{A}^k=(\boldsymbol{I}-\boldsymbol{A})^{-1}$$

※(三) 应用举例——投入产出平衡方程组解的讨论

在投入产出模型中，当各部门的最终产品 $y_i\ (i=1, 2, \cdots, n)$ 为已知时，需求解产品分配平衡方程

$$(\boldsymbol{I}-\boldsymbol{A})\boldsymbol{x}=\boldsymbol{y}$$

其中 $\boldsymbol{A}$ 为报告期的直接消耗系数矩阵. 对于已知的 $\boldsymbol{y}$，上面的方程是否有非负解 $\boldsymbol{x}$，矩阵 $\boldsymbol{I}-\boldsymbol{A}$ 是否可逆等问题尚未解决. 现在，我们利用本节的定理可以给出肯定的结果.

实际上，根据直接消耗系数矩阵的性质，有

$$0\leqslant a_{ij}<1\quad(i, j=1, 2, \cdots, n)$$

$$\sum_{i=1}^{n}|a_{ij}|<1\quad(j=1, 2, \cdots, n)$$

由定理 4.2，矩阵 $\boldsymbol{A}=(a_{ij})$ 的所有特征值 $\lambda_k\ (k=1, 2, \cdots, n)$ 的模小于 1，即 $|\lambda_k|<1$.

根据定理 4.14，有

$$\boldsymbol{A}^m\to\boldsymbol{O}\quad(m\to\infty)$$

再由定理 4.16，可得 $\boldsymbol{I}+\boldsymbol{A}+\boldsymbol{A}^2+\cdots+\boldsymbol{A}^m+\cdots$ 收敛，且

$$\sum_{m=0}^{\infty}\boldsymbol{A}^m=(\boldsymbol{I}-\boldsymbol{A})^{-1}$$

因此方程 $(\boldsymbol{I}-\boldsymbol{A})\boldsymbol{x}=\boldsymbol{y}$ 有解

$$\boldsymbol{x}=(\boldsymbol{I}-\boldsymbol{A})^{-1}\boldsymbol{y}=(\boldsymbol{I}+\boldsymbol{A}+\boldsymbol{A}^2+\cdots+\boldsymbol{A}^m+\cdots)\boldsymbol{y}$$

由于直接消耗系数矩阵 $\boldsymbol{A}$ 是非负矩阵，$\boldsymbol{y}$ 已知为非负向量，所以 $\boldsymbol{x}$ 非负.

这一结论为投入产出数学模型的实际应用奠定了理论基础.

习题四

(A)

1. 求下列矩阵 $\boldsymbol{A}$ 的特征值及特征向量：

(1) $\boldsymbol{A}=\begin{pmatrix}2 & 1\\ 1 & 2\end{pmatrix}$　　(2) $\boldsymbol{A}=\begin{pmatrix}5 & 6 & -3\\ -1 & 0 & 1\\ 1 & 2 & 1\end{pmatrix}$

(3) $\boldsymbol{A}=\begin{pmatrix}1 & 1 & 1 & 1\\ 1 & 1 & -1 & -1\\ 1 & -1 & 1 & -1\\ 1 & -1 & -1 & 1\end{pmatrix}$　　(4) $\boldsymbol{A}=\begin{pmatrix}0 & 0 & 1\\ 0 & 1 & 0\\ 1 & 0 & 0\end{pmatrix}$

(5) $\boldsymbol{A}=\begin{pmatrix}1 & 3 & 1 & 2\\ 0 & -1 & 1 & 3\\ 0 & 0 & 2 & 5\\ 0 & 0 & 0 & 2\end{pmatrix}$

2. 已知矩阵 $\boldsymbol{A}=\begin{pmatrix}3 & 2 & -1\\ a & -2 & 2\\ 3 & b & -1\end{pmatrix}$，如果 $\boldsymbol{A}$ 的特征值 λ_1 对应的一个特征向量 $\boldsymbol{\alpha}_1=(1,-2,3)^{\mathrm{T}}$，求 a，b 和 λ_1 的值.

3. 设 λ_0 是 n 阶矩阵 $\boldsymbol{A}$ 的一个特征值，试证：

(1) $k\lambda_0$ 是矩阵 $k\boldsymbol{A}$ 的一个特征值（k 为任意实数）.

(2) 若 $\boldsymbol{A}$ 可逆，则 $\dfrac{1}{\lambda_0}$ 是 $\boldsymbol{A}^{-1}$ 的一个特征值.

(3) $1+\lambda_0$ 是矩阵 $\boldsymbol{I}+\boldsymbol{A}$ 的一个特征值.

4. 如果 n 阶矩阵 $\boldsymbol{A}$ 满足 $\boldsymbol{A}^2=\boldsymbol{A}$，则称 $\boldsymbol{A}$ 为幂等矩阵. 试证:幂等矩阵的特征值只能是 0 或 1.

5. 设三阶矩阵 $\boldsymbol{A}$ 的特征值为 $\lambda_1=-1,\lambda_2=1,\lambda_3=2$，矩阵 $\boldsymbol{B}=2\boldsymbol{A}^2+2\boldsymbol{A}-3\boldsymbol{E}$. 求矩阵 $\boldsymbol{B}$ 的特征值和 $|\boldsymbol{B}|$.

6. 设矩阵 $\boldsymbol{A}=\begin{pmatrix}x & 0 & 2\\ 0 & 3 & 0\\ 2 & 0 & 2\end{pmatrix}$ 的一个特征值 $\lambda_1=0$，求 $\boldsymbol{A}$ 的其他特征值 λ_2，λ_3 的值.

7. 设 $\boldsymbol{A}$ 是 n 阶矩阵，且 $\boldsymbol{A}^{\mathrm{T}}\boldsymbol{A}=\boldsymbol{I}$，$|\boldsymbol{A}|=-1$，试证：$-1$ 是 $\boldsymbol{A}$ 的一个特征值.

8. 设 λ_1，λ_2 是 n 阶矩阵 $\boldsymbol{A}$ 的两个不同特征值，对应的特征向量分别为 $\boldsymbol{\alpha}_1$，$\boldsymbol{\alpha}_2$. 试证：$c_1\boldsymbol{\alpha}_1+c_2\boldsymbol{\alpha}_2$（$c_1$，$c_2$ 为任意非零常数）不是 $\boldsymbol{A}$ 的特征向量.

9. 设矩阵 $\boldsymbol{A}$ 非奇异，证明：$\boldsymbol{AB}\sim\boldsymbol{BA}$.

10. 证明：相似矩阵有相同的秩.

11. 设 $\boldsymbol{A}\sim\boldsymbol{B}$. 证明：$\boldsymbol{A}^k\sim\boldsymbol{B}^k$（$k$ 为正整数）.

12. 设 $\boldsymbol{A}\sim\boldsymbol{B}$，$\boldsymbol{C}\sim\boldsymbol{D}$，证明：

$$\begin{pmatrix}\boldsymbol{A} & \boldsymbol{O}\\ \boldsymbol{O} & \boldsymbol{C}\end{pmatrix}\sim\begin{pmatrix}\boldsymbol{B} & \boldsymbol{O}\\ \boldsymbol{O} & \boldsymbol{D}\end{pmatrix}$$

13. 第 1 题中的各矩阵，如果与对角矩阵相似，请写出相似对角矩阵 $\boldsymbol{\Lambda}$ 及 $\boldsymbol{P}$.

14. 已知矩阵 $\boldsymbol{A}=\begin{pmatrix}2 & 0 & 0\\ 0 & 0 & 1\\ 0 & 1 & x\end{pmatrix}$ 和 $\boldsymbol{B}=\begin{pmatrix}2 & 0 & 0\\ 0 & 3 & 4\\ 0 & -2 & y\end{pmatrix}$ 相似，求 x，y 的值.

15. 设矩阵 $\boldsymbol{A}$ 与 $\boldsymbol{B}$ 相似，其中

$$\boldsymbol{A}=\begin{pmatrix}1 & -1 & 1\\ 2 & 4 & -2\\ -3 & -3 & a\end{pmatrix},\ \boldsymbol{B}=\begin{pmatrix}2 & & \\ & 2 & \\ & & b\end{pmatrix}$$

求 a, b 的值. 并求可逆矩阵 $\boldsymbol{P}$, 使 $\boldsymbol{P}^{-1}\boldsymbol{A}\boldsymbol{P}=\boldsymbol{B}$.

16. 计算向量 $\boldsymbol{\alpha}$ 与 $\boldsymbol{\beta}$ 的内积:

(1) $\boldsymbol{\alpha}=(1,-2,2)^{\mathrm{T}}$, $\boldsymbol{\beta}=(2,2,-1)^{\mathrm{T}}$

(2) $\boldsymbol{\alpha}=\left(\frac{\sqrt{2}}{2},-\frac{1}{2},\frac{\sqrt{2}}{4},-1\right)^{\mathrm{T}}$, $\boldsymbol{\beta}=\left(-\frac{\sqrt{2}}{2},-2,\sqrt{2},\frac{1}{2}\right)^{\mathrm{T}}$

17 . 把下列向量单位化:

(1) $\boldsymbol{\alpha}=(2,0,-5,-1)^{\mathrm{T}}$

(2) $\boldsymbol{\alpha}=(-3,4,0,0)^{\mathrm{T}}$

18. 将下列线性无关的向量组正交化:

(1)$\boldsymbol{\alpha}_1=(1,2,2,-1)^{\mathrm{T}}$, $\boldsymbol{\alpha}_2=(1,1,-5,3)^{\mathrm{T}}$, $\boldsymbol{\alpha}_3=(3,2,8,-7)^{\mathrm{T}}$

(2)$\boldsymbol{\alpha}_1=(1,-2,2)^{\mathrm{T}}$, $\boldsymbol{\alpha}_2=(-1,0,-1)^{\mathrm{T}}$, $\boldsymbol{\alpha}_3=(5,-3,-7)^{\mathrm{T}}$

19. 判断下列矩阵是否为正交矩阵:

(1) $\boldsymbol{Q}=\begin{pmatrix}\frac{\sqrt{3}}{2} & -\frac{1}{2}\\ \frac{1}{2} & \frac{\sqrt{3}}{2}\end{pmatrix}$ (2) $\boldsymbol{Q}=\begin{pmatrix}\frac{1}{9} & -\frac{8}{9} & -\frac{4}{9}\\ -\frac{8}{9} & \frac{1}{9} & -\frac{4}{9}\\ -\frac{4}{9} & -\frac{4}{9} & \frac{7}{9}\end{pmatrix}$

20. 设 $\boldsymbol{\alpha}$ 为 n 维列向量, $\boldsymbol{A}$ 为 n 阶正交矩阵, 证明: $\|\boldsymbol{A}\boldsymbol{\alpha}\|=\|\boldsymbol{\alpha}\|$.

21. 证明正交矩阵的下述性质:

(1) 若 $\boldsymbol{Q}$ 为正交矩阵, 则其行列式的值为 1 或 -1.

(2) 若 $\boldsymbol{Q}$ 为正交矩阵, 则 $\boldsymbol{Q}$ 可逆, 且 $\boldsymbol{Q}^{-1}=\boldsymbol{Q}^{\mathrm{T}}$.

(3) 若 $\boldsymbol{P}$, $\boldsymbol{Q}$ 都是正交矩阵, 则它们的乘积 $\boldsymbol{PQ}$ 也是正交矩阵.

22. 设 $\boldsymbol{A}$ 是正交矩阵, 试证: $\boldsymbol{A}^{-1}$ 和 $\boldsymbol{A}^*$ 也是正交矩阵.

23. 求正交矩阵 $\boldsymbol{Q}$, 使 $\boldsymbol{Q}^{-1}\boldsymbol{A}\boldsymbol{Q}$ 为对角矩阵.

(1) $\boldsymbol{A}=\begin{pmatrix}1 & 1 & 1\\ 1 & 1 & 1\\ 1 & 1 & 1\end{pmatrix}$ (2) $\boldsymbol{A}=\begin{pmatrix}3 & 2 & 4\\ 2 & 0 & 2\\ 4 & 2 & 3\end{pmatrix}$

24. 设三阶实对称矩阵 $\boldsymbol{A}$ 的特征值是 1, 2, 3, 矩阵 $\boldsymbol{A}$ 的对应于 1, 2 的特征向量分别为

$$\boldsymbol{\alpha}_1=(-1,-1,1)^{\mathrm{T}},\ \boldsymbol{\alpha}_2=(1,-2,-1)^{\mathrm{T}}$$

(1) 求 $\boldsymbol{A}$ 的对应于特征值 3 的特征向量.

(2) 求矩阵 $\boldsymbol{A}$.

(B)

1. 设三阶矩阵 $\boldsymbol{A}$ 的特征值为 -2, 1, 3, 则下列矩阵中非奇异矩阵是 [ ].

(A) $2\boldsymbol{I}-\boldsymbol{A}$ (B) $2\boldsymbol{I}+\boldsymbol{A}$ (C) $\boldsymbol{I}-\boldsymbol{A}$ (D) $\boldsymbol{A}-3\boldsymbol{I}$

2. 设 $\lambda_0=2$ 是可逆矩阵 $\boldsymbol{A}$ 的一个特征值, 则矩阵 $\left(\frac{1}{3}\boldsymbol{A}^2\right)^{-1}$ 必有一个特征值为[ ].

(A) $\frac{4}{3}$　　(B) $\frac{3}{4}$　　(C) $-\frac{3}{4}$　　(D) $-\frac{4}{3}$

3. 设 λ_1，λ_2都是 n 阶矩阵$\boldsymbol{A}$ 的特征值，$\lambda_1 \neq \lambda_2$，且 $\boldsymbol{\alpha}_1$，$\boldsymbol{\alpha}_2$ 分别是 $\boldsymbol{A}$ 的对应于λ_1 与λ_2的特征向量，则 [　　].

(A) $c_1 = 0$ 且 $c_2 = 0$ 时，$\boldsymbol{\alpha} = c_1\boldsymbol{\alpha}_1 + c_2\boldsymbol{\alpha}_2$必是 $\boldsymbol{A}$ 的特征向量

(B) $c_1 \neq 0$ 且 $c_2 \neq 0$ 时，$\boldsymbol{\alpha} = c_1\boldsymbol{\alpha}_1 + c_2\boldsymbol{\alpha}_2$必是 $\boldsymbol{A}$ 的特征向量

(C) $c_1c_2 = 0$ 时，$\boldsymbol{\alpha} = c_1\boldsymbol{\alpha}_1 + c_2\boldsymbol{\alpha}_2$必是 $\boldsymbol{A}$ 的特征向量

(D) $c_1 \neq 0$ 而 $c_2 = 0$ 时，$\boldsymbol{\alpha} = c_1\boldsymbol{\alpha}_1 + c_2\boldsymbol{\alpha}_2$是 $\boldsymbol{A}$ 的特征向量

4. 与矩阵 $\boldsymbol{A} = \begin{pmatrix} 1 & 0 & 0 \\ 0 & 1 & 0 \\ 0 & 0 & 2 \end{pmatrix}$相似的矩阵是 [　　].

(A) $\begin{pmatrix} 1 & 1 & 0 \\ 0 & 2 & 1 \\ 0 & 0 & 1 \end{pmatrix}$　　(B) $\begin{pmatrix} 1 & 1 & 0 \\ 0 & 1 & 0 \\ 0 & 0 & 2 \end{pmatrix}$

(C) $\begin{pmatrix} 1 & 0 & 1 \\ 0 & 1 & 0 \\ 0 & 0 & 2 \end{pmatrix}$　　(D) $\begin{pmatrix} 1 & 0 & 1 \\ 0 & 2 & 1 \\ 0 & 0 & 1 \end{pmatrix}$

5. 矩阵 $\boldsymbol{A}$ 与 $\boldsymbol{B}$ 相似的充分条件是[　　].

(A) $|\boldsymbol{A}| = |\boldsymbol{B}|$　　(B) $\mathrm{r}(\boldsymbol{A}) = \mathrm{r}(\boldsymbol{B})$

(C) $\boldsymbol{A}$ 与 $\boldsymbol{B}$ 有相同的特征多项式

(D) n 阶矩阵$\boldsymbol{A}$ 与 $\boldsymbol{B}$ 有相同的特征值且 n 个特征值互不相同

6. 设 $\boldsymbol{A}$，$\boldsymbol{B}$ 为 n 阶矩阵，且 $\boldsymbol{A}$ 与 $\boldsymbol{B}$ 相似，则 [　　].

(A) $\lambda\boldsymbol{I} - \boldsymbol{A} = \lambda\boldsymbol{I} - \boldsymbol{B}$

(B) $\boldsymbol{A}$ 与 $\boldsymbol{B}$ 有相同的特征值和特征向量

(C) $\boldsymbol{A}$ 与 $\boldsymbol{B}$ 都相似于一个对角矩阵

(D) 对任意常数 t，$t\boldsymbol{I} - \boldsymbol{A}$ 与 $t\boldsymbol{I} - \boldsymbol{B}$ 相似

7. 设三阶矩阵 $\boldsymbol{A} = \begin{pmatrix} 0 & 0 & 1 \\ x & 1 & 0 \\ 1 & 0 & 0 \end{pmatrix}$有三个线性无关的特征向量，则 $x =$ [　　].

(A) -1　　(B) 0　　(C) 1　　(D) 2

8. 设矩阵 $\boldsymbol{A}$ 与 $\boldsymbol{B}$ 相似，其中 $\boldsymbol{A} = \begin{pmatrix} 1 & 2 & 3 \\ -1 & x & 2 \\ 0 & 0 & 1 \end{pmatrix}$，已知矩阵 $\boldsymbol{B}$ 有特征值1，2，3，则 $x =$ [　　].

(A) 4　　(B) -3　　(C) -4　　(D) 3

9. 下述结论中，不正确的是[　　].

(A) 若向量 $\boldsymbol{\alpha}$ 与 $\boldsymbol{\beta}$ 正交，则对任意实数 a，b，$a\boldsymbol{\alpha}$ 与 $b\boldsymbol{\beta}$ 也正交

(B) 若向量 $\boldsymbol{\beta}$ 与向量 $\boldsymbol{\alpha}_1$，$\boldsymbol{\alpha}_2$都正交，则 $\boldsymbol{\beta}$ 与 $\boldsymbol{\alpha}_1$，$\boldsymbol{\alpha}_2$的任一线性组合也正交

(C) 若向量 $\boldsymbol{\alpha}$ 与 $\boldsymbol{\beta}$ 正交，则 $\boldsymbol{\alpha}$，$\boldsymbol{\beta}$ 中至少有一个是零向量

(D) 若向量 $\boldsymbol{\alpha}$ 与任意同维向量正交，则 $\boldsymbol{\alpha}$ 是零向量

10. 设 $\boldsymbol{A}$ 为 n 阶实对称矩阵，则[　　].

(A) $\boldsymbol{A}$ 的 n 个特征向量两两正交

(B) $\boldsymbol{A}$ 的 n 个特征向量组成单位正交向量组

(C) $\boldsymbol{A}$ 的 k 重特征值 λ_0，有 $\mathrm{r}(\lambda_0\boldsymbol{I}-\boldsymbol{A})=n-k$

(D) $\boldsymbol{A}$ 的 k 重特征值 λ_0，有 $\mathrm{r}(\lambda_0\boldsymbol{I}-\boldsymbol{A})=k$

※11. $\boldsymbol{A}$ 为三阶矩阵，λ_1，λ_2，λ_3 为其特征值，$\lim\limits_{n\to\infty}\boldsymbol{A}^n=\boldsymbol{O}$ 的充分条件是[　　].

(A) $|\lambda_1|=1$，$|\lambda_2|<1$，$|\lambda_3|<1$

(B) $|\lambda_1|<1$，$|\lambda_2|=|\lambda_3|=1$

(C) $|\lambda_1|<1$，$|\lambda_2|<1$，$|\lambda_3|<1$

(D) $|\lambda_1|=|\lambda_2|=|\lambda_3|=1$

※第五章　二 次 型

§5.1　二次型与对称矩阵

(一) 二次型及其矩阵

在解析几何中，二次曲线的一般方程是

$$ax^2+2bxy+cy^2+2dx+2ey+f=0 \quad (a,\ b,\ c \text{ 不全为零})$$

它的二次项

$$\varphi(x,\ y)=ax^2+2bxy+cy^2$$

是一个二元二次齐次多项式.

在讨论某些问题时，常遇到 n 元二次齐次多项式.

定义 5.1　只含有二次项的 n 元多项式

$$\begin{aligned} f(x_1,\ x_2,\ \cdots,\ x_n)=a_{11}x_1^2&+2a_{12}x_1x_2+\cdots+2a_{1n}x_1x_n \\ &+a_{22}x_2^2\quad\ +\cdots+2a_{2n}x_2x_n \\ &+\cdots\cdots \\ &\qquad\qquad\qquad +a_{nn}x_n^2 \end{aligned} \tag{5.1}$$

称为 $x_1,\ x_2,\ \cdots,\ x_n$ 的一个 n 元二次齐次多项式，简称为 $x_1,\ x_2,\ \cdots,\ x_n$ 的一个 n 元二次型.

当 $a_{ij}(i,\ j=1,\ 2,\ \cdots,\ n)$ 为复数时，f 称为复二次型；当 $a_{ij}(i,\ j=1,\ 2,\ \cdots,\ n)$ 为实数时，f 称为实二次型. 本教材仅讨论实二次型.

我们作一个 n 阶矩阵

$$\boldsymbol{A}=\begin{pmatrix} a_{11} & a_{12} & \cdots & a_{1n} \\ a_{21} & a_{22} & \cdots & a_{2n} \\ \vdots & \vdots & & \vdots \\ a_{n1} & a_{n2} & \cdots & a_{nn} \end{pmatrix}$$

其中 a_{ii} 为二次型 (5.1) 中 x_i^2 的系数 $(i=1,\ 2,\ \cdots,\ n)$，$a_{ij}=a_{ji}\ (i\neq j)$ 为二次型 (5.1) 中 $x_ix_j\ (i,\ j=1,\ 2,\ \cdots,\ n)$ 系数的一半. 显然，$\boldsymbol{A}$ 是一个 n 阶对称矩阵，即 $\boldsymbol{A}^{\mathrm{T}}=\boldsymbol{A}$.

设　$\boldsymbol{x}=(x_1,\ x_2,\ \cdots,\ x_n)^{\mathrm{T}}$，由矩阵乘法可得

$$\boldsymbol{x}^{\mathrm{T}}\boldsymbol{A}\boldsymbol{x}=(x_1,\ x_2,\ \cdots,\ x_n)\begin{pmatrix} a_{11} & a_{12} & \cdots & a_{1n} \\ a_{21} & a_{22} & \cdots & a_{2n} \\ \vdots & \vdots & & \vdots \\ a_{n1} & a_{n2} & \cdots & a_{nn} \end{pmatrix}\begin{pmatrix} x_1 \\ x_2 \\ \vdots \\ x_n \end{pmatrix}$$

$$
\begin{aligned}
&= a_{11}x_1^2 + a_{12}x_1x_2 + \cdots + a_{1n}x_1x_n \\
&\quad + a_{21}x_1x_2 + a_{22}x_2^2 + \cdots + a_{2n}x_2x_n \\
&\quad + \quad \cdots\cdots \\
&\quad + a_{n1}x_1x_n + a_{n2}x_2x_n + \cdots + a_{nn}x_n^2
\end{aligned}
$$

因为 $a_{ij} = a_{ji}$ $(i, j = 1, 2, \cdots, n)$，于是上式可写成

$$
\begin{aligned}
\boldsymbol{x}^{\mathrm{T}}\boldsymbol{A}\boldsymbol{x} = a_{11}x_1^2 &+ 2a_{12}x_1x_2 + \cdots + 2a_{1n}x_1x_n \\
&+ a_{22}x_2^2 + \cdots \quad + 2a_{2n}x_2x_n \\
&+ \cdots\cdots \\
&\qquad\qquad\quad + a_{nn}x_n^2
\end{aligned}
$$

即为二次型 (5.1).

我们常用

$$
f(\boldsymbol{x}) = \boldsymbol{x}^{\mathrm{T}}\boldsymbol{A}\boldsymbol{x} \qquad (\boldsymbol{A}^{\mathrm{T}} = \boldsymbol{A}) \tag{5.2}
$$

表示二次型 (5.1)，称它为二次型 (5.1) 的矩阵形式. 对称矩阵 $\boldsymbol{A}$ 称为二次型 $f(\boldsymbol{x})$ 的矩阵. 对称矩阵 $\boldsymbol{A}$ 的秩称为二次型 (5.1) 的秩.

显然，二次型与对称矩阵一一对应.

例如，二次型 $f(x_1, x_2, x_3) = x_1x_2 + x_1x_3 + 2x_2^2 - 3x_2x_3$ 的矩阵是

$$
\boldsymbol{A} = \begin{pmatrix} 0 & \frac{1}{2} & \frac{1}{2} \\ \frac{1}{2} & 2 & -\frac{3}{2} \\ \frac{1}{2} & -\frac{3}{2} & 0 \end{pmatrix}
$$

$\boldsymbol{A}$ 是一个对称矩阵. 反之，对称矩阵

$$
\boldsymbol{A} = \begin{pmatrix} 0 & \frac{1}{2} & \frac{1}{2} \\ \frac{1}{2} & 2 & -\frac{3}{2} \\ \frac{1}{2} & -\frac{3}{2} & 0 \end{pmatrix}
$$

所对应的二次型是

$$
\begin{aligned}
f(\boldsymbol{x}) = \boldsymbol{x}^{\mathrm{T}}\boldsymbol{A}\boldsymbol{x} &= (x_1, x_2, x_3)\begin{pmatrix} 0 & \frac{1}{2} & \frac{1}{2} \\ \frac{1}{2} & 2 & -\frac{3}{2} \\ \frac{1}{2} & -\frac{3}{2} & 0 \end{pmatrix}\begin{pmatrix} x_1 \\ x_2 \\ x_3 \end{pmatrix} \\
&= x_1x_2 + x_1x_3 + 2x_2^2 - 3x_2x_3
\end{aligned}
$$

(二) 线性变换

在解析几何中，为了确定二次方程

$$ax^2+2bxy+cy^2=d \qquad (a,\ b,\ c\text{ 不全为零})$$

所表示的曲线的性态，通常利用转轴公式：

$$\begin{cases} x=x'\cos\theta-y'\sin\theta \\ y=x'\sin\theta+y'\cos\theta \end{cases}$$

选择适当的 θ，可使上面的方程化为

$$a'x'^2+b'y'^2=d'$$

在转轴公式中，θ 选定后，$\cos\theta$，$\sin\theta$ 是常数. x，y 由 x'，y' 的线性表达式给出，这一线性表达式称为线性变换.

一般地，有下面的定义：

定义 5.2 关系式

$$\begin{cases} x_1=c_{11}y_1+c_{12}y_2+\cdots+c_{1n}y_n \\ x_2=c_{21}y_1+c_{22}y_2+\cdots+c_{2n}y_n \\ \qquad\cdots\cdots \\ x_n=c_{n1}y_1+c_{n2}y_2+\cdots+c_{nn}y_n \end{cases} \tag{5.3}$$

称为由变量 x_1，x_2，$\cdots$，x_n 到变量 y_1，y_2，$\cdots$，y_n 的一个线性变量替换，简称线性变换. 矩阵

$$\boldsymbol{C}=\begin{pmatrix} c_{11} & c_{12} & \cdots & c_{1n} \\ c_{21} & c_{22} & \cdots & c_{2n} \\ \vdots & \vdots & & \vdots \\ c_{n1} & c_{n2} & \cdots & c_{nn} \end{pmatrix}$$

称为线性变换 (5.3) 的矩阵，$|\boldsymbol{C}|\neq 0$ 时称线性变换 (5.3) 为非退化的线性变换或可逆的线性变换.

如上例中，因为 $\begin{vmatrix} \cos\theta & -\sin\theta \\ \sin\theta & \cos\theta \end{vmatrix}=1\neq 0$，所以 $\begin{cases} x=x'\cos\theta-y'\sin\theta \\ y=x'\sin\theta+y'\cos\theta \end{cases}$ 是一个非退化的线性变换.

设 $\boldsymbol{x}=\begin{pmatrix} x_1 \\ x_2 \\ \vdots \\ x_n \end{pmatrix}$，$\boldsymbol{y}=\begin{pmatrix} y_1 \\ y_2 \\ \vdots \\ y_n \end{pmatrix}$ 是两个 n 元变量，则线性变换 (5.3) 可以写成以下矩阵形式：

$$\boldsymbol{x}=\boldsymbol{C}\boldsymbol{y}$$

当 $|\boldsymbol{C}|\neq 0$ 时，即线性变换为非退化的时，此时有

$$\boldsymbol{y}=\boldsymbol{C}^{-1}\boldsymbol{x}$$

把式（5.3）代入式（5.2）得

$$\boldsymbol{x}^{\mathrm{T}}\boldsymbol{A}\boldsymbol{x}=(\boldsymbol{C}\boldsymbol{y})^{\mathrm{T}}\boldsymbol{A}(\boldsymbol{C}\boldsymbol{y})=\boldsymbol{y}^{\mathrm{T}}\boldsymbol{C}^{\mathrm{T}}\boldsymbol{A}\boldsymbol{C}\boldsymbol{y}=\boldsymbol{y}^{\mathrm{T}}\boldsymbol{B}\boldsymbol{y}$$

其中 $\boldsymbol{B}=\boldsymbol{C}^{\mathrm{T}}\boldsymbol{A}\boldsymbol{C}$，$\boldsymbol{B}^{\mathrm{T}}=(\boldsymbol{C}^{\mathrm{T}}\boldsymbol{A}\boldsymbol{C})^{\mathrm{T}}=\boldsymbol{C}^{\mathrm{T}}\boldsymbol{A}\boldsymbol{C}=\boldsymbol{B}$，因此 $\boldsymbol{y}^{\mathrm{T}}\boldsymbol{B}\boldsymbol{y}$ 是以 $\boldsymbol{B}$ 为矩阵的 $\boldsymbol{y}$ 的 n 元二次型.

如果线性变换（5.3）是非退化线性变换，$\boldsymbol{y}^{\mathrm{T}}\boldsymbol{B}\boldsymbol{y}$ 有下面的形状：

$$d_1y_1^2+d_2y_2^2+\cdots+d_ry_r^2$$

其中 $d_i\neq 0$ $(i=1,2,\cdots,r,r\leqslant n)$. 我们称这个形状的二次型为二次型(5.1)的一个标准形. 易知，$r=\mathrm{r}(\boldsymbol{A})=\mathrm{r}(\boldsymbol{B})$.

例 将二次型 $f(x_1,x_2,x_3)=x_1^2+2x_1x_2+2x_1x_3+2x_2^2+4x_2x_3+x_3^2$ 化为标准形.

解： 由于标准形是平方项的代数和，可通过配方法将二次型改写成

$$\begin{aligned}f&=x_1^2+2x_1x_2+2x_1x_3+2x_2^2+4x_2x_3+x_3^2\\&=x_1^2+2x_1(x_2+x_3)+(x_2+x_3)^2-(x_2+x_3)^2+2x_2^2+4x_2x_3+x_3^2\\&=(x_1+x_2+x_3)^2+x_2^2+2x_2x_3\\&=(x_1+x_2+x_3)^2+(x_2+x_3)^2-x_3^2\quad(*)\end{aligned}$$

令 $$\begin{cases}y_1=x_1+x_2+x_3\\y_2=\qquad\ \ x_2+x_3\\y_3=\qquad\qquad\ \ x_3\end{cases}$$

即 $$\begin{cases}x_1=y_1-y_2\\x_2=\qquad y_2-y_3,\\x_3=\qquad\qquad y_3\end{cases}\quad|\boldsymbol{C}|=\begin{vmatrix}1&-1&0\\0&1&-1\\0&0&1\end{vmatrix}=1\neq 0$$

代入上边式（$*$）中，得原二次型的标准形

$$f=y_1^2+y_2^2-y_3^2$$

其矩阵

$$\boldsymbol{B}=\begin{pmatrix}1&0&0\\0&1&0\\0&0&-1\end{pmatrix}$$

因为原二次型的矩阵为

$$\boldsymbol{A}=\begin{pmatrix}1&1&1\\1&2&2\\1&2&1\end{pmatrix}$$

线性变换的矩阵为

$$C=\begin{pmatrix}1&-1&0\\0&1&-1\\0&0&1\end{pmatrix} \quad 且 \quad |C|=1\neq 0$$

通过计算可以验证

$$C^{\mathrm{T}}AC=B=\begin{pmatrix}1&0&0\\0&1&0\\0&0&-1\end{pmatrix}$$

是对角矩阵，且

$$f=\boldsymbol{y}^{\mathrm{T}}B\boldsymbol{y}=y_1^2+y_2^2-y_3^2$$

可见，要把二次型化为标准形，关键在于求出一个非奇异矩阵 C，使得$C^{\mathrm{T}}AC$ 是对角矩阵.

上例是通过配方法间接找到非奇异矩阵 C. 一般说来，这种方法较麻烦，后边将介绍用初等变换和正交变换的方法求矩阵 C.

定义 5.3 设 A，B 为两个 n 阶矩阵，如果存在 n 阶非奇异矩阵 C，使得

$$C^{\mathrm{T}}AC=B$$

则称矩阵 A 合同于矩阵 B，或 A 与 B 合同，记为

$$A\simeq B$$

可见，二次型 (5.1) 的矩阵 A 与经过非退化线性变换 $\boldsymbol{x}=C\boldsymbol{y}$ 得出的二次型的矩阵 $C^{\mathrm{T}}AC$ 是合同的. 如本节例题中有

$$\begin{pmatrix}1&1&1\\1&2&2\\1&2&1\end{pmatrix}\simeq\begin{pmatrix}1&0&0\\0&1&0\\0&0&-1\end{pmatrix}$$

合同关系具有以下性质：

(1) 对于任意一个方阵 A，都有 $A\simeq A$.

因为 $I_n^{\mathrm{T}}AI_n=A$，其中 I_n为 n 阶单位矩阵.

(2) 如果 $A\simeq B$，则 $B\simeq A$.

因为 $C^{\mathrm{T}}AC=B$，则 $(C^{-1})^{\mathrm{T}}BC^{-1}=A$.

(3) 如果 $A\simeq B$ 且 $B\simeq C$，则 $A\simeq C$.

因为 $C_1^{\mathrm{T}}AC_1=B$，$C_2^{\mathrm{T}}BC_2=C$，则 $(C_1C_2)^{\mathrm{T}}A(C_1C_2)=C$ 而 $|C_1C_2|=|C_1|\cdot|C_2|\neq 0$.

§ 5.2 二次型与对称矩阵的标准形

(一) 用配方法化二次型为标准型

定理 5.1 任何一个二次型都可以通过非退化线性变换化为标准形.

证：对二次型（5.1）按以下步骤进行：

当 a_{ii} （$i=1, 2, \cdots, n$）不全为零时执行 1°，否则执行 2°.

1°　a_{ii} 不全为零，设 $a_{11}\neq 0$，则二次型（5.1）改写成

$$\begin{aligned}
&f(x_1, x_2, \cdots, x_n)\\
&=a_{11}\left[x_1^2+2x_1\left(\frac{a_{12}}{a_{11}}x_2+\cdots+\frac{a_{1n}}{a_{11}}x_n\right)\right]\\
&\qquad +a_{22}x_2^2+2a_{23}x_2x_3+\cdots+2a_{2n}x_2x_n\\
&\qquad\qquad +\cdots\cdots\\
&\qquad\qquad\qquad +a_{nn}x_n^2\\
&\xlongequal{\text{配方}} a_{11}\left(x_1+\frac{a_{12}}{a_{11}}x_2+\cdots+\frac{a_{1n}}{a_{11}}x_n\right)^2\\
&\qquad -\frac{1}{a_{11}}(a_{12}x_2+a_{13}x_3+\cdots+a_{1n}x_n)^2\\
&\qquad +a_{22}x_2^2+2a_{23}x_2x_3+\cdots+2a_{2n}x_2x_n\\
&\qquad\qquad +\cdots\cdots\\
&\qquad\qquad\qquad +a_{nn}x_n^2
\end{aligned}\tag{5.4}$$

令
$$\begin{cases}
x_1=y_1-\dfrac{a_{12}}{a_{11}}y_2-\dfrac{a_{13}}{a_{11}}y_3-\cdots-\dfrac{a_{1n}}{a_{11}}y_n\\
x_2=\qquad y_2\\
\cdots\cdots\\
x_n=\qquad\qquad y_n
\end{cases}\tag{5.5}$$

线性变换（5.5）是一个非退化的线性变换，代入式（5.4）得

$$\begin{aligned}
f=a'_{11}y_1^2+a'_{22}y_2^2+2a'_{23}y_2y_3+\cdots+2a'_{2n}y_2y_n&\\
+a'_{33}y_3^2+\cdots+2a'_{3n}y_3y_n&\\
+\cdots\cdots&\\
+a'_{nn}y_n^2&
\end{aligned}$$

其中　$a'_{11}=a_{11}$

$$a'_{ij}=\frac{1}{a_{11}}\begin{vmatrix}a_{11} & a_{1j}\\ a_{i1} & a_{ij}\end{vmatrix}\qquad (i, j=2, \cdots, n)$$

对于 $n-1$ 元二次型

$$\begin{aligned}
a'_{22}y_2^2+2a'_{23}y_2y_3+\cdots+2a'_{2n}y_2y_n&\\
+a'_{33}y_3^2+\cdots\quad+2a'_{3n}y_3y_n&\\
+\cdots\cdots&\\
+a'_{nn}y_n^2&
\end{aligned}$$

当 a'_{ii} （$i=2, 3, \cdots, n$）不全为零时继续按 1° 的步骤执行，否则转 2° 的步骤.

2° $a_{ii}=0\ (i=1,2,\cdots,n)$，但至少有一个 $a_{ij}\neq 0$，设 $a_{12}\neq 0$，二次型 (5.1) 成为

$$\begin{aligned}2a_{12}x_1x_2+2a_{13}x_1x_3+\cdots+2a_{1n}x_1x_n\\ +2a_{23}x_2x_3+\cdots+2a_{2n}x_2x_n\\ +\cdots\cdots\\ +2a_{n-1\,n}x_{n-1}x_n\end{aligned} \tag{5.6}$$

令 $$\begin{cases}x_1=y_1\\ x_2=y_1+y_2\\ x_3=\qquad\qquad y_3\\ \quad\cdots\cdots\\ x_n=\qquad\qquad\quad y_n\end{cases} \tag{5.7}$$

线性变换(5.7) 是非退化线性变换，代入式(5.6) 得

$$\begin{aligned}&2a_{12}y_1(y_1+y_2)+2a_{13}y_1y_3+\cdots+2a_{1n}y_1y_n\\ &\quad+2a_{23}(y_1+y_2)y_3+\cdots+2a_{2n}(y_1+y_2)y_n\\ &\quad+\cdots\cdots\\ &\qquad\qquad+2a_{n-1\,n}y_{n-1}y_n\\ =&\ 2a_{12}y_1^2+2a_{12}y_1y_2+2(a_{13}+a_{23})y_1y_3+\cdots+2(a_{1n}+a_{2n})y_1y_n\\ &\quad+2a_{23}y_2y_3+\cdots\qquad\qquad+2a_{2n}y_2y_n\\ &\qquad+\cdots\cdots\\ &\qquad\qquad\qquad+2a_{n-1\,n}y_{n-1}y_n\end{aligned} \tag{5.8}$$

其中 y_1^2的系数 $2a_{12}\neq 0$，转 1°.

反复按 1°, 2° 的步骤执行，在有限步内可化二次型 (5.1) 为标准形.

因为 $\boldsymbol{x}=\boldsymbol{C}\boldsymbol{y}$，$|\boldsymbol{C}|\neq 0$，$\boldsymbol{y}=\boldsymbol{D}\boldsymbol{z}$，$|\boldsymbol{D}|\neq 0$，则 $|\boldsymbol{CD}|=|\boldsymbol{C}|\cdot|\boldsymbol{D}|\neq 0$，$\boldsymbol{x}=(\boldsymbol{CD})\boldsymbol{z}$，也是非退化线性变换，因此，任何一个二次型按以上步骤化为标准形时，每一步所经的线性变换都是非退化的，所以总可以找到一个非退化线性变换化二次型 (5.1) 为标准形. 由定理 5.1 显然可得定理 5.2.

定理 5.2 对任意一个对称矩阵 $\boldsymbol{A}$，存在一个非奇异矩阵 $\boldsymbol{C}$，使 $\boldsymbol{C}^{\mathrm{T}}\boldsymbol{A}\boldsymbol{C}$ 为对角形(称这个对角矩阵为 $\boldsymbol{A}$ 的标准形)，即任何一个对称矩阵都与一个对角矩阵合同.

例 1 求一非奇异矩阵 $\boldsymbol{C}$，使 $\boldsymbol{C}^{\mathrm{T}}\boldsymbol{A}\boldsymbol{C}$ 为对角矩阵.

$$\boldsymbol{A}=\begin{pmatrix}0&1&1\\1&0&-2\\1&-2&0\end{pmatrix}$$

解: $\boldsymbol{A}$ 所对应的二次型

$$f(x_1,x_2,x_3)=(x_1,x_2,x_3)\begin{pmatrix}0&1&1\\1&0&-2\\1&-2&0\end{pmatrix}\begin{pmatrix}x_1\\x_2\\x_3\end{pmatrix}$$

$$= 2x_1x_2 + 2x_1x_3 - 4x_2x_3$$

令 $\begin{cases} x_1 = y_1 \\ x_2 = y_1 + y_2 \\ x_3 = \qquad\qquad y_3 \end{cases}$，　其矩阵 $\boldsymbol{C}_1 = \begin{pmatrix} 1 & 0 & 0 \\ 1 & 1 & 0 \\ 0 & 0 & 1 \end{pmatrix}$，$|\boldsymbol{C}_1| = 1 \neq 0$

代入上式得

$$\begin{aligned} f &= 2y_1^2 + 2y_1y_2 - 2y_1y_3 - 4y_2y_3 \\ &= 2\left(y_1 + \frac{1}{2}y_2 - \frac{1}{2}y_3\right)^2 - \frac{1}{2}(y_2 - y_3)^2 - 4y_2y_3 \\ &= 2\left(y_1 + \frac{1}{2}y_2 - \frac{1}{2}y_3\right)^2 - \frac{1}{2}y_2^2 - 3y_2y_3 - \frac{1}{2}y_3^2 \\ &= 2\left(y_1 + \frac{1}{2}y_2 - \frac{1}{2}y_3\right)^2 - \frac{1}{2}(y_2 + 3y_3)^2 + 4y_3^2 \end{aligned}$$

令 $\begin{cases} y_1 = z_1 - \frac{1}{2}z_2 + 2z_3 \\ y_2 = \qquad\quad z_2 - 3z_3 \\ y_3 = \qquad\qquad\quad z_3 \end{cases}$，　其矩阵 $\boldsymbol{C}_2 = \begin{pmatrix} 1 & -\frac{1}{2} & 2 \\ 0 & 1 & -3 \\ 0 & 0 & 1 \end{pmatrix}$，$|\boldsymbol{C}_2| = 1 \neq 0$，代入上式得

$$f = 2z_1^2 - \frac{1}{2}z_2^2 + 4z_3^2$$

因此有

$$\boldsymbol{C} = \boldsymbol{C}_1\boldsymbol{C}_2 = \begin{pmatrix} 1 & 0 & 0 \\ 1 & 1 & 0 \\ 0 & 0 & 1 \end{pmatrix}\begin{pmatrix} 1 & -\frac{1}{2} & 2 \\ 0 & 1 & -3 \\ 0 & 0 & 1 \end{pmatrix} = \begin{pmatrix} 1 & -\frac{1}{2} & 2 \\ 1 & \frac{1}{2} & -1 \\ 0 & 0 & 1 \end{pmatrix}$$

故

$$\begin{aligned} \boldsymbol{C}^{\mathrm{T}}\boldsymbol{A}\boldsymbol{C} &= \begin{pmatrix} 1 & 1 & 0 \\ -\frac{1}{2} & \frac{1}{2} & 0 \\ 2 & -1 & 1 \end{pmatrix}\begin{pmatrix} 0 & 1 & 1 \\ 1 & 0 & -2 \\ 1 & -2 & 0 \end{pmatrix}\begin{pmatrix} 1 & -\frac{1}{2} & 2 \\ 1 & \frac{1}{2} & -1 \\ 0 & 0 & 1 \end{pmatrix} \\ &= \begin{pmatrix} 2 & 0 & 0 \\ 0 & -\frac{1}{2} & 0 \\ 0 & 0 & 4 \end{pmatrix} \end{aligned}$$

※(二) 用初等变换法化二次型为标准形

在第二章中，我们知道，非奇异矩阵可以表示为若干个初等矩阵的乘积，在矩阵的左(右)边乘以一个初等矩阵，即等于对该矩阵施以初等行(列)变换. 因此，当 $\boldsymbol{C}$ 是非奇异矩阵，$\boldsymbol{C}^{\mathrm{T}}\boldsymbol{A}\boldsymbol{C}$ 是对角矩阵时，设 $\boldsymbol{C}=\boldsymbol{P}_1\boldsymbol{P}_2\cdots\boldsymbol{P}_s$，其中 $\boldsymbol{P}_i$ ($i=1, 2, \cdots, s$) 是初等矩阵，即 $\boldsymbol{C}=\boldsymbol{I}\boldsymbol{P}_1\boldsymbol{P}_2\cdots\boldsymbol{P}_s$. 所以可知 $\boldsymbol{C}^{\mathrm{T}}\boldsymbol{A}\boldsymbol{C}=\boldsymbol{P}_s^{\mathrm{T}}\cdots\boldsymbol{P}_2^{\mathrm{T}}\boldsymbol{P}_1^{\mathrm{T}}\boldsymbol{A}\boldsymbol{P}_1\boldsymbol{P}_2\cdots\boldsymbol{P}_s$ 是对角矩阵. 可见，对 $2n\times n$ 矩阵 $\begin{pmatrix}\boldsymbol{A}\\ \hdashline \boldsymbol{I}\end{pmatrix}$ 施以相应于右乘 $\boldsymbol{P}_1$，$\boldsymbol{P}_2$，…，$\boldsymbol{P}_s$ 的初等列变换，再对 $\boldsymbol{A}$ 施以相应于左乘 $\boldsymbol{P}_1^{\mathrm{T}}$，$\boldsymbol{P}_2^{\mathrm{T}}$，…，$\boldsymbol{P}_s^{\mathrm{T}}$ 的初等行变换，矩阵 $\boldsymbol{A}$ 变为对角矩阵，单位矩阵 $\boldsymbol{I}$ 就变为所要求的非奇异矩阵 $\boldsymbol{C}$.

例 2 求非奇异矩阵 $\boldsymbol{C}$，使 $\boldsymbol{C}^{\mathrm{T}}\boldsymbol{A}\boldsymbol{C}$ 为对角矩阵.

$$\boldsymbol{A}=\begin{pmatrix}1&1&1\\1&2&2\\1&2&1\end{pmatrix}$$

解：

$$\begin{pmatrix}\boldsymbol{A}\\ \hdashline \boldsymbol{I}\end{pmatrix}=\begin{pmatrix}1&1&1\\1&2&2\\1&2&1\\ \hdashline 1&0&0\\0&1&0\\0&0&1\end{pmatrix}\to\begin{pmatrix}1&0&0\\1&1&1\\1&1&0\\ \hdashline 1&-1&-1\\0&1&0\\0&0&1\end{pmatrix}\to\begin{pmatrix}1&0&0\\0&1&1\\0&1&0\\ \hdashline 1&-1&-1\\0&1&0\\0&0&1\end{pmatrix}$$

(第一步：第1列乘 (-1) 分别加到第2、3列；第二步：第1行乘 (-1) 分别加到第2、3行；第三步：第2列乘 (-1) 加到第3列)

$$\to\begin{pmatrix}1&0&0\\0&1&0\\0&1&-1\\ \hdashline 1&-1&0\\0&1&-1\\0&0&1\end{pmatrix}\xrightarrow{\times(-1)}\begin{pmatrix}1&0&0\\0&1&0\\0&0&-1\\ \hdashline 1&-1&0\\0&1&-1\\0&0&1\end{pmatrix}$$

因此

$$\boldsymbol{C}=\begin{pmatrix}1&-1&0\\0&1&-1\\0&0&1\end{pmatrix},\ \boldsymbol{C}^{\mathrm{T}}\boldsymbol{A}\boldsymbol{C}=\begin{pmatrix}1&0&0\\0&1&0\\0&0&-1\end{pmatrix}\quad(\text{见 §5.1 中例题})$$

例 3 求一非退化线性变换，化二次型

$$2x_1x_2+2x_1x_3-4x_2x_3$$

为标准形.

解：此二次型对应的矩阵为

$$
\boldsymbol{A}=\begin{pmatrix}0&1&1\\1&0&-2\\1&-2&0\end{pmatrix}
$$

$$
\begin{pmatrix}\boldsymbol{A}\\ \hdashline \boldsymbol{I}\end{pmatrix}=\begin{pmatrix}0&1&1\\1&0&-2\\1&-2&0\\ \hdashline 1&0&0\\0&1&0\\0&0&1\end{pmatrix}\rightarrow\begin{pmatrix}1&1&1\\1&0&-2\\-1&-2&0\\ \hdashline 1&0&0\\1&1&0\\0&0&1\end{pmatrix}\longrightarrow\begin{pmatrix}2&1&-1\\1&0&-2\\-1&-2&0\\ \hdashline 1&0&0\\1&1&0\\0&0&1\end{pmatrix}
$$

$\times(1)$　　$\times(1)$　　$\times(-\frac{1}{2})$　　$\times(\frac{1}{2})$

$$
\rightarrow\begin{pmatrix}2&0&0\\1&-\frac{1}{2}&-\frac{3}{2}\\-1&-\frac{3}{2}&-\frac{1}{2}\\ \hdashline 1&-\frac{1}{2}&\frac{1}{2}\\1&\frac{1}{2}&\frac{1}{2}\\0&0&1\end{pmatrix}\longrightarrow\begin{pmatrix}2&0&0\\0&-\frac{1}{2}&-\frac{3}{2}\\0&-\frac{3}{2}&-\frac{1}{2}\\ \hdashline 1&-\frac{1}{2}&\frac{1}{2}\\1&\frac{1}{2}&\frac{1}{2}\\0&0&1\end{pmatrix}
$$

$\times(-\frac{1}{2})$　　$\times(\frac{1}{2})$　　$\times(-3)$

$$
\rightarrow\begin{pmatrix}2&0&0\\0&-\frac{1}{2}&0\\0&-\frac{3}{2}&4\\ \hdashline 1&-\frac{1}{2}&2\\1&\frac{1}{2}&-1\\0&0&1\end{pmatrix}\longrightarrow\begin{pmatrix}2&0&0\\0&-\frac{1}{2}&0\\0&0&4\\ \hdashline 1&-\frac{1}{2}&2\\1&\frac{1}{2}&-1\\0&0&1\end{pmatrix}
$$

$\times(-3)$

所以

$$C=\begin{pmatrix}1 & -\frac{1}{2} & 2\\ 1 & \frac{1}{2} & -1\\ 0 & 0 & 1\end{pmatrix},\ |C|=1\neq 0$$

令

$$\begin{cases}x_1=z_1-\frac{1}{2}z_2+2z_3\\ x_2=z_1+\frac{1}{2}z_2-z_3\\ x_3=z_3\end{cases}$$

代入原二次型可得标准形

$$f=2z_1^2-\frac{1}{2}z_2^2+4z_3^2 \qquad (\text{见本节的例 1})$$

(三)用正交变换法化二次型为标准形

如果线性变换的系数矩阵是正交矩阵，则称它为正交变换.

由于二次型的矩阵是一个实对称矩阵，利用 §4.3 的定理 4.12 可以证明:二次型一定可以经过正交变换化为标准形.

定理 5.3 对于二次型 $f(\boldsymbol{x})=\boldsymbol{x}^{\mathrm{T}}\boldsymbol{A}\boldsymbol{x}$，一定存在正交矩阵 $\boldsymbol{Q}$，使得经过正交变换

$$\boldsymbol{x}=\boldsymbol{Q}\boldsymbol{y}$$

后能够把它化为标准形

$$f=\lambda_1y_1^2+\lambda_2y_2^2+\cdots+\lambda_ny_n^2$$

其中 $\lambda_1,\lambda_2,\cdots,\lambda_n$ 是二次型 $f(\boldsymbol{x})$ 的矩阵 $\boldsymbol{A}$ 的全部特征值.

证:因为 $\boldsymbol{A}$ 是实对称矩阵，由定理 4.12 可知，一定存在正交矩阵 $\boldsymbol{Q}$，使得

$$\boldsymbol{Q}^{\mathrm{T}}\boldsymbol{A}\boldsymbol{Q}=\begin{pmatrix}\lambda_1 & 0 & \cdots & 0\\ 0 & \lambda_2 & \cdots & 0\\ \vdots & \vdots & & \vdots\\ 0 & 0 & \cdots & \lambda_n\end{pmatrix}$$

其中 $\lambda_1,\lambda_2,\cdots,\lambda_n$是矩阵 $\boldsymbol{A}$ 的全部特征值.

作正交变换

$$\boldsymbol{x}=\boldsymbol{Q}\boldsymbol{y}$$

所得到的新二次型的矩阵为 $\boldsymbol{Q}^{\mathrm{T}}\boldsymbol{A}\boldsymbol{Q}$，因此新二次型为

$$f=\boldsymbol{y}^{\mathrm{T}}(\boldsymbol{Q}^{\mathrm{T}}\boldsymbol{A}\boldsymbol{Q})\boldsymbol{y}=\lambda_1y_1^2+\lambda_2y_2^2+\cdots+\lambda_ny_n^2$$

例 4 用正交变换把下面的二次型化为标准形，并写出所作的正交变换.

$$f(x_1, x_2, x_3)=2x_1^2+4x_1x_2-4x_1x_3+5x_2^2-8x_2x_3+5x_3^2$$

解: 二次型的矩阵为

$$\boldsymbol{A}=\begin{pmatrix}2 & 2 & -2\\ 2 & 5 & -4\\ -2 & -4 & 5\end{pmatrix}$$

在 §4.3 的例 5 中，我们已求得 $\boldsymbol{A}$ 的特征方程

$$|\lambda\boldsymbol{I}-\boldsymbol{A}|=(\lambda-1)^2(\lambda-10)=0$$

和特征值 $\lambda_1=\lambda_2=1$，$\lambda_3=10$，并求出使 $\boldsymbol{A}$ 相似于对角矩阵的正交矩阵

$$\boldsymbol{Q}=\begin{pmatrix}-\frac{2}{5}\sqrt{5} & \frac{2}{15}\sqrt{5} & \frac{1}{3}\\ \frac{1}{5}\sqrt{5} & \frac{4}{15}\sqrt{5} & \frac{2}{3}\\ 0 & \frac{1}{3}\sqrt{5} & -\frac{2}{3}\end{pmatrix}$$

因此，作正交变换 $\boldsymbol{x}=\boldsymbol{Q}\boldsymbol{y}$，就可以使二次型化为标准形

$$f=y_1^2+y_2^2+10y_3^2$$

例 5　已知二次型

$$f(x_1, x_2, x_3)=2x_1^2+3x_2^2+3x_3^2+2ax_2x_3 \quad (a>0)$$

通过正交变换化为标准形 $f=y_1^2+2y_2^2+5y_3^2$. 求参数 a 的值及所用的正交变换矩阵.

解: 二次型 $f(x_1, x_2, x_3)$ 的矩阵为 $\boldsymbol{A}=\begin{pmatrix}2 & 0 & 0\\ 0 & 3 & a\\ 0 & a & 3\end{pmatrix}$. $\boldsymbol{A}$ 的特征多项式

$$|\lambda\boldsymbol{I}-\boldsymbol{A}|=\begin{vmatrix}\lambda-2 & 0 & 0\\ 0 & \lambda-3 & -a\\ 0 & -a & \lambda-3\end{vmatrix}=(\lambda-2)(\lambda^2-6\lambda+9-a^2)$$

由于二次型通过正交变换化为标准形 $f=y_1^2+2y_2^2+5y_3^2$，所以 $\boldsymbol{A}$ 的特征值为 $\lambda_1=1$，$\lambda_2=2$，$\lambda_3=5$. 将 $\lambda_1=1$ 代入 $\boldsymbol{A}$ 的特征多项式，应有

$$(1-2)(1^2-6\times1+9-a^2)=0$$

解得 $a=\pm2$. 因为 $a>0$，所以 $a=2$.

对于 $\lambda_1=1$，解齐次线性方程组 $(\boldsymbol{I}-\boldsymbol{A})\boldsymbol{x}=\boldsymbol{0}$，得对应的特征向量 $\boldsymbol{\alpha}_1=(0, 1, -1)^{\mathrm{T}}$.

对于 $\lambda_2=2$，解齐次线性方程组 $(2\boldsymbol{I}-\boldsymbol{A})\boldsymbol{x}=\boldsymbol{0}$，得对应的特征向量 $\boldsymbol{\alpha}_2=(1, 0, 0)^{\mathrm{T}}$.

对于 $\lambda_3=5$，解齐次线性方程组 $(5\boldsymbol{I}-\boldsymbol{A})\boldsymbol{x}=\boldsymbol{0}$，得对应的特征向量 $\boldsymbol{\alpha}_3=(0, 1, 1)^{\mathrm{T}}$.

$\boldsymbol{\alpha}_1$，$\boldsymbol{\alpha}_2$，$\boldsymbol{\alpha}_3$ 已是正交向量组，只需单位化. 令

$$\boldsymbol{\beta}_1=\frac{1}{\|\boldsymbol{\alpha}_1\|}\boldsymbol{\alpha}_1=\left(0,\frac{1}{\sqrt{2}},-\frac{1}{\sqrt{2}}\right)^{\mathrm{T}},$$

$$\boldsymbol{\beta}_2=\frac{1}{\|\boldsymbol{\alpha}_2\|}\boldsymbol{\alpha}_2=(1,0,0)^{\mathrm{T}},$$

$$\boldsymbol{\beta}_3=\frac{1}{\|\boldsymbol{\alpha}_3\|}\boldsymbol{\alpha}_3=\left(0,\frac{1}{\sqrt{2}},\frac{1}{\sqrt{2}}\right)^{\mathrm{T}}.$$

记

$$\boldsymbol{Q}=(\boldsymbol{\beta}_1,\boldsymbol{\beta}_2,\boldsymbol{\beta}_3)=\begin{pmatrix}0&1&0\\ \frac{1}{\sqrt{2}}&0&\frac{1}{\sqrt{2}}\\ -\frac{1}{\sqrt{2}}&0&\frac{1}{\sqrt{2}}\end{pmatrix},$$

则 $\boldsymbol{Q}$ 为所用的正交变换 $\boldsymbol{x}=\boldsymbol{Q}\boldsymbol{y}$ 的矩阵.

用正交变换把二次型化为标准形的方法，在理论上和实际应用中都十分重要.

(四) 二次型与对称矩阵的规范形

将二次型化为平方项的代数和的形式后，如果有必要，可重新安排变量的次序（这也是一个非退化线性变换），使这个标准形化为以下形状：

$$d_1x_1^2+\cdots+d_px_p^2-d_{p+1}x_{p+1}^2-\cdots-d_rx_r^2$$

其中 $d_i>0\quad(i=1,2,\cdots,r)$.

如本节中的例 3，再令 $\begin{cases}z_1=w_1\\ z_2=w_3\\ z_3=w_2\end{cases}$，其矩阵

$$\begin{pmatrix}1&0&0\\0&0&1\\0&1&0\end{pmatrix}$$

是非奇异的，可将 $f=2z_1^2-\frac{1}{2}z_2^2+4z_3^2$ 化为

$$f=2w_1^2+4w_2^2-\frac{1}{2}w_3^2$$

我们常对标准形的各项符号感兴趣，通过如下式的非退化线性变换

$$\begin{cases}x_i=\dfrac{1}{\sqrt{d_i}}y_i & (i=1,2,\cdots,r)\\ x_j=y_j & (j=r+1,r+2,\cdots,n)\end{cases}$$

化二次型 $d_1x_1^2+\cdots+d_px_p^2-d_{p+1}x_{p+1}^2-\cdots-d_rx_r^2$ 为

$$y_1^2 + \cdots + y_p^2 - y_{p+1}^2 - \cdots - y_r^2$$

这种形式的二次型称为二次型（5.1）的规范形. 因此有下面的定理.

定理 5.4　凡二次型都可通过非退化线性变换化为规范形，且规范形是由二次型本身决定的唯一形式，与所作的非退化线性变换无关.（后一论断证明略.）

把规范形中正项个数 p 称为二次型或二次型矩阵的正惯性指标，把负项个数 $q = r - p$ 称为二次型或二次型矩阵的负惯性指标. r 是二次型的秩.

定理 5.4 指明，任何合同的对称矩阵都具有相同的规范形

$$\begin{pmatrix} \boldsymbol{I}_p & & \\ & -\boldsymbol{I}_{r-p} & \\ & & \end{pmatrix}$$

定理 5.5　$\boldsymbol{A}$ 为任意对称矩阵，如果

$$\boldsymbol{C}^{\mathrm{T}}\boldsymbol{A}\boldsymbol{C} = \begin{pmatrix} \boldsymbol{I}_p & & \\ & -\boldsymbol{I}_{r-p} & \\ & & \end{pmatrix} \quad 及 \quad \boldsymbol{Q}^{\mathrm{T}}\boldsymbol{A}\boldsymbol{Q} = \begin{pmatrix} \boldsymbol{I}_t & & \\ & -\boldsymbol{I}_{r-t} & \\ & & \end{pmatrix}$$

$\boldsymbol{C} \neq \boldsymbol{Q}$，$|\boldsymbol{C}| \neq 0$，$|\boldsymbol{Q}| \neq 0$，则 $p = t$（证明略）.

该定理说明，合同的对称矩阵具有相同的正惯性指标和秩.

§5.3　二次型与对称矩阵的有定性

定义 5.4　具有对称矩阵 $\boldsymbol{A}$ 的二次型

$$f(\boldsymbol{x}) = \boldsymbol{x}^{\mathrm{T}}\boldsymbol{A}\boldsymbol{x}$$

如果对于任何 $\boldsymbol{x} = (x_1, x_2, \cdots, x_n)^{\mathrm{T}} \neq \boldsymbol{0}$，都有

$$\boldsymbol{x}^{\mathrm{T}}\boldsymbol{A}\boldsymbol{x} > 0 \quad (或 < 0)$$

成立，则称 $f(\boldsymbol{x}) = \boldsymbol{x}^{\mathrm{T}}\boldsymbol{A}\boldsymbol{x}$ 为正定（负定）二次型，矩阵 $\boldsymbol{A}$ 称为正定矩阵（负定矩阵）.

如果对于任何 $\boldsymbol{x} = (x_1, x_2, \cdots, x_n)^{\mathrm{T}}$，都有

$$\boldsymbol{x}^{\mathrm{T}}\boldsymbol{A}\boldsymbol{x} \geqslant 0 \quad (或 \leqslant 0)$$

且有 $\boldsymbol{x}_0 = (x_1^0, x_2^0, \cdots, x_n^0)^{\mathrm{T}} \neq \boldsymbol{0}$，使 $\boldsymbol{x}_0^{\mathrm{T}}\boldsymbol{A}\boldsymbol{x}_0 = 0$，则称二次型 $f(\boldsymbol{x}) = \boldsymbol{x}^{\mathrm{T}}\boldsymbol{A}\boldsymbol{x}$ 为半正定（半负定）二次型，称矩阵 $\boldsymbol{A}$ 为半正定（半负定）矩阵.

二次型及其矩阵的正定（负定），半正定（半负定）统称为二次型及其矩阵的有定性；不具有有定性的二次型及其矩阵称为不定的.

由定义 5.4 可知，二次型为正定（负定）、半正定（半负定），则它对应的矩阵为正定（负定）、半正定（半负定）；反之亦然.

矩阵为正定、负定、半正定、半负定均已暗指它是对称矩阵.

例 1 二次型 $f(x_1, x_2, \cdots, x_n)=x_1^2+x_2^2+\cdots+x_n^2$ 当 $\boldsymbol{x}=(x_1, x_2, \cdots, x_n)^{\mathrm{T}}\neq\boldsymbol{0}$ 时，显然 $f(x_1, x_2, \cdots, x_n)>0$，所以这个二次型是正定的，其矩阵 $\boldsymbol{I}_n$ 是正定矩阵.

例 2 二次型

$$f(x_1, x_2, x_3)=-x_1^2-2x_1x_2+4x_1x_3-x_2^2+4x_2x_3-4x_3^2$$

可写成 $f(x_1, x_2, x_3)=-(x_1+x_2-2x_3)^2\leqslant 0$，当 $x_1+x_2-2x_3=0$ 时，$f(x_1, x_2, x_3)=0$，因此，$f(x_1, x_2, x_3)$ 是半负定二次型，其对应的矩阵 $\begin{pmatrix}-1 & -1 & 2\\ -1 & -1 & 2\\ 2 & 2 & -4\end{pmatrix}$ 是半负定矩阵.

例 3 $f(x_1, x_2)=x_1^2-2x_2^2$ 是不定二次型，因为其符号有时正有时负，例如，$f(1, 1)=-1<0$，$f(2, 1)=2>0$.

定理 5.6 设 $\boldsymbol{A}$ 为正定矩阵，如果 $\boldsymbol{A}\simeq\boldsymbol{B}$，则 $\boldsymbol{B}$ 也是正定矩阵.

证：由 $\boldsymbol{A}\simeq\boldsymbol{B}$ 可知，存在非奇异矩阵 $\boldsymbol{C}$，使 $\boldsymbol{C}^{\mathrm{T}}\boldsymbol{AC}=\boldsymbol{B}$. 令 $\boldsymbol{x}=\boldsymbol{Cy}$，$|\boldsymbol{C}|\neq 0$，对任意 $\boldsymbol{y}\neq\boldsymbol{0}$ 均有 $\boldsymbol{x}\neq\boldsymbol{0}$，因此，$\boldsymbol{y}^{\mathrm{T}}\boldsymbol{By}=\boldsymbol{y}^{\mathrm{T}}\boldsymbol{C}^{\mathrm{T}}\boldsymbol{ACy}=(\boldsymbol{Cy})^{\mathrm{T}}\boldsymbol{A}(\boldsymbol{Cy})=\boldsymbol{x}^{\mathrm{T}}\boldsymbol{Ax}>0$（因 $\boldsymbol{A}$ 为正定矩阵），即 $\boldsymbol{B}$ 为正定矩阵.

定理 5.7 对角矩阵 $\boldsymbol{D}=\begin{pmatrix}d_1 & & & \\ & d_2 & & \\ & & \ddots & \\ & & & d_n\end{pmatrix}$ 为正定矩阵的充分必要条件是：$d_i>0(i=1, 2, \cdots, n)$.

证：必要性

$\boldsymbol{D}$ 为正定矩阵，即对任何 $\boldsymbol{x}=(x_1, x_2, \cdots, x_n)^{\mathrm{T}}\neq\boldsymbol{0}$ 都有 $\boldsymbol{x}^{\mathrm{T}}\boldsymbol{Dx}=d_1x_1^2+d_2x_2^2+\cdots+d_nx_n^2>0$，取 $\boldsymbol{x}=\boldsymbol{\varepsilon}_i=(0, \cdots, 0, \overset{i}{1}, 0, \cdots, 0)^{\mathrm{T}}$ $(i=1, 2, \cdots, n)$，有 $\boldsymbol{\varepsilon}_i^{\mathrm{T}}\boldsymbol{D}\boldsymbol{\varepsilon}_i=d_i>0$ $(i=1, 2, \cdots, n)$.

充分性

对于任意 $\boldsymbol{x}=(x_1, x_2, \cdots, x_n)^{\mathrm{T}}$，至少有 $x_k\neq 0$，因为 $d_k>0$，$x_k\neq 0$，故 $d_kx_k^2>0$. 当 $i\neq k$ 时，$d_ix_i^2\geqslant 0$，所以 $\boldsymbol{x}^{\mathrm{T}}\boldsymbol{Dx}=d_1x_1^2+d_2x_2^2+\cdots+d_kx_k^2+\cdots+d_nx_n^2>0$，所以 $\boldsymbol{D}$ 为正定矩阵.

因为 $\boldsymbol{A}^{\mathrm{T}}=\boldsymbol{A}$，则有 $\boldsymbol{A}\simeq\begin{pmatrix}\boldsymbol{I}_p & & \\ & -\boldsymbol{I}_{r-p} & \\ & & \end{pmatrix}$，由定理 5.6 及定理 5.7 可知，若 $\boldsymbol{A}$ 为正定矩阵，则正惯性指标 $p=n$，即 $\boldsymbol{A}\simeq\boldsymbol{I}_n$. 反之，若 $\boldsymbol{A}\simeq\boldsymbol{I}_n$，则 $\boldsymbol{A}$ 正定，即存在非奇异矩阵 $\boldsymbol{C}$，使 $\boldsymbol{A}=\boldsymbol{C}^{\mathrm{T}}\boldsymbol{I}_n\boldsymbol{C}=\boldsymbol{C}^{\mathrm{T}}\boldsymbol{C}$. 此时 $|\boldsymbol{A}|=|\boldsymbol{C}|^2>0$. 于是有下面的定理：

定理 5.8 矩阵 $\boldsymbol{A}$ 为正定矩阵的充分必要条件是存在非奇异矩阵 $\boldsymbol{C}$，使得 $\boldsymbol{A}=\boldsymbol{C}^{\mathrm{T}}\boldsymbol{C}$，即 $\boldsymbol{A}$ 合同于单位矩阵.

推论 1 矩阵 $\boldsymbol{A}$ 为正定矩阵的充分必要条件是 $\boldsymbol{A}$ 的正惯性指标 $p=n$.

推论 2 如果 $\boldsymbol{A}$ 为正定矩阵，则 $|\boldsymbol{A}|>0$.

这是因为 $|\boldsymbol{A}|=|\boldsymbol{C}^{\mathrm{T}}\boldsymbol{C}|=|\boldsymbol{C}^{\mathrm{T}}|\cdot|\boldsymbol{C}|=|\boldsymbol{C}|^2>0$.

注意　反之，结论未必成立，例如

$$\boldsymbol{A}=\begin{pmatrix}1&0&0\\0&-1&0\\0&0&-1\end{pmatrix},\ |\boldsymbol{A}|=1>0$$

但 $\boldsymbol{A}$ 不是正定矩阵.

定理 5.9　对称矩阵 $\boldsymbol{A}$ 为正定矩阵的充分必要条件是 $\boldsymbol{A}$ 的所有特征值都是正数.

证：对称矩阵 $\boldsymbol{A}$ 对应的二次型为

$$f(\boldsymbol{x})=\boldsymbol{x}^{\mathrm{T}}\boldsymbol{A}\boldsymbol{x}$$

根据定理 5.3，必存在正交矩阵 $\boldsymbol{Q}$，经过正交变换二次型 f 可以化为标准形

$$f=\lambda_1y_1^2+\lambda_2y_2^2+\cdots+\lambda_ny_n^2$$

其中 $\lambda_1,\lambda_2,\cdots,\lambda_n$ 是 $\boldsymbol{A}$ 的所有特征值，根据定理 5.7，二次型 $\boldsymbol{x}^{\mathrm{T}}\boldsymbol{A}\boldsymbol{x}$ 为正定二次型的充分必要条件是 $\lambda_i>0\ (i=1,2,\cdots,n)$，即 $\boldsymbol{A}$ 的所有特征值为正数.

定义 5.5　设有 n 阶矩阵

$$\boldsymbol{A}=\begin{pmatrix}a_{11}&a_{12}&\cdots&a_{1n}\\a_{21}&a_{22}&\cdots&a_{2n}\\\vdots&\vdots&&\vdots\\a_{n1}&a_{n2}&\cdots&a_{nn}\end{pmatrix}$$

$\boldsymbol{A}$ 的子式

$$\begin{pmatrix}a_{i_1i_1}&a_{i_1i_2}&\cdots&a_{i_1i_k}\\a_{i_2i_1}&a_{i_2i_2}&\cdots&a_{i_2i_k}\\\vdots&\vdots&&\vdots\\a_{i_ki_1}&a_{i_ki_2}&\cdots&a_{i_ki_k}\end{pmatrix}\quad(1\leqslant i_1<i_2<\cdots<i_k\leqslant n)$$

称为 $\boldsymbol{A}$ 的 k 阶主子式. 而子式

$$|\boldsymbol{A}_k|=\begin{vmatrix}a_{11}&a_{12}&\cdots&a_{1k}\\a_{21}&a_{22}&\cdots&a_{2k}\\\vdots&\vdots&&\vdots\\a_{k1}&a_{k2}&\cdots&a_{kk}\end{vmatrix}\quad(k=1,2,\cdots,n)$$

称为 $\boldsymbol{A}$ 的 k 阶顺序主子式，即

$$|\boldsymbol{A}_1|=a_{11},\ |\boldsymbol{A}_2|=\begin{vmatrix}a_{11}&a_{12}\\a_{21}&a_{22}\end{vmatrix}$$

$$|\boldsymbol{A}_3|=\begin{vmatrix}a_{11}&a_{12}&a_{13}\\a_{21}&a_{22}&a_{23}\\a_{31}&a_{32}&a_{33}\end{vmatrix},\ \cdots,\ |\boldsymbol{A}_n|=|\boldsymbol{A}|$$

例如，$A=\begin{pmatrix}1&2&3\\2&0&1\\0&0&2\end{pmatrix}$的顺序主子式为

$$|A_1|=1,\ |A_2|=\begin{vmatrix}1&2\\2&0\end{vmatrix}=-4,\ |A_3|=|A|=-8$$

定理 5.10 矩阵$A=(a_{ij})_{n\times n}$为正定矩阵的充分必要条件是A的所有顺序主子式都大于零，即$|A_k|>0\quad(k=1,2,\cdots,n)$.

※ **证**：必要性

设$f(\boldsymbol{x})=\boldsymbol{x}^{\mathrm{T}}A\boldsymbol{x}$正定，令$\boldsymbol{x}=(x_1,\cdots,x_k,0,\cdots,0)^{\mathrm{T}}\neq\boldsymbol{0}\quad(k=1,2,\cdots,n)$，代入$f(\boldsymbol{x})$得

$$\begin{aligned}f(x_1,\cdots,x_k,0,\cdots,0)=a_{11}x_1^2+2a_{12}x_1x_2+\cdots+2a_{1k}x_1x_k&\\+\quad a_{22}x_2^2+\cdots+2a_{2k}x_2x_k&\\+\cdots\cdots&\\+a_{kk}x_k^2>0&\end{aligned}$$

即$(x_1,x_2,\cdots,x_k)A_k\begin{pmatrix}x_1\\x_2\\\vdots\\x_k\end{pmatrix}>0$，所以$|A_k|>0\quad(k=1,2,\cdots,n)$.

充分性

设$|A_k|>0\quad(k=1,2,\cdots,n)$.

当$n=1$时，$f(x_1)=a_{11}x_1^2$，$|A_1|=a_{11}>0$，故$x_1\neq0$时，$f(x_1)=a_{11}x_1^2>0$. 即$n=1$时定理成立.

假设对$n-1$元二次型充分条件成立，需证对应的n元二次型为正定二次型.

将二次型$f(x_1,x_2,\cdots,x_n)$改写为

$$\begin{aligned}f(x_1,x_2,\cdots,x_n)=a_{11}\left(x_1+\frac{a_{12}}{a_{11}}x_2+\cdots+\frac{a_{1n}}{a_{11}}x_n\right)^2&\\+a'_{22}x_2^2+2a'_{23}x_2x_3+\cdots+2a'_{2n}x_2x_n&\\+\cdots\cdots&\\+a'_{nn}x_n^2&\end{aligned}$$

其中$a'_{ij}=\dfrac{1}{a_{11}}\begin{vmatrix}a_{11}&a_{1j}\\a_{i1}&a_{ij}\end{vmatrix}\quad(i,j=2,3,\cdots,n)$.

因为$a_{ij}=a_{ji}$，故$a'_{ij}=a'_{ji}$. 因此，对于$\boldsymbol{x}=(x_1,x_2,\cdots,x_n)^{\mathrm{T}}\neq\boldsymbol{0}$，只要证明上式中$n-1$元二次型

$$\begin{aligned}a'_{22}x_2^2+2a'_{23}x_2x_3+\cdots+2a'_{2n}x_2x_n&\\+\quad a'_{33}x_3^2+\cdots+2a'_{3n}x_3x_n&\\+\cdots\cdots&\\+a'_{nn}x_n^2&\end{aligned}\qquad ①$$

为正定即可，即只需证

$$\begin{vmatrix} a'_{22} & a'_{23} & \cdots & a'_{2k} \\ a'_{32} & a'_{33} & \cdots & a'_{3k} \\ \vdots & \vdots & & \vdots \\ a'_{k2} & a'_{k3} & \cdots & a'_{kk} \end{vmatrix} > 0 \quad (k = 2, 3, \cdots, n)$$

因为 $$0 < |\boldsymbol{A}_k| = \begin{vmatrix} a_{11} & a_{12} & \cdots & a_{1k} \\ a_{21} & a_{22} & \cdots & a_{2k} \\ \vdots & \vdots & & \vdots \\ a_{k1} & a_{k2} & \cdots & a_{kk} \end{vmatrix} = \begin{vmatrix} a_{11} & 0 & \cdots & 0 \\ 0 & a'_{22} & \cdots & a'_{2k} \\ 0 & a'_{32} & \cdots & a'_{3k} \\ \vdots & \vdots & & \vdots \\ 0 & a'_{k2} & \cdots & a'_{kk} \end{vmatrix}$$

即 $a_{11}\begin{vmatrix} a'_{22} & a'_{23} & \cdots & a'_{2k} \\ a'_{32} & a'_{33} & \cdots & a'_{3k} \\ \vdots & \vdots & & \vdots \\ a'_{k2} & a'_{k3} & \cdots & a'_{kk} \end{vmatrix} > 0$. 因为 $a_{11} > 0$，故

$$\begin{vmatrix} a'_{22} & a'_{23} & \cdots & a'_{2k} \\ a'_{32} & a'_{33} & \cdots & a'_{3k} \\ \vdots & \vdots & & \vdots \\ a'_{k2} & a'_{k3} & \cdots & a'_{kk} \end{vmatrix} > 0 \quad (k = 2, 3, \cdots, n)$$

由归纳法假设，对 $n-1$ 元二次型充分条件成立，可知 $n-1$ 元二次型 ① 是正定的. 于是 $f(x_1, x_2, \cdots, x_n) > 0$，所以定理的充分性成立.

如果 $\boldsymbol{A}$ 是负定矩阵，则 $-\boldsymbol{A}$ 为正定矩阵. 因此 $\boldsymbol{A}$ 为负定矩阵的充分必要条件是：

$$(-1)^k |\boldsymbol{A}_k| > 0 \quad (k = 1, 2, \cdots, n)$$

根据半正定(半负定) 矩阵的定义，可以得到类似于正定矩阵有关条件的结论.

(1) 对称矩阵 $\boldsymbol{A}$ 是半正定(半负定) 矩阵的充分必要条件是 $\boldsymbol{A}$ 的所有主子式大于 (小于) 或等于零. (证明略.)

(2) 对称矩阵 $\boldsymbol{A}$ 是半正定(半负定) 矩阵的充分必要条件是 $\boldsymbol{A}$ 的全部特征值大于 (小于) 或等于零. (请读者自证.)

应注意：一个实对称矩阵的顺序主子式全大于零或等于零时，$\boldsymbol{A}$ 未必是半正定的.

例如，三阶对称矩阵

$$\boldsymbol{A} = \begin{pmatrix} 1 & 1 & 2 \\ 1 & 1 & 2 \\ 2 & 2 & 1 \end{pmatrix}$$

的顺序主子式为

$$|\boldsymbol{A}_1| = 1 > 0, \ |\boldsymbol{A}_2| = \begin{vmatrix} 1 & 1 \\ 1 & 1 \end{vmatrix} = 0, \ |\boldsymbol{A}_3| = |\boldsymbol{A}| = 0$$

但 $\boldsymbol{A}$ 并不是半正定矩阵.

实际上，$\boldsymbol{A}$ 对应的二次型为

$$\begin{aligned} f(x_1, x_2, x_3) &= x_1^2 + x_2^2 + x_3^2 + 2x_1x_2 + 4x_1x_3 + 4x_2x_3 \\ &= (x_1 + x_2 + 2x_3)^2 - 3x_3^2 \end{aligned}$$

显然，当 $x_1 = x_2 = -1$，$x_3 = 1$ 时，$f(-1, -1, 1) = -3 < 0$. 由此看出，二次型 $f(x_1, x_2, x_3)$ 不是半正定的，$\boldsymbol{A}$ 也不是半正定的.

例 4 判断 $f(x_1, x_2, x_3) = 3x_1^2 + 6x_1x_3 + x_2^2 - 4x_2x_3 + 8x_3^2$ 是否为正定二次型.

解：二次型 $f(x_1, x_2, x_3)$ 的矩阵为

$$\boldsymbol{A} = \begin{pmatrix} 3 & 0 & 3 \\ 0 & 1 & -2 \\ 3 & -2 & 8 \end{pmatrix}$$

$\boldsymbol{A}$ 的各顺序主子式

$$|\boldsymbol{A}_1| = 3 > 0, \ |\boldsymbol{A}_2| = \begin{vmatrix} 3 & 0 \\ 0 & 1 \end{vmatrix} = 3 > 0, \ |\boldsymbol{A}_3| = |\boldsymbol{A}| = 3 > 0$$

因此，$f(x_1, x_2, x_3)$ 为正定二次型.

例 5 当 λ 取何值时，二次型 $f(x_1, x_2, x_3)$ 为正定二次型，其中

$$f(x_1, x_2, x_3) = x_1^2 + 2x_1x_2 + 4x_1x_3 + 2x_2^2 + 6x_2x_3 + \lambda x_3^2$$

解：二次型 $f(x_1, x_2, x_3)$ 的矩阵 $\boldsymbol{A} = \begin{pmatrix} 1 & 1 & 2 \\ 1 & 2 & 3 \\ 2 & 3 & \lambda \end{pmatrix}$.

$\boldsymbol{A}$ 的各顺序主子式

$$|\boldsymbol{A}_1| = 1 > 0, \ |\boldsymbol{A}_2| = \begin{vmatrix} 1 & 1 \\ 1 & 2 \end{vmatrix} = 1 > 0, \ |\boldsymbol{A}_3| = |\boldsymbol{A}| = \lambda - 5 > 0$$

故 $\lambda > 5$ 时，$\boldsymbol{A}$ 的各顺序主子式都大于零，二次型 $f(x_1, x_2, x_3)$ 为正定二次型.

例 6 证明：如果 $\boldsymbol{A}$ 为正定矩阵，则 $\boldsymbol{A}^{-1}$ 也是正定矩阵.

证：方法一 若 $\boldsymbol{A}$ 为正定矩阵，则 $\boldsymbol{A}^{\mathrm{T}} = \boldsymbol{A}$. 所以 $(\boldsymbol{A}^{-1})^{\mathrm{T}} = (\boldsymbol{A}^{\mathrm{T}})^{-1} = \boldsymbol{A}^{-1}$，即 $\boldsymbol{A}^{-1}$ 也是对称矩阵.

根据定理 5.9，$\boldsymbol{A}$ 的所有特征值 $\lambda_i > 0$ $(i = 1, 2, \cdots, n)$. $\boldsymbol{A}^{-1}$ 的所有特征值为 $\dfrac{1}{\lambda_i} > 0$ $(i = 1, 2, \cdots, n)$. 所以 $\boldsymbol{A}^{-1}$ 仍是正定矩阵.

方法二 若 $\boldsymbol{A}$ 为正定矩阵，则存在非奇异矩阵 $\boldsymbol{C}$，使得 $\boldsymbol{A} = \boldsymbol{C}^{\mathrm{T}}\boldsymbol{C}$，且 $|\boldsymbol{A}| > 0$. 两边取逆，得

$$\boldsymbol{A}^{-1} = (\boldsymbol{C}^{\mathrm{T}}\boldsymbol{C})^{-1} = \boldsymbol{C}^{-1}(\boldsymbol{C}^{\mathrm{T}})^{-1} = \boldsymbol{C}^{-1}(\boldsymbol{C}^{-1})^{\mathrm{T}}$$

记 $\boldsymbol{B} = (\boldsymbol{C}^{-1})^{\mathrm{T}}$，则 $\boldsymbol{C}^{-1} = \boldsymbol{B}^{\mathrm{T}}$. 于是 $\boldsymbol{A}^{-1} = \boldsymbol{B}^{\mathrm{T}}\boldsymbol{B}$，且 $\boldsymbol{B}$ 为非奇异矩阵，又 $\boldsymbol{A}^{-1}$ 仍为对称

矩阵，根据定理 5.8，$\boldsymbol{A}^{-1}$ 是正定矩阵.

§5.4　正定性和负定性的一个应用

我们利用二次型的有定性，给出在多元微积分中关于多元函数极值的判定法的一个充分条件.

设 n 元函数 $f(x_1, x_2, \cdots, x_n)$ 在 $\boldsymbol{x}_0=(x_1^0, x_2^0, \cdots, x_n^0)$ 的某邻域中有一阶、二阶连续偏导数. 又 $(x_1^0+h_1, x_2^0+h_2, \cdots, x_n^0+h_n)$ 为该邻域中任意一点.

由多元函数的泰勒公式知：

$$f(\boldsymbol{x}_0+\boldsymbol{h})=f(\boldsymbol{x}_0)+\sum_{i=1}^{n} f_i(\boldsymbol{x}_0)h_i+\frac{1}{2!}\sum_{i=1}^{n}\sum_{j=1}^{n} f_{ij}(\boldsymbol{x}_0+\theta\boldsymbol{h})h_i h_j$$

其中 $0<\theta<1$，$\boldsymbol{x}_0=(x_1^0, x_2^0, \cdots, x_n^0)$，$\boldsymbol{h}=(h_1, h_2, \cdots, h_n)$.

$$f_i(\boldsymbol{x}_0)=\frac{\partial f(\boldsymbol{x}_0)}{\partial x_i}\quad(i=1, 2, \cdots, n)$$

$$f_{ij}(\boldsymbol{x}_0+\theta\boldsymbol{h})=f_{ji}(\boldsymbol{x}_0+\theta\boldsymbol{h})=\frac{\partial^2 f(\boldsymbol{x}_0+\theta\boldsymbol{h})}{\partial x_i\partial x_j}=\frac{\partial^2 f(\boldsymbol{x}_0+\theta\boldsymbol{h})}{\partial x_j\partial x_i}$$

$$(i, j=1, 2, \cdots, n)$$

当 $\boldsymbol{x}_0=(x_1^0, x_2^0, \cdots, x_n^0)$ 是 $f(\boldsymbol{x})$ 的驻点时，则有 $f_i(\boldsymbol{x}_0)=0\quad(i=1, 2, \cdots, n)$，于是 $f(\boldsymbol{x}_0)$ 是否为 $f(\boldsymbol{x})$ 的极值，取决于 $\sum_{i=1}^{n}\sum_{j=1}^{n} f_{ij}(\boldsymbol{x}_0+\theta\boldsymbol{h})h_i h_j$ 的符号. 由 $f_{ij}(\boldsymbol{x})$ 在 $\boldsymbol{x}_0$ 的某邻域中的连续性知，在该邻域中，上式的符号可由 $\sum_{i=1}^{n}\sum_{j=1}^{n} f_{ij}(\boldsymbol{x}_0)h_i h_j$ 的符号决定. 而后一式是 $h_1, h_2, \cdots, h_n$ 的一个 n 元二次型，它的符号取决于对称矩阵

$$\boldsymbol{H}(\boldsymbol{x}_0)=\begin{pmatrix} f_{11}(\boldsymbol{x}_0) & f_{12}(\boldsymbol{x}_0) & \cdots & f_{1n}(\boldsymbol{x}_0) \\ f_{21}(\boldsymbol{x}_0) & f_{22}(\boldsymbol{x}_0) & \cdots & f_{2n}(x_0) \\ \vdots & \vdots & & \vdots \\ f_{n1}(\boldsymbol{x}_0) & f_{n2}(\boldsymbol{x}_0) & \cdots & f_{nn}(\boldsymbol{x}_0) \end{pmatrix}$$

是否为有定矩阵. 我们称这个矩阵为 $f(\boldsymbol{x})$ 在点 $\boldsymbol{x}_0$ 处的 n 阶海赛（Hesse）矩阵，其 k 阶顺序主子式记为 $|\boldsymbol{H}_k(\boldsymbol{x}_0)|$ $(k=1, 2, \cdots, n)$.

我们有如下判别法：

(1) 若 $|\boldsymbol{H}_k(\boldsymbol{x}_0)|>0$ $(k=1, 2, \cdots, n)$，则 $f(\boldsymbol{x}_0)$ 为 $f(\boldsymbol{x})$ 的极小值.

(2) 若 $(-1)^k\,|\boldsymbol{H}_k(\boldsymbol{x}_0)|>0$ $(k=1, 2, \cdots, n)$，则 $f(\boldsymbol{x}_0)$ 为 $f(\boldsymbol{x})$ 的极大值.

(3) 当 $\boldsymbol{H}(\boldsymbol{x}_0)$ 为不定矩阵时，$f(\boldsymbol{x}_0)$ 非极值.

例 1　求函数 $f(x_1, x_2, x_3)=x_1+x_2-\mathrm{e}^{x_1}-\mathrm{e}^{x_2}+2\mathrm{e}^{x_3}-\mathrm{e}^{x_3^2}$ 的极值.

解: $\begin{cases} f_1 = 1 - e^{x_1} = 0 \\ f_2 = 1 - e^{x_2} = 0 \\ f_3 = 2e^{x_3} - 2x_3 e^{x_3^2} = 0 \end{cases}$

得驻点 $\boldsymbol{x}_0 = (0, 0, 1)$.

$$\begin{array}{lll} f_{11} = -e^{x_1}, & f_{12} = 0, & f_{13} = 0 \\ f_{21} = 0, & f_{22} = -e^{x_2}, & f_{23} = 0 \\ f_{31} = 0, & f_{32} = 0, & f_{33} = 2e^{x_3} - (2 + 4x_3^2)e^{x_3^2} \end{array}$$

$f(x_1, x_2, x_3)$ 在点 $(0, 0, 1)$ 处的海赛矩阵为

$$\boldsymbol{H}(x_0) = \begin{pmatrix} -1 & 0 & 0 \\ 0 & -1 & 0 \\ 0 & 0 & -4e \end{pmatrix}$$

因 $|\boldsymbol{H}_1(\boldsymbol{x}_0)| = -1 < 0$, $|\boldsymbol{H}_2(\boldsymbol{x}_0)| = \begin{vmatrix} -1 & 0 \\ 0 & -1 \end{vmatrix} = 1 > 0$, $|\boldsymbol{H}_3(\boldsymbol{x}_0)| = -4e < 0$, 故 $\boldsymbol{H}(\boldsymbol{x}_0)$ 为负定矩阵. 所以 $f(0, 0, 1) = e - 2$ 为 $f(x_1, x_2, x_3)$ 的极大值.

例 2 求函数

$$f(x_1, x_2, x_3) = x_1^3 + 3x_1x_2 + 3x_1x_3 + x_2^3 + 3x_2x_3 + x_3^3$$

的极值.

解: $f_1 = 3x_1^2 + 3x_2 + 3x_3 = 0$

$f_2 = 3x_1 + 3x_2^2 + 3x_3 = 0$

$f_3 = 3x_1 + 3x_2 + 3x_3^2 = 0$

解方程组得驻点 $\boldsymbol{x}_0 = (0, 0, 0)$, $\tilde{\boldsymbol{x}} = (-2, -2, -2)$.

$$\begin{array}{lll} f_{11} = 6x_1, & f_{12} = 3, & f_{13} = 3 \\ f_{21} = 3, & f_{22} = 6x_2, & f_{23} = 3 \\ f_{31} = 3, & f_{32} = 3, & f_{33} = 6x_3 \end{array}$$

$$\boldsymbol{H}(\boldsymbol{x}_0) = \begin{pmatrix} 0 & 3 & 3 \\ 3 & 0 & 3 \\ 3 & 3 & 0 \end{pmatrix}, \boldsymbol{H}(\tilde{\boldsymbol{x}}) = \begin{pmatrix} -12 & 3 & 3 \\ 3 & -12 & 3 \\ 3 & 3 & -12 \end{pmatrix}$$

$$\boldsymbol{H}_1(\boldsymbol{x}_0) = 0, \boldsymbol{H}_2(\boldsymbol{x}_0) = -9, \boldsymbol{H}_3(\boldsymbol{x}_0) = 54$$

$\boldsymbol{H}(\boldsymbol{x}_0)$ 非有定矩阵, 故在点 $(0, 0, 0)$ 处 $f(x_1, x_2, x_3)$ 没有极值. 而在点 $\tilde{\boldsymbol{x}} = (-2, -2, -2)$ 处, 有

$$|\boldsymbol{H}_1(\tilde{\boldsymbol{x}})| = -12 < 0, \ |\boldsymbol{H}_2(\tilde{\boldsymbol{x}})| = \begin{vmatrix} -12 & 3 \\ 3 & -12 \end{vmatrix} = 135 > 0$$

$$|\boldsymbol{H}_3(\tilde{\boldsymbol{x}})| = \begin{vmatrix} -12 & 3 & 3 \\ 3 & -12 & 3 \\ 3 & 3 & -12 \end{vmatrix} = -1\,350 < 0$$

故 $\boldsymbol{H}(\bar{x})$ 为负定矩阵，所以 $f(-2,-2,-2)=12$ 是给定函数的极大值.

习题五

(A)

1. 写出下列各二次型的矩阵.

(1) $x_1^2-2x_1x_2+3x_1x_3-2x_2^2+8x_2x_3+3x_3^2$

(2) $x_1x_2-x_1x_3+2x_2x_3+x_4^2$

2. 写出下列各对称矩阵所对应的二次型.

(1) $\boldsymbol{A}=\begin{pmatrix}1&-1&-3&1\\-1&0&-2&\frac{1}{2}\\-3&-2&\frac{1}{3}&-\frac{3}{2}\\1&\frac{1}{2}&-\frac{3}{2}&0\end{pmatrix}$　　(2) $\boldsymbol{A}=\begin{pmatrix}0&1&\frac{1}{2}&-\frac{3}{2}\\1&0&-1&-1\\\frac{1}{2}&-1&0&3\\-\frac{3}{2}&-1&3&0\end{pmatrix}$

3. 求第 1 题中各二次型的秩.

4. 对于对称矩阵 $\boldsymbol{A}$ 与 $\boldsymbol{B}$，求出非奇异矩阵 $\boldsymbol{C}$，使 $\boldsymbol{C}^{\mathrm{T}}\boldsymbol{A}\boldsymbol{C}=\boldsymbol{B}$.

(1) $\boldsymbol{A}=\begin{pmatrix}0&1&1\\1&2&1\\1&1&0\end{pmatrix}$　　$\boldsymbol{B}=\begin{pmatrix}2&1&1\\1&0&1\\1&1&0\end{pmatrix}$

(2) $\boldsymbol{A}=\begin{pmatrix}0&\frac{1}{2}&-\frac{1}{2}\\\frac{1}{2}&0&-1\\-\frac{1}{2}&-1&0\end{pmatrix}$　　$\boldsymbol{B}=\begin{pmatrix}1&\frac{1}{2}&-\frac{3}{2}\\\frac{1}{2}&0&-1\\-\frac{3}{2}&-1&0\end{pmatrix}$

5. 分别用配方法和初等变换法化下列二次型为标准形和规范形.

(1) $f(x_1,x_2,x_3)=x_1^2+5x_2^2-4x_3^2+2x_1x_2-4x_1x_3$

(2) $f(x_1,x_2,x_3)=x_1x_2-4x_1x_3+6x_2x_3$

6. 求一非奇异矩阵 $\boldsymbol{C}$，使 $\boldsymbol{C}^{\mathrm{T}}\boldsymbol{A}\boldsymbol{C}$ 为对角矩阵.

(1) $\boldsymbol{A}=\begin{pmatrix}1&2&0\\2&0&1\\0&1&3\end{pmatrix}$　　(2) $\boldsymbol{A}=\begin{pmatrix}0&1&-2\\1&0&-1\\-2&-1&0\end{pmatrix}$

7. 用正交变换法把下列二次型化为标准形，并写出所作的变换.

(1) $f(x_1,x_2,x_3,x_4)=2x_1x_2-2x_3x_4$

(2) $f(x_1,x_2,x_3)=x_1^2+2x_2^2+3x_3^2-4x_1x_2-4x_2x_3$

8. 将二次型 $f(x_1,x_2,x_3)=(x_1+x_2)^2+(x_2+x_3)^2+(x_1-x_3)^2$ 化为标准形.

9. 求 a 的值，使二次型为正定的.

(1) $f(x_1,x_2,x_3)=x_1^2+x_2^2+5x_3^2+2ax_1x_2-2x_1x_3+4x_2x_3$

(2) $f(x_1,x_2,x_3)=5x_1^2+x_2^2+ax_3^2+4x_1x_2-2x_1x_3-2x_2x_3$

10. 证明：若 $\boldsymbol{A}$ 为正定矩阵，则其伴随矩阵 $\boldsymbol{A}^*$ 也是正定矩阵.

11. 设 $\boldsymbol{A}$ 为 n 阶正定矩阵，$\boldsymbol{B}$ 为 n 阶半正定矩阵. 试证：$\boldsymbol{A}+\boldsymbol{B}$ 为正定矩阵.

12. 证明：设 $\boldsymbol{A}$, $\boldsymbol{B}$ 分别为 m, n 阶正定矩阵，则分块矩阵

$$\boldsymbol{C}=\begin{pmatrix}\boldsymbol{A} & \boldsymbol{O}\\ \boldsymbol{O} & \boldsymbol{B}\end{pmatrix}$$

也是正定矩阵.

13. 求函数 $f(x,\ y,\ z)=\mathrm{e}^{2x}+\mathrm{e}^{-y}+\mathrm{e}^{z^2}-(2x+2\mathrm{e}z-y)$ 的极值.

(B)

1. 下列各式中不等于 $x_1^2+6x_1x_2+3x_2^2$ 的是[　　].

(A) $(x_1,\ x_2)\begin{pmatrix}1 & 2\\ 4 & 3\end{pmatrix}\begin{pmatrix}x_1\\ x_2\end{pmatrix}$

(B) $(x_1,\ x_2)\begin{pmatrix}1 & 3\\ 3 & 3\end{pmatrix}\begin{pmatrix}x_1\\ x_2\end{pmatrix}$

(C) $(x_1,\ x_2)\begin{pmatrix}1 & -1\\ -5 & 3\end{pmatrix}\begin{pmatrix}x_1\\ x_2\end{pmatrix}$

(D) $(x_1,\ x_2)\begin{pmatrix}1 & -1\\ 7 & 3\end{pmatrix}\begin{pmatrix}x_1\\ x_2\end{pmatrix}$

2. 二次型 $f(x_1,\ x_2)=x_1^2+6x_1x_2+3x_2^2$ 的矩阵是[　　].

(A) $\begin{pmatrix}1 & -1\\ -1 & 3\end{pmatrix}$　　(B) $\begin{pmatrix}1 & 2\\ 4 & 3\end{pmatrix}$

(C) $\begin{pmatrix}1 & 3\\ 3 & 3\end{pmatrix}$　　(D) $\begin{pmatrix}1 & 5\\ 1 & 3\end{pmatrix}$

3. 若二次型 $f(x_1,\ x_2,\ x_3)=5x_1^2+5x_2^2+cx_3^2-2x_1x_2+6x_1x_3-6x_2x_3$ 的秩为 2，则 $c=$[　　].

(A) 4　　(B) 3　　(C) 2　　(D) 1

4. 设 $\boldsymbol{A}$, $\boldsymbol{B}$ 均为 n 阶矩阵，且 $\boldsymbol{A}$ 与 $\boldsymbol{B}$ 合同，则[　　].

(A) $\boldsymbol{A}$ 与 $\boldsymbol{B}$ 相似　　(B) $|\boldsymbol{A}|=|\boldsymbol{B}|$

(C) $\boldsymbol{A}$ 与 $\boldsymbol{B}$ 有相同的特征值　　(D) $\mathrm{r}(\boldsymbol{A})=\mathrm{r}(\boldsymbol{B})$

5. 设矩阵 $\boldsymbol{A}=\begin{pmatrix}-2 & 0 & 0\\ 0 & \frac{1}{2} & 0\\ 0 & 0 & 5\end{pmatrix}$，则与 $\boldsymbol{A}$ 合同的矩阵是[　　].

(A) $\begin{pmatrix}1&0&0\\0&1&0\\0&0&-1\end{pmatrix}$　　(B) $\begin{pmatrix}3&0&0\\0&-2&0\\0&0&-5\end{pmatrix}$

(C) $\begin{pmatrix}-1&0&0\\0&-1&0\\0&0&1\end{pmatrix}$　　(D) $\begin{pmatrix}2&0&0\\0&2&0\\0&0&1\end{pmatrix}$

6. 如果实对称矩阵 $\boldsymbol{A}$ 与矩阵 $\boldsymbol{B}=\begin{pmatrix}0&0&3\\0&1&0\\3&0&0\end{pmatrix}$合同，则二次型 $\boldsymbol{x}^{\mathrm{T}}\boldsymbol{A}\boldsymbol{x}$ 的规范形为[　　].

(A) $y_1^2+y_2^2+y_3^2$　　(B) $y_1^2+y_2^2-y_3^2$

(C) $y_1^2-y_2^2-y_3^2$　　(D) $y_1^2+y_2^2$

7. 设二次型 $f(x_1,x_2,x_3)=a(x_1^2+x_2^2+x_3)^2+2x_1x_2+2x_2x_3+2x_1x_3$ 的正、负惯性指数分别为 1 和 2,则[　　].

(A)$a>1$　(B)$a<-2$　(C)$-2<a<1$　(D)$a=1$ 或 $a=2$

8. 对于二次型 $f(x_1,x_2,\cdots,x_n)=\boldsymbol{x}^{\mathrm{T}}\boldsymbol{A}\boldsymbol{x}$，其中 $\boldsymbol{A}$ 为 n 阶实对称矩阵，下述各结论中正确的是[　　].

(A) 化 f 为标准形的可逆线性变换是唯一的

(B) 化 f 为规范形的可逆线性变换是唯一的

(C) f 的标准形是唯一的

(D) f 的规范形是唯一的

9. 设 $\boldsymbol{A}$ 为 n 阶对称矩阵，则 $\boldsymbol{A}$ 是正定矩阵的充分必要条件是[　　].

(A) 二次型 $\boldsymbol{x}^{\mathrm{T}}\boldsymbol{A}\boldsymbol{x}$ 的负惯性指数为零

(B) 存在 n 阶矩阵 $\boldsymbol{C}$，使得 $\boldsymbol{A}=\boldsymbol{C}^{\mathrm{T}}\boldsymbol{C}$

(C) $\boldsymbol{A}$ 没有负特征值

(D) $\boldsymbol{A}$ 与单位矩阵合同

10. 若二次型 $f(x_1,x_2,x_3)=t(x_1^2+x_2^2+x_3^2)+2x_1x_2+2x_1x_3-2x_2x_3$ 为正定的，则 t 的取值范围是[　　].

(A) $(2,+\infty)$　　(B) $(-\infty,2)$

(C) $(-1,1)$　　(D) $(-\sqrt{2},\sqrt{2})$

11. 二次型 $f(x_1,x_2,x_3)=(x_1+ax_2-2x_3)^2+(2x_2+3x_3)^2+(x_1+3x_2+ax_3)^2$ 是正定二次型的充分必要条件是[　　].

(A) $a>1$　(B) $a<1$　(C) $a\neq 1$　(D) $a=1$

习题答案

习 题 一

(A)

1. (1)1　(2)5　(3)0　(4)$ab(b-a)$　(5)x^3-x^2-1　(6)1　(7)0

2. (1)18　(2)5　(3)-7　(4)0

3. 略

4. $k=1$ 或 $k=3$

5. $x\neq 0$ 且 $x\neq 2$

6. $|a|<2$

7. $x_1=-1$，$x_2=3$

8. (1)4　(2)7　(3)13　(4) $\dfrac{n(n-1)}{2}$

9. (1) 正　(2) 负　(3) 负　(4) 正　(5) 负

10. $k=1$，$l=5$

11. 略

12. (1)1　(2)$(-1)^{n-1}n!$　(3)0　(4)0

13. (1)$ab(b-a)$　(2)0　(3)6 123 000　(4)$-2(x^3+y^3)$

14. 略

15. $D_1=D$，$D_2=D$，$D_3=2D$，$D_4=-D$，$D_5=D$，$D_6=k^3D$

16. $-8m$

17. (1)8　(2)1　(3)160

18. (1)-153　(2)40　(3)-270

19. $yz+xyz+2xz+3xy$

20. $n!$

21. $(-1)^{n-1}(n-1)x^n$

22. $(x-a_1)(x-a_2)\cdots(x-a_n)$

23. $a_1a_2\cdots a_n(a_0-\sum\limits_{i=1}^{n}\dfrac{1}{a_i})$

24. $(-1)^n(n+1)a_1a_2\cdots a_n$

25. (1)$x_{1,2}=\pm 1$，$x_{3,4}=\pm 2$　(2)$x_1=-3$，$x_2=x_3=x_4=1$（三重根）(3)$x_1=a_1$，$x_2=a_2$，…，$x_n=a_n$　(4)$x_1=0$，$x_2=1$,…,$x_{n-2}=n-3$，$x_{n-1}=n-2$

26. 0, 29　27. -15　28. -18　29. 略

30. (1) $a+b+d$　(2)160　(3) 0

31. -92　32. $(-1)^{n+1}x^{n-2}$　33. $a^n+(-1)^{n+1}b^n$

34. $x_{1,2}=2$, $x_3=-2$　35. $x=0$ 或 $y=0$　36. -48

37. 略　38. 略　39. 略　40. 6　41. 略

42. (1) $x=3$, $y=-1$　(2) $x_1=x_2=0$　(3) $x=1$, $y=2$, $z=3$　(4) $x=-a$, $y=b$, $z=c$　(5) $x_1=100$, $x_2=80$, $x_3=40$　(6) $x_1=3$, $x_2=-4$, $x_3=-1$, $x_4=1$　(7) $x_1=0$, $x_2=2$, $x_3=0$, $x_4=0$　(8) $x_1=1$, $x_2=-1$, $x_3=1$, $x_4=-1$, $x_5=1$

43. 略

44. 仅有零解

45. $k=4$ 或 $k=-1$

46. $k\neq 1$ 且 $k\neq -2$

(B)

1. C	2. D	3. C	4. B	5. C	6. D	7. C	8. A
9. B	10. A	11. B	12. A	13. C	14. B	15. D	16. B
17. C	18. D	19. A	20. D	21. A	22. B	23. D	24. C

习 题 二

(A)

1. (1) $\begin{pmatrix}-1 & 6 & 5\\ -2 & -1 & 12\end{pmatrix}$　(2) $\begin{pmatrix}-1 & 4\\ 0 & -2\end{pmatrix}$

(3) $\begin{pmatrix}2 & 4\\ 6 & 8\end{pmatrix}$　(4) $\begin{pmatrix}2a+3c & -4b+c\\ -2b-c & a+b\\ 3a-b+8c & -a-5b\end{pmatrix}$

2. (1) $\begin{pmatrix}-1 & 3 & 1 & 5\\ 8 & 2 & 8 & 2\\ 3 & 7 & 9 & 13\end{pmatrix}$　(2) $\begin{pmatrix}14 & 13 & 8 & 7\\ -2 & 5 & -2 & 5\\ 2 & 1 & 6 & 5\end{pmatrix}$

(3) $\begin{pmatrix}3 & 1 & 1 & -1\\ -4 & 0 & -4 & 0\\ -1 & -3 & -3 & -5\end{pmatrix}$　(4) $\begin{pmatrix}\frac{10}{3} & \frac{10}{3} & 2 & 2\\ 0 & \frac{4}{3} & 0 & \frac{4}{3}\\ \frac{2}{3} & \frac{2}{3} & 2 & 2\end{pmatrix}$

3. $x=-5,\quad y=-6,\quad u=4,\quad v=-2$

4. $a=\dfrac{1}{3},\quad b=0,\quad c=-\dfrac{2}{3}$

5. (1) $\begin{pmatrix}5&2\\7&0\end{pmatrix}$ (2) $\begin{pmatrix}10&4&-1\\4&-3&-1\end{pmatrix}$ (3) $\begin{pmatrix}1&2&3\\2&4&6\\3&6&9\end{pmatrix}$, 14 (4) $\begin{pmatrix}3&7\\0&3\end{pmatrix}$, $\begin{pmatrix}3&7\\0&3\end{pmatrix}$

(5) $\begin{pmatrix}7&3\\5&1\end{pmatrix}$, $\begin{pmatrix}7&3\\5&1\end{pmatrix}$ (6) $\begin{pmatrix}0&0&0\\0&0&0\\0&0&0\end{pmatrix}$ (7) $\begin{pmatrix}-6&29\\5&32\end{pmatrix}$

6. (1) $\boldsymbol{A}$ (2) $\begin{pmatrix}a_{31}&a_{32}&a_{33}&a_{34}\\a_{21}&a_{22}&a_{23}&a_{24}\\a_{11}&a_{12}&a_{13}&a_{14}\end{pmatrix}$ (3) $\boldsymbol{A}$ (4) $\begin{pmatrix}a_{11}&a_{12}&a_{13}&a_{14}\\a_{31}&a_{32}&a_{33}&a_{34}\\a_{21}&a_{22}&a_{23}&a_{24}\end{pmatrix}$

(5) $\begin{pmatrix}a_{11}&a_{12}&ka_{13}&a_{14}\\a_{21}&a_{22}&ka_{23}&a_{24}\\a_{31}&a_{32}&ka_{33}&a_{34}\end{pmatrix}$ (6) $\begin{pmatrix}ka_{11}&ka_{12}&ka_{13}&ka_{14}\\a_{21}&a_{22}&a_{23}&a_{24}\\a_{31}&a_{32}&a_{33}&a_{34}\end{pmatrix}$

(7) $\begin{pmatrix}a_{11}&a_{12}&a_{13}&a_{14}\\la_{11}+a_{21}&la_{12}+a_{22}&la_{13}+a_{23}&la_{14}+a_{24}\\a_{31}&a_{32}&a_{33}&a_{34}\end{pmatrix}$

7. $\begin{cases}x_1=7z_1+12z_2+6z_3\\x_2=z_1+6z_2-14z_3\\x_3=-3z_1+z_2-20z_3\end{cases}$

8. (1) $\boldsymbol{AB}=\begin{pmatrix}198.25\\271.25\\220.5\end{pmatrix}$ (2) $\boldsymbol{B}^{\mathrm{T}}\boldsymbol{A}^{\mathrm{T}}=(198.25\quad 271.25\quad 220.5)$

9. $(32\quad 9\quad 9)$

10. 工厂 Ⅱ 的生产成本最低

11. 丙书店收入最多，为 44 500 元；B 书的总销售收入最多，为 45 000 元

12. (1) $\boldsymbol{X}=\begin{pmatrix}2&-23\\0&8\end{pmatrix}$ (2) $\boldsymbol{X}=\begin{pmatrix}-5&4&-2\\-4&5&-2\\-9&7&-4\end{pmatrix}$ (3) $\boldsymbol{X}=\begin{pmatrix}1\\3\\2\end{pmatrix}$

13. $a=2,\quad b=-1$

14. $\begin{pmatrix}a&b\\0&a\end{pmatrix}$ (a, b 为任意常数)

15. 略

16. (1) $\sum\limits_{j=1}^{n}a_{kj}a_{jl}$ (2) $\sum\limits_{j=1}^{n}a_{kj}a_{lj}$ (3) $\sum\limits_{i=1}^{n}a_{ik}a_{il}$

17. (1) $\begin{pmatrix}1&2&3\\0&1&2\\0&0&1\end{pmatrix}$ (2) $\begin{pmatrix}-35&-30\\45&10\end{pmatrix}$ (3) $\begin{pmatrix}1&1\\0&0\end{pmatrix}$ (4) $\begin{pmatrix}1&n\\0&1\end{pmatrix}$

(5) $2^{n-1}\begin{pmatrix}1 & 1\\ 1 & 1\end{pmatrix}$ (6) $\begin{pmatrix}a^n & 0 & 0\\ 0 & b^n & 0\\ 0 & 0 & c^n\end{pmatrix}$ (7) $\begin{pmatrix}0 & 0 & 0\\ 0 & 0 & 0\\ 0 & 0 & 0\end{pmatrix}$

18. (1) $(\boldsymbol{A}+\boldsymbol{B})(\boldsymbol{A}-\boldsymbol{B})=\begin{pmatrix}-9 & 0 & 6\\ -6 & 0 & 0\\ -6 & 0 & 9\end{pmatrix}$ (2) $\boldsymbol{A}^2-\boldsymbol{B}^2=\begin{pmatrix}0 & 0 & 6\\ -3 & 0 & 0\\ -6 & 0 & 0\end{pmatrix}$

19. $(\boldsymbol{AB})^2=\begin{pmatrix}0 & 0\\ -1 & 1\end{pmatrix}$, $\boldsymbol{A}^2\boldsymbol{B}^2=\begin{pmatrix}-2 & 2\\ 0 & 0\end{pmatrix}$

20. 略 21. $-m^4$ 22. $2^n m^{n+1}$ 23. 略

24. $\begin{pmatrix}3 & 2\\ 4 & 1\end{pmatrix}$ 25. (1) $\begin{pmatrix}9 & 2 & 4\\ 11 & 0 & 3\\ -1 & 1 & -2\end{pmatrix}$ (2) $\begin{pmatrix}0 & 0\\ 0 & 0\end{pmatrix}$

26, 27, 28, 29, 30, 31. 略

32. (1) $\begin{pmatrix}-2 & 1\\ 1 & -2\\ 3 & -2\end{pmatrix}$ (2) $\begin{pmatrix}3 & 0 & -2\\ 5 & -1 & -2\\ 0 & 3 & 2\end{pmatrix}$ (3) $\begin{pmatrix}a & 0 & ac & 0\\ 0 & a & 0 & ac\\ 1 & 0 & c+bd & 0\\ 0 & 1 & 0 & c+bd\end{pmatrix}$

33. $\begin{pmatrix}-2 & 2 & 1\\ -1 & -1 & 2\\ 0 & 4 & 3\end{pmatrix}$ 34. -8

35. (1) $\begin{pmatrix}\frac{4}{5} & -\frac{1}{5}\\ -\frac{3}{5} & \frac{2}{5}\end{pmatrix}$ (2) $\begin{pmatrix}\frac{d}{ad-bc} & \frac{-b}{ad-bc}\\ \frac{-c}{ad-bc} & \frac{a}{ad-bc}\end{pmatrix}$ (3) $\begin{pmatrix}1 & 0 & 0\\ -\frac{1}{2} & \frac{1}{2} & 0\\ 0 & -\frac{1}{3} & \frac{1}{3}\end{pmatrix}$

(4) $\begin{pmatrix}1 & -4 & -3\\ 1 & -5 & -3\\ -1 & 6 & 4\end{pmatrix}$ (5) $\begin{pmatrix}1 & -2 & 1 & 0\\ 0 & 1 & -2 & 1\\ 0 & 0 & 1 & -2\\ 0 & 0 & 0 & 1\end{pmatrix}$ (6) $\begin{pmatrix}\frac{1}{a_1} & & & \\ & \frac{1}{a_2} & & \\ & & \ddots & \\ & & & \frac{1}{a_n}\end{pmatrix}$

36. $a\neq 1$, $\boldsymbol{A}^{-1}=\frac{1}{3(a-1)}\begin{pmatrix}3 & 3 & -3\\ 2 & 3a-1 & -2a\\ -1 & -1 & a\end{pmatrix}$ $(a\neq 1)$

37. $\boldsymbol{A}$ 不可逆.

38. $\begin{pmatrix}1 & -1 & 0 & 0\\ -1 & 2 & 0 & 0\\ 0 & 0 & 3 & -5\\ 0 & 0 & -1 & 2\end{pmatrix}$

39. $\begin{pmatrix} 1 & -2 & 1 & 0 \\ 0 & 1 & -2 & 1 \\ 0 & 0 & 1 & -2 \\ 0 & 0 & 0 & 1 \end{pmatrix}$

40. $\begin{pmatrix} \frac{1}{4} & 0 & 0 & 0 & 0 \\ 0 & -1 & 2 & 0 & 0 \\ 0 & 1 & -1 & 0 & 0 \\ 0 & 0 & 0 & 2 & -1 \\ 0 & 0 & 0 & -5 & 3 \end{pmatrix}$

41. (1) $\begin{pmatrix} 2 & -23 \\ 0 & 8 \end{pmatrix}$　(2) $\begin{pmatrix} -5 & 4 & -2 \\ -4 & 5 & -2 \\ -9 & 7 & -4 \end{pmatrix}$　(3) $\begin{pmatrix} 1 \\ 3 \\ 2 \end{pmatrix}$

42. $\begin{pmatrix} 3 & -1 \\ 2 & 0 \\ 1 & -1 \end{pmatrix}$　43. $\begin{pmatrix} 2 & 0 & -1 \\ 1 & 4 & 0 \\ 0 & 2 & 2 \end{pmatrix}$

44，45 略　46. $\boldsymbol{A}-3\boldsymbol{I}$　47. $(\boldsymbol{I}-\boldsymbol{A})^2$　48. $\begin{pmatrix} 0 & 2 & 1 \\ 0 & 0 & 0 \\ 0 & 0 & 0 \end{pmatrix}$

49. $\begin{pmatrix} 6 & -1 & 0 \\ 0 & 7 & 5 \\ 2 & 1 & 5 \end{pmatrix}$　50，51 略　52. $-\frac{16}{27}$　53. -12

54. (1) $\begin{pmatrix} 1 & 0 \\ 0 & 1 \end{pmatrix}$　(2) $\begin{pmatrix} 1 & 0 \\ 0 & 1 \end{pmatrix}$　(3) $\begin{pmatrix} 1 & 0 & 0 \\ 0 & 1 & 0 \\ 0 & 0 & 1 \end{pmatrix}$　(4) $\begin{pmatrix} 1 & 0 & 0 \\ 0 & 1 & 0 \\ 0 & 0 & 0 \end{pmatrix}$

(5) $\begin{pmatrix} 1 & 0 & 0 \\ 0 & 1 & 0 \end{pmatrix}$　(6) $\begin{pmatrix} 1 & 0 \\ 0 & 1 \\ 0 & 0 \end{pmatrix}$

55. (1) $\begin{pmatrix} 1 & -4 & -3 \\ 1 & -5 & -3 \\ -1 & 6 & 4 \end{pmatrix}$　(2) $\begin{pmatrix} \frac{d}{ad-bc} & \frac{-b}{ad-bc} \\ \frac{-c}{ad-bc} & \frac{a}{ad-bc} \end{pmatrix}$

(3) $\begin{pmatrix} \frac{1}{2} & -\frac{1}{2} & 0 & 0 \\ 0 & \frac{1}{2} & -\frac{1}{2} & 0 \\ 0 & 0 & \frac{1}{2} & -\frac{1}{2} \\ \frac{1}{2} & 0 & 0 & \frac{1}{2} \end{pmatrix}$　(4) $\begin{pmatrix} 1 & -3 & 11 & -20 \\ 0 & 1 & -2 & 1 \\ 0 & 0 & 1 & -2 \\ 0 & 0 & 0 & 1 \end{pmatrix}$

(5) $\begin{pmatrix} \frac{1}{a_1} & & & \\ & \frac{1}{a_2} & & \\ & & \ddots & \\ & & & \frac{1}{a_n} \end{pmatrix}$ (6) $\begin{pmatrix} 0 & 0 & \cdots & 0 & \frac{1}{a_n} \\ 0 & \frac{1}{a_1} & \cdots & 0 & 0 \\ \vdots & \vdots & & \vdots & \vdots \\ 0 & 0 & \cdots & \frac{1}{a_{n-1}} & 0 \end{pmatrix}$

(7) 不可逆

56. (1) $\begin{pmatrix} 0 & 2 \\ 5 & -4 \end{pmatrix}$ (2) $\begin{pmatrix} 9 \\ -14 \\ -6 \end{pmatrix}$ 57. $\begin{pmatrix} 5 & -2 & -2 \\ 4 & -3 & -2 \\ -2 & 2 & 3 \end{pmatrix}$

58. (1)2 (2)4 (3)3 (4)3 (5)4

59. $\lambda = 1$

60. $a = 1$ 时，$\mathrm{r}(\boldsymbol{A}) = 2$；$a \neq 1$ 时，$\mathrm{r}(\boldsymbol{A}) = 3$

61. $a = -1$， $b = -2$

(B)

1. B	2. D	3. D	4. C	5. B	6. B	7. B	8. C
9. D	10. D	11. D	12. B	13. B	14. C	15. C	16. B
17. C	18. C	19. B	20. A	21. D	22. C	23. B	24. B
25. D	26. A	27. D					

习 题 三

(A)

1. (1) $\begin{cases} x_1 = 1 \\ x_2 = 2 \\ x_3 = 1 \end{cases}$ (2) 无解 (3) $\begin{cases} x_1 = \frac{1}{2} + c_1 \\ x_2 = c_1 \\ x_3 = \frac{1}{2} + c_2 \\ x_4 = c_2 \end{cases}$ （c_1，c_2 为任意常数）

(4) $\begin{cases} x_1 = 0 \\ x_2 = 0 \\ x_3 = 0 \\ x_4 = 0 \end{cases}$ (5) $\begin{cases} x_1 = 0 \\ x_2 = 0 \\ x_3 = 0 \end{cases}$ (6) $\begin{cases} x_1 = -c_1 + \frac{7}{6}c_2 \\ x_2 = c_1 + \frac{5}{6}c_2 \\ x_3 = c_1 \\ x_4 = \frac{1}{3}c_2 \\ x_5 = c_2 \end{cases}$ （c_1，c_2 为任意常数）

2.(1) 当 $a=5$ 时，有无穷多解：

$$\begin{cases} x_1 = \frac{4}{5} - \frac{1}{5}c_1 - \frac{6}{5}c_2 \\ x_2 = \frac{3}{5} + \frac{3}{5}c_1 - \frac{7}{5}c_2 \\ x_3 = c_1 \\ x_4 = c_2 \end{cases} \quad (c_1,\ c_2 \text{ 为任意常数})$$

(2) 当 $a=1$ 时，有无穷多解 $\begin{cases} x_1 = 1 - c_1 - c_2 \\ x_2 = c_1 \\ x_3 = c_2 \end{cases}$ (c_1, c_2 为任意常数)

当 $a\neq 1$ 且 $a\neq -2$ 时，有唯一解

$$\begin{cases} x_1 = -\frac{1+a}{2+a} \\ x_2 = \frac{1}{2+a} \\ x_3 = \frac{(1+a)^2}{2+a} \end{cases}$$

当 $a=-2$ 时，方程组无解.

(3) 当 $a\neq 1$ 或 $b\neq -1$ 时，方程组无解

当 $a=1$ 且 $b=-1$ 时，方程组有无穷多解

$$\begin{cases} x_1 = -4c_2 \\ x_2 = 1 + c_1 + c_2 \\ x_3 = c_1 \\ x_4 = c_2 \end{cases} \quad (c_1,\ c_2 \text{ 为任意常数})$$

(4) 当 $a\neq 1$ 时，方程组有唯一解

$$\begin{cases} x_1 = -1 \\ x_2 = a + 2 \\ x_3 = -1 \end{cases}$$

当 $a=1$ 时，方程组有无穷多解

$$\begin{cases} x_1 = 1 - c_1 - c_2 \\ x_2 = c_1 \\ x_3 = c_2 \end{cases} \quad (c_1,\ c_2 \text{ 为任意常数})$$

3.(1) (23, 18, 17)　　(2) (12, 12, 11)

4.(1) $(-4, 0, -5, -9)$　　(2) $(7, -5, \frac{11}{2}, \frac{27}{2})$

5.(1, 2, 3, 4)

6. (1) $\boldsymbol{\beta}=-11\boldsymbol{\alpha}_1+14\boldsymbol{\alpha}_2+9\boldsymbol{\alpha}_3$　　(2) $\boldsymbol{\beta}=2\boldsymbol{\varepsilon}_1-\boldsymbol{\varepsilon}_2+5\boldsymbol{\varepsilon}_3+\boldsymbol{\varepsilon}_4$

7. (1) a 为任意实数，$b\neq 2$

(2) a 为任意实数，$b=2$

8. $\boldsymbol{\gamma}_1=4\boldsymbol{\alpha}_1+4\boldsymbol{\alpha}_2-17\boldsymbol{\alpha}_3$，$\boldsymbol{\gamma}_2=23\boldsymbol{\alpha}_2-7\boldsymbol{\alpha}_3$

9. $\boldsymbol{\alpha}_1=\frac{1}{2}\boldsymbol{\beta}_1+\frac{1}{2}\boldsymbol{\beta}_2$，$\boldsymbol{\alpha}_2=\frac{1}{2}\boldsymbol{\beta}_2+\frac{1}{2}\boldsymbol{\beta}_3$，$\boldsymbol{\alpha}_3=\frac{1}{2}\boldsymbol{\beta}_1+\frac{1}{2}\boldsymbol{\beta}_3$

10. 当 $a=1$ 时，向量组(A) 与(B) 等价；当 $a\neq 1$ 时，向量组(A) 与(B) 不等价.

11. (1) 线性相关；　(2) 线性无关

12. (1) 线性无关；　(2) 线性无关

13. 略

14. 略

15. 当 $k=3$ 或 $k=-2$ 时，$\boldsymbol{\alpha}_1$，$\boldsymbol{\alpha}_2$，$\boldsymbol{\alpha}_3$线性相关；当 $k\neq 3$ 且 $k\neq -2$ 时，$\boldsymbol{\alpha}_1$，$\boldsymbol{\alpha}_2$，$\boldsymbol{\alpha}_3$线性无关

16. (1) 当 $a=-4$ 时，$\boldsymbol{\alpha}_1$，$\boldsymbol{\alpha}_2$ 线性相关；当 $a\neq -4$ 时，$\boldsymbol{\alpha}_1$，$\boldsymbol{\alpha}_2$线性无关

(2) 当 $a=-4$ 或 $a=\frac{3}{2}$ 时，$\boldsymbol{\alpha}_1$，$\boldsymbol{\alpha}_2$，$\boldsymbol{\alpha}_3$ 线性相关；当 $a\neq -4$ 且 $a\neq\frac{3}{2}$ 时，$\boldsymbol{\alpha}_1$，$\boldsymbol{\alpha}_2$，$\boldsymbol{\alpha}_3$ 线性无关

(3) 对任意的 a，$\boldsymbol{\alpha}_1$，$\boldsymbol{\alpha}_2$，$\boldsymbol{\alpha}_3$，$\boldsymbol{\alpha}_4$ 都线性相关

17. (1) $\boldsymbol{\alpha}_4=2\boldsymbol{\alpha}_1-\boldsymbol{\alpha}_2+3\boldsymbol{\alpha}_3$　　(2) $\boldsymbol{\alpha}_4=\boldsymbol{\alpha}_1+2\boldsymbol{\alpha}_2-4\boldsymbol{\alpha}_3$

18. (1) 秩为 2；$\boldsymbol{\alpha}_1$，$\boldsymbol{\alpha}_2$；$\boldsymbol{\alpha}_3=\frac{3}{2}\boldsymbol{\alpha}_1-\frac{7}{2}\boldsymbol{\alpha}_2$，$\boldsymbol{\alpha}_4=\boldsymbol{\alpha}_1+2\boldsymbol{\alpha}_2$

(2) 秩为 2；$\boldsymbol{\alpha}_1$，$\boldsymbol{\alpha}_2$；$\boldsymbol{\alpha}_3=2\boldsymbol{\alpha}_1-\boldsymbol{\alpha}_2$，$\boldsymbol{\alpha}_4=\boldsymbol{\alpha}_1+3\boldsymbol{\alpha}_2$，$\boldsymbol{\alpha}_5=-2\boldsymbol{\alpha}_1-\boldsymbol{\alpha}_2$

19. 略

20. 略

21. (1) $\boldsymbol{\xi}_1=\begin{pmatrix}0\\2\\1\\0\end{pmatrix}$　(2) $\boldsymbol{\xi}_1=\begin{pmatrix}-\frac{1}{2}\\-\frac{1}{2}\\\frac{1}{2}\\1\\0\end{pmatrix}$，$\boldsymbol{\xi}_2=\begin{pmatrix}\frac{7}{8}\\\frac{5}{8}\\-\frac{5}{8}\\0\\1\end{pmatrix}$　(3) $\boldsymbol{\xi}_1=\begin{pmatrix}0\\0\\0\\1\\1\end{pmatrix}$

22. 略　　23. 略

24. (1) $\boldsymbol{x}=c\begin{pmatrix}15\\24\\-4\\2\end{pmatrix}$　(c 为任意常数)

(2) $\boldsymbol{x}=\begin{pmatrix}-16\\23\\0\\0\\0\end{pmatrix}+c_1\begin{pmatrix}1\\-2\\0\\1\\0\end{pmatrix}+c_2\begin{pmatrix}5\\-6\\0\\0\\1\end{pmatrix}$　(c_1，c_2 为任意常数)

(3) $\boldsymbol{x}=\begin{pmatrix}0\\-1\\0\\-1\\0\end{pmatrix}+c\begin{pmatrix}-1\\-1\\0\\-1\\2\end{pmatrix}$ (c 为任意常数)

25. (1) 当 $\lambda=-2$ 时，方程组无解

(2) 当 $\lambda\neq-2$ 且 $\lambda\neq1$ 时，方程组有唯一解

(3) 当 $\lambda=1$ 时，方程组有无穷多解

$$\boldsymbol{x}=\begin{pmatrix}-2\\0\\0\end{pmatrix}+c_1\begin{pmatrix}-1\\1\\0\end{pmatrix}+c_2\begin{pmatrix}-1\\0\\1\end{pmatrix}\quad(c_1,\ c_2\ \text{为任意常数})$$

26. $\begin{cases}x_1=c-a_5\\x_2=c+a_2+a_3+a_4\\x_3=c+a_3+a_4\\x_4=c+a_4\\x_5=c\end{cases}$ (c 为任意常数)

27. 当 $a=1$ 时，$\boldsymbol{x}=k\begin{pmatrix}-1\\0\\1\end{pmatrix}$ (k 为任意常数)

当 $a=2$ 时，$\boldsymbol{x}=\begin{pmatrix}0\\1\\-1\end{pmatrix}$

28. 略

29. (1) 245，90，175 (2) 180，150，180

(3) $\begin{pmatrix}0.25&0.10&0.10\\0.20&0.20&0.10\\0.10&0.10&0.20\end{pmatrix}$

30. (1) 200，250，300 (2) $\begin{pmatrix}40&25&60\\20&50&60\\20&25&30\end{pmatrix}$；120，150，150

31. (1) $\begin{pmatrix}250\\200\\320\end{pmatrix}$ (2) $\begin{pmatrix}265.8272\\204.3022\\325.7643\end{pmatrix}$

(B)

1. C 2. A 3. B 4. D 5. C

6. D	7. B	8. C	9. C	10. A
11. A	12. B	13. D	14. C	15. D
16. C	17. A	18. B	19. B	20. B

习 题 四

(A)

1. (1) $\lambda_1 = 1$, $c_1\begin{pmatrix}-1\\1\end{pmatrix}$ （c_1 为任意非零常数）；$\lambda_2 = 3$, $c_2\begin{pmatrix}1\\1\end{pmatrix}$ （c_2 为任意非零常数）

(2) $\lambda_1 = \lambda_2 = \lambda_3 = 2$, $c_1\begin{pmatrix}-2\\1\\0\end{pmatrix}+c_2\begin{pmatrix}1\\0\\1\end{pmatrix}$ （c_1, c_2 为任意不全为零的常数）

(3) $\lambda_1 = -2$, $c_1\begin{pmatrix}-1\\1\\1\\1\end{pmatrix}$ （c_1 为任意非零常数）

$\lambda_2 = \lambda_3 = \lambda_4 = 2$, $c_2\begin{pmatrix}1\\1\\0\\0\end{pmatrix}+c_3\begin{pmatrix}1\\0\\1\\0\end{pmatrix}+c_4\begin{pmatrix}1\\0\\0\\1\end{pmatrix}$ （c_2, c_3, c_4 为任意不全为零的常数）

(4) $\lambda_1 = -1$, $c_1\begin{pmatrix}-1\\0\\1\end{pmatrix}$ （c_1 为任意非零常数）

$\lambda_2 = \lambda_3 = 1$, $c_2\begin{pmatrix}0\\1\\0\end{pmatrix}+c_3\begin{pmatrix}1\\0\\1\end{pmatrix}$ （c_2, c_3 为任意不全为零的常数）

(5) $\lambda_1 = -1$, $c_1\begin{pmatrix}-\frac{3}{2}\\1\\0\\0\end{pmatrix}$ （c_1 为任意非零常数）

$\lambda_2 = 1$, $c_2\begin{pmatrix}1\\0\\0\\0\end{pmatrix}$ （c_2 为任意非零常数）

$\lambda_3=\lambda_4=2$，$c_3\begin{pmatrix}2\\ \frac{1}{3}\\ 1\\ 0\end{pmatrix}$ （c_3 为任意非零常数）

2. $a=-2$，$b=6$，$\lambda_1=-4$

3. 略　　4. 略

5. $\mu_1=-3, \mu_2=1, \mu_3=9$；$|\boldsymbol{B}|=-27$

6. $\lambda_2=3$，$\lambda_3=4$

7. 略　　8. 略　　9. 略　　10. 略

11. 略　　12. 略

13. (1) $\boldsymbol{\Lambda}=\begin{pmatrix}1&0\\0&3\end{pmatrix}$，$\boldsymbol{P}=\begin{pmatrix}-1&1\\1&1\end{pmatrix}$

(2) $\boldsymbol{A}$ 不能与对角矩阵相似

(3) $\boldsymbol{\Lambda}=\begin{pmatrix}-2&&&\\&2&&\\&&2&\\&&&2\end{pmatrix}$，$\boldsymbol{P}=\begin{pmatrix}-1&1&1&1\\1&1&0&0\\1&0&1&0\\1&0&0&1\end{pmatrix}$

(4) $\boldsymbol{\Lambda}=\begin{pmatrix}-1&&\\&1&\\&&1\end{pmatrix}$，$\boldsymbol{P}=\begin{pmatrix}-1&0&1\\0&1&0\\1&0&1\end{pmatrix}$

(5) $\boldsymbol{A}$ 不能与对角矩阵相似

14. $x=0$，$y=-3$

15. $a=5$，$b=6$；$\boldsymbol{P}=\begin{pmatrix}1&1&1\\-1&0&-2\\0&1&3\end{pmatrix}$

16. (1) -4　　(2) $\frac{1}{2}$

17. (1) $\left(\frac{2}{\sqrt{30}}, 0, -\frac{5}{\sqrt{30}}, -\frac{1}{\sqrt{30}}\right)^{\mathrm{T}}$　　(2) $\left(-\frac{3}{5}, \frac{4}{5}, 0, 0\right)^{\mathrm{T}}$

18. (1) $\begin{pmatrix}1\\2\\2\\-1\end{pmatrix}$，$\begin{pmatrix}2\\3\\-3\\2\end{pmatrix}$，$\begin{pmatrix}2\\-1\\-1\\-2\end{pmatrix}$

(2) $\begin{pmatrix}1\\-2\\2\end{pmatrix}$，$\begin{pmatrix}-\frac{2}{3}\\-\frac{2}{3}\\-\frac{1}{3}\end{pmatrix}$，$\begin{pmatrix}6\\-3\\-6\end{pmatrix}$

19.(1) 是正交矩阵;(2) 是正交矩阵

20.略　　　　21.略

22.略

23.(1) $\boldsymbol{Q}=\begin{pmatrix}-\frac{1}{\sqrt{2}} & -\frac{1}{\sqrt{6}} & \frac{1}{\sqrt{3}}\\ \frac{1}{\sqrt{2}} & -\frac{1}{\sqrt{6}} & \frac{1}{\sqrt{3}}\\ 0 & \frac{2}{\sqrt{6}} & \frac{1}{\sqrt{3}}\end{pmatrix}$, $\boldsymbol{Q}^{-1}\boldsymbol{A}\boldsymbol{Q}=\begin{pmatrix}0&0&0\\0&0&0\\0&0&3\end{pmatrix}$

(2) $\boldsymbol{Q}=\begin{pmatrix}-\frac{1}{\sqrt{5}} & -\frac{4}{\sqrt{45}} & \frac{2}{3}\\ \frac{2}{\sqrt{5}} & -\frac{2}{\sqrt{45}} & \frac{1}{3}\\ 0 & \frac{5}{\sqrt{45}} & \frac{2}{3}\end{pmatrix}$, $\boldsymbol{Q}^{-1}\boldsymbol{A}\boldsymbol{Q}=\begin{pmatrix}-1 & & \\ & -1 & \\ & & 8\end{pmatrix}$

24.(1) $\boldsymbol{\alpha}_3=c\begin{pmatrix}1\\0\\1\end{pmatrix}$ (c 为任意非零常数)

(2) $\boldsymbol{A}=\frac{1}{6}\begin{pmatrix}13 & -2 & 5\\ -2 & 10 & 2\\ 5 & 2 & 13\end{pmatrix}$

(B)

1. A　　2. B　　3. D　　4. C　　5. D　　6. D

7. B　　8. A　　9. C　　10. C　　11. C

习 题 五

(A)

1.(1) $\begin{pmatrix}1 & -1 & \frac{3}{2}\\ -1 & -2 & 4\\ \frac{3}{2} & 4 & 3\end{pmatrix}$　　(2) $\begin{pmatrix}0 & \frac{1}{2} & -\frac{1}{2} & 0\\ \frac{1}{2} & 0 & 1 & 0\\ -\frac{1}{2} & 1 & 0 & 0\\ 0 & 0 & 0 & 1\end{pmatrix}$

2.(1) $x_1^2-2x_1x_2-6x_1x_3+2x_1x_4-4x_2x_3+x_2x_4+\frac{1}{3}x_3^2-3x_3x_4$

(2) $2x_1x_2+x_1x_3-3x_1x_4-2x_2x_3-2x_2x_4+6x_3x_4$

3.(1) 3； (2) 4

4.(1) $\begin{pmatrix}0&1&0\\1&0&0\\0&0&1\end{pmatrix}$ (2) $\begin{pmatrix}1&0&0\\1&1&0\\0&0&1\end{pmatrix}$

5.(1) $y_1^2+4y_2^2-9y_3^2$；$z_1^2+z_2^2-z_3^2$. 化二次型为规范形的线性变换为

$$\begin{cases}x_1=z_1-\frac{1}{2}z_2+\frac{5}{6}z_3\\x_2=\qquad\frac{1}{2}z_2-\frac{1}{6}z_3\\x_3=\qquad\qquad\frac{1}{3}z_3\end{cases}$$

(2) $z_1^2-\frac{1}{4}z_2^2+24z_3^2$；$w_1^2+w_2^2-w_3^2$. 化二次型为规范形的线性变换为

$$\begin{cases}x_1=w_1-\frac{6}{\sqrt{24}}w_2-w_3\\x_2=w_1+\frac{4}{\sqrt{24}}w_2+w_3\\x_3=\frac{1}{\sqrt{24}}w_2\end{cases}$$

6.(1) $\begin{pmatrix}1&-2&-\frac{1}{2}\\0&1&\frac{1}{4}\\0&0&1\end{pmatrix}$ (2) $\begin{pmatrix}1&-\frac{1}{2}&1\\1&\frac{1}{2}&2\\0&0&1\end{pmatrix}$

7.(1) $y_1^2+y_2^2-y_3^2-y_4^2$

$$\begin{cases}x_1=\frac{\sqrt{2}}{2}y_1\qquad\qquad-\frac{\sqrt{2}}{2}y_3\\x_2=\frac{\sqrt{2}}{2}y_1\qquad\qquad+\frac{\sqrt{2}}{2}y_3\\x_3=\qquad-\frac{\sqrt{2}}{2}y_2\qquad\qquad+\frac{\sqrt{2}}{2}y_4\\x_4=\qquad\frac{\sqrt{2}}{2}y_2\qquad\qquad+\frac{\sqrt{2}}{2}y_4\end{cases}$$

(2) $2y_1^2+5y_2^2-y_3^2$

$$\begin{cases} x_1 = -\frac{2}{3}y_1 + \frac{1}{3}y_2 + \frac{2}{3}y_3 \\ x_2 = \frac{1}{3}y_1 - \frac{2}{3}y_2 + \frac{2}{3}y_3 \\ x_3 = \frac{2}{3}y_1 + \frac{2}{3}y_2 + \frac{1}{3}y_3 \end{cases}$$

8. $2y_1^2 + \frac{3}{2}y_2^2$

9. (1) $-\frac{4}{5} < a < 0$　(2) $a > 2$

10. 略　　11. 略　　12. 略

13. $f(0,0,1) = 2 - e$ 为极小值

(B)

1. C　2. C　3. B　4. D　5. A
6. B　7. C　8. D　9. D　10. A
11. C

图书在版编目(CIP)数据

线性代数/赵树嫄主编. —5 版. —北京:中国人民大学出版社, 2017.8
(经济应用数学基础)
ISBN 978-7-300-24672-7

Ⅰ. ①线… Ⅱ. ①赵… Ⅲ. ①线性代数-高等学校-教材 Ⅳ. ①O151.2

中国版本图书馆 CIP 数据核字(2017)第 164469 号

"十二五"普通高等教育本科国家级规划教材
经济应用数学基础(二)
线性代数(第五版)
赵树嫄　主编
Xianxing Daishu

出版发行	中国人民大学出版社		
社　　址	北京中关村大街 31 号	**邮政编码**	100080
电　　话	010－62511242(总编室)		010－62511770(质管部)
	010－82501766(邮购部)		010－62514148(门市部)
	010－62515195(发行公司)		010－62515275(盗版举报)
网　　址	http://www.crup.com.cn		
	http://www.ttrnet.com(人大教研网)		
经　　销	新华书店		
印　　刷	涿州市星河印刷有限公司	**版　　次**	1983 年 5 月第 1 版
规　　格	185 mm×260 mm　16 开本		2017 年 8 月第 5 版
印　　张	14.25 插页 1	**印　　次**	2019 年 4 月第 6 次印刷
字　　数	326 000	**定　　价**	29.00 元

教学支持说明

为秉承中国人民大学出版社对教材类产品一贯的教学支持，我们将向采纳本书作为教材的教师免费提供专为本教材开发的配套教学课件。为确保此资源仅为教师教学所使用，烦请填写（字迹清晰）如下信息调查表，并寄至北京市中关村大街甲59号文化大厦1506室中国人民大学出版社经济分社收，邮编：100872；或传真至010－62514775，我们收到后将尽快与您联系。

证　　明

兹证明_______________________大学_________系/院_________学年（学期）开设的课程，采用中国人民大学出版社出版的______________________________（作者/书名）为主要教材。任课教师为________，学生________个班，共________人。

学生层次：

大学本科❑　继续教育❑　自考❑　远程教育❑　在职培训❑　高职高专❑

其他________________

电话：______________________________

传真：______________________________

E-mail：____________________________

联系地址：__________________________

邮编：______________________________

系/院主任：____________（签字）

（系/院办公室章）

______年____月____日

中国人民大学出版社经济分社　翟然收

北京市中关村大街甲59号文化大厦1506室　100872

联系电话：010－62511967　62514545

传真：010－62514775

E-mail：zhair@crup.com.cn　lilina_35@126.com